科儀叢書 3

材料電子顯微鏡學

修訂版

陳力俊等著

國家實驗研究院儀器科技研究中心出版

作　者

陳力俊　國立台灣大學物理學學士，美國柏克萊加州大學物理博士。現任國立清華大學材料科學工程研究所教授。(第一至第八章，第十章)

張　立　國立清華大學材料科學工程學士及碩士，英國牛津大學材料學博士。現任國科會工程技術發展處副處長。(第九章)

梁鉅銘　國立清華大學材料科學工程學士、碩士及博士。現任工業技術研究院工業材料研究所研究員。(第十章)

林文台　國立清華大學化學學士、材料科學工程碩士及博士。現任國立成功大學材料工程研究所教授。(第十一章)

楊哲人　國立成功大學礦冶及材料學學士，國立清華大學材料科學工程碩士，英國劍橋大學冶金學博士。現任國立台灣大學材料工程研究所教授。(第十二章)

鄭晃忠　國立台灣大學物理學學士，國立清華大學材料科學工程碩士及博士。現任國立交通大學電子工程研究所教授。(第十三章)

序　言

　　電子顯微鏡學經近半世紀的發展，在物理科學、生命科學研究及工程應用等許多領域上均佔有極爲重要的地位。近年來國內電子顯微鏡學之研究及應用日益普及，以電子顯微鏡爲研究或檢測工具之科技人員迅速增加。筆者等在國內外利用電子顯微鏡研究材料科學及在各大學教授電子顯微鏡學課程多年，深感國內缺乏一本適合大學四年級以上程度之中文教科書；而筆者在清華大學材料科學工程學系大學部及研究所講授電子顯微鏡學多年，所編中文講義似對選課同學之學習甚有幫助，現蒙國科會精密儀器發展中心邀請編纂電子顯微鏡學專書，乃不揣學淺，與諸學者共議撰寫適合具物理科學背景之大學四年級生及研究生程度的中文教科書，冀爲『科技教材中文化』及充分發揮電子顯微鏡之功能略盡棉薄。

　　本書之主要對象爲具有大學中級物理學(包括結晶學、物理光學及近代物理學)程度以上之學生及研究人員，而內容受筆者等專長及篇幅限制，並不能涵蓋電子顯微鏡學所有重要題材，其主要偏向爲穿透式電子顯微鏡學及材料科學。全書共十三章，份量要比現行學制一學期三學分之課程略重。任課教師在題材的選擇上，除第一至第六章簡介及電子顯微鏡學的基礎乃爲必不可略之題材外，第七至第十三章則可隨選課學生之程度與興趣而加以選擇。

　　本書第一至第八章由筆者歷年來授課講義大幅度增潤而成；講義之編撰曾經早期多位選課之研究所同學的幫助，包括鄭晃忠(第四章及第七章一部份)、吳才偉(第四章及第七章一部份)、吳逸蔚(第五章)、王紀中(第二章)諸博士首先作成筆記，並經謝詠芬博士重繪部份圖片，與各選課同學的諸多討論修訂；本書的完成，精密儀器發展中心郭懿純組長的構思策劃及高天予小姐不斷的催稿和精心編校功不可沒，物在此一併誌謝。書中部份內容及圖片取材於英文教科書及期刊論文，其出處均儘量載明，並申請授權轉載。

陳　力　俊　　謹識
民國七十九年三月於清華園

修訂版序

　　本書初版自七十九年出版，承蒙國內各大學院校採用，銷售量遠超過出版以前市場的粗略估算，可見「科技教材中文化」確實有殷切的需求。然而在教學期間，發現有不少編校方面的誤漏，同時內容也頗有應加以增補之處，乃於兩年前在國科會精密儀器發展中心支持下著手修訂工作。

　　本修訂版除就初版有檢校上的勘誤外，名詞上各作者間力求統一。第四章及第十章有大幅度的增補。同時為了讀者學習方便，增加了四篇附錄 (附錄 A-1、A-6、A-7 及 A-8) 及索引，希望展現在讀者面前的是一個內容更充實正確的版本。

　　本修訂版承蒙國內各大學院校師生指正初版之誤漏。李資良博士提供多張專為本書拍攝的照片，研究室同學協助校對。國科會精密儀器發展中心郭懿純組長的支持，編輯室同仁尤其是龔嘉惠小姐的精心編校，在此一併誌謝。

陳力俊　謹識
民國八十三年九月於新竹清華園

目　錄

第一章

電子顯微鏡在材料科學上的應用

1-1　前言

　　電子顯微鏡 (electron microscope, EM) 一般是指利用電磁場偏折、聚焦電子及電子與物質作用所產生散射之原理來研究物質構造及微細結構的精密儀器。近年來，由於電子光學的理論及應用發展迅速，此項定義已嫌狹窄，故重新定義其為一項利用電子與物質作用所產生之訊號來鑑定微區域晶體結構 (crystal structure, CS)、微細組織 (microstructure, MS)、化學成份 (chemical composition, CC)、化學鍵結 (chemical bonding, CB) 和電子分佈情況 (electronic structure, ES) 的電子光學裝置。

1-2　發展沿革

　　電子顯微鏡的發展歷史可遠溯自 1897 年英人 J. J. Thomson 發現「電子」；到了 1912 年 von Laue 氏發現 X 光繞射現象，一舉奠定 X 光的波性和利用電磁波繞射決定晶體結構的方法；1924 年 de Bröglie 氏發表質波說；1926 年 Schrödinger 及 Heisenberg 等氏發展量子力學，樹立電子波質二元論的理論基礎。電子既然有波性，則應該有繞射現象；1927 年美國 Davisson 和 Germer 兩氏以電子繞射實驗證實了電子的波性。

　　在電子顯微鏡本身結構方面，最主要的電磁透鏡源自 J. J. Thomson 作陰極射線管實驗時觀察到電場及磁場可偏折電子束。後人更進一步發現可藉電磁場聚焦電子，產生放大作用。電磁場對電子之作用與光學透鏡對光波之作用非常相似，因而發展出電磁透鏡。

　　1934 年 Ruska 氏在實驗室製作第一部穿透式電子顯微鏡 (transmission electron microscope, TEM)，1938 年，第一部商售電子顯微鏡問世。在 1940 年代，常用的 50 至 100 keV 之 TEM 其分辨率 (resolving power) 約在 100 Å 左右，而最佳分辨率則在 20 至 30 Å 之間。當時由於研磨試片的困難及缺乏應用的動機，所以鮮爲物理科學研究者使用。直到 1949 年，Heidenreich 製成適於 TEM 觀察的鋁及鋁合金薄膜，觀察到因厚度及晶體方面不同所引起的像對比效應，並成功的利用電子繞射理論加以解釋。同時也獲得一些與材料性質有關的重要結果，才使材料界人士對 TEM 看法改變。但因爲一般試片研製不易，發展趨緩。一直到 1950 年代中期，由於成功地以 TEM 觀察到不銹鋼中的差排及鋁合金中的小 G. P. 區 (G. P. zone)，再加上各種研究方法的改進，如：

(1) 試片的研磨。

(2) TEM 一般的分辨率由 25 Å 增進到數 Å。

(3) 雙聚光鏡的應用可獲得漫射程度小、強度高、直徑在微米 (μm) 左右的電子束，增進 TEM 微區域觀察的效力。

(4) 晶體中缺陷電子繞射成像對比理論的發展。

(5) 試片在 TEM 中的處理，如傾斜、旋轉裝置之漸臻實用等。

TEM 學因此才一日千里，爲自然科學研究者所廣泛使用。

　　掃描式電子顯微鏡 (scanning electron microscope, SEM) 原理的提出與發展，約與 TEM 同時；但直到 1964 年，第一部商售 SEM 才問世。由於 SEM 爲研究物體表面結構及成份的利器，解釋試片成像及製作試片較容易，此外還有許多其他優點，目前已被廣泛的使用。

1-3　電子束與物質作用

　　圖 1.1 顯示電子與材料試片作用所產生的訊號。電子顯微鏡主要的用途即在辨明各種訊號以作晶體結構、微細組織、化學成份、化學鍵結和電子分佈情況分析。此等訊號可分爲三類，即

(一) 電子訊號，又可細分爲：

　1. 未散射電子

　2. 散射電子 (包括彈性、非彈性反射和穿透電子及被吸收電子)

　3. 激發電子 (包括二次電子及歐傑電子 (Auger electron))

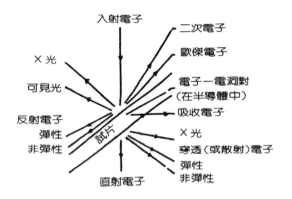

圖 1.1
電子與物質作用所產生的訊
號。[1]

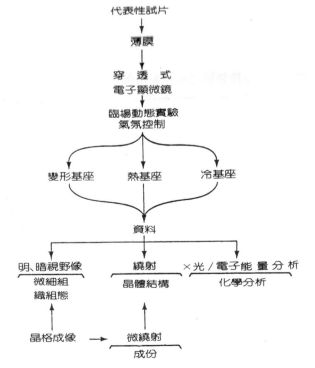

圖 1.2
利用 TEM 鑑定材料之主
要功能示意圖。[2]

(二) 電磁波訊號，又可分為：

　　1. X 光射線 (包括特性及制動輻射)

　　2. 可見光 (陰極發光)

(三) 電動勢：由半導體中電子—電洞對的產生而引起。

　　關於這些訊號的能量及在晶體中散失的能量、成像方式及所能提供的資料見表 1.1 與表 1.2。利用穿透式電子顯微鏡鑑定材料的主要功能見圖 1.2。

1-4　近年發展趨向

　　近年來 TEM 及 SEM 的功能日新月異，TEM 主要發展方向為：

(一) 高電壓：增加電子穿透試片的能力，可觀察較厚、較具代表性的試片；臨

表 1.1　電子與材料作用產生之訊號及所能提供資料。

訊　號　種　類	能　　量 (或散失能量)	成像方式	提供的資料
未散射電子	E_0	明視野像	MS
散射電子			
反射 (彈性)	E_0	背向散射	MS, CS
反射 (非彈性)	$E_0 \sim 100$ eV	低喪失能量	MS
穿透 (彈性)	E_0	暗視野像	MS, CS
穿透 (非彈性)			
激發聲子	$\sim 1/40$ eV	?	?
激發電漿子	至 30 eV	喪失能量	MS, CC, ES
激發單電子			
價電子	至 50 eV		ES
內層電子	至 2000 eV	元素分佈圖	MS, CC, CB
吸收電子	$\sim k_B T$	試片電流	MS
激發電子			
二次電子	1—100 eV	二次電子像	MS, CS
歐傑電子	20—2000 eV	元素分佈圖	MS, CC, CB, ES

表 1.2　電磁波及電動勢訊號。

訊 種 種 類	能 　 量	成像方式	資 　 料
可見光	1—5 eV	發光	MS
特性 X 光	至 135 keV	元素分佈圖	CC
電子—電洞對	$\sim k_B T$	感應電導	MS, ES

場觀察 (in-situ observation) 輻射損傷；減少波長散佈像差 (chromatic aberration)；增加分辨率等，目前已有數部 2—3 MeV 的 TEM 在使用中。圖 1.3 爲一 400 keV TEM 之外形圖。

(二) 高分辨率：已增進到廠家保證最佳解像能爲點與點間 1.8 Å、線與線間 1.4 Å。美國於 1983 年成立國家電子顯微鏡中心，其中 1000 keV 之原子分辨電子顯微鏡 (atomic resolution electron microscope, AREM) 其點與點間之分

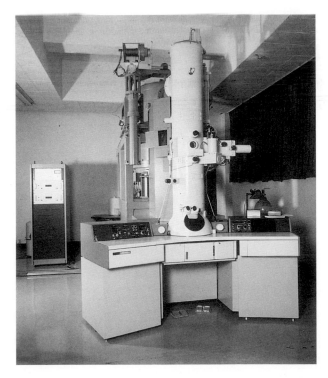

圖 1.3
一能量爲 400 keV 之
TEM 外型圖。

辨率達 1.7 Å，可直接觀察晶體中的原子。

(三) 分析裝置：如附加電子能量分析儀 (electron analyzer, EA) 可鑑定微區域的
     化學組成。

(四) 場發射電子光源：具高亮度及契合性，電子束可小至 10 Å。除適用於微
     區域成份分析外，更有潛力發展三度空間全像術 (holography)。

在 SEM 方面，一方面增高分辨率，同時加上各種如 X 光探測微分析儀
(X-ray probe micro-analyzer, XPMA) 等之分析儀器，以辨別物質表面的結構及
化學成分等。

近年來將 TEM 與 SEM 結合為一，取二者之長所製成的掃描穿透式電子
顯微鏡 (scanning transmission electron microscope, STEM) 亦漸普及。STEM 附
加各種分析儀器，如 XPMA、EA 等，亦稱為分析電子顯微鏡 (analytical
electron microscope)。

1-5 電子顯微鏡在材料科學上的應用

電子顯微鏡發展至今，在材料科學上有許多貢獻，其中最顯著者有：

(一) 差排理論 (dislocation theory)：差排的存在雖早在 1930 年代即為研究者
     提出以解釋晶體的機械性質，但直到 1950 年中期由 TEM 直接觀察到
     差排及其在薄膜中移動的情形，此理論才為材料科學界廣泛接受。由於
     晶體中缺陷交互作用的複雜性，藉 TEM 直接觀察，不僅解決了許多困
     難，而且引導了差排理論的進一步發展。差排的交互作用、結構以及分
     佈都可由 TEM 觀察到，範例見圖 1.4。

(二) 機械性質：TEM 不僅可觀察晶體中及其經加工、熱處理後的差排結
     構，而且能直接觀測到次晶形成、角隅化、再結晶、潛變、多相晶體中
     差排與析出物交互作用等與物質機械性質有密切關係的許多現象，範例
     見圖 1.5。

(三) 點缺陷：解釋淬冷硬化現象可由空穴點缺陷形成及析出的差排環、疊差
     四面體或空洞著手，例見圖 1.6。另外氧、氮等在金屬中形成填隙雜
     質，以及輻射損傷造成的點缺陷凝聚成的缺陷 (見第 (四) 項)，都可由
     TEM 觀察而得。

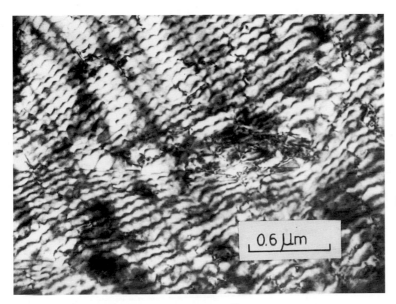

圖 1.4　NiSi$_2$ 與矽晶間之界面差排。[3]

圖 1.5

雙相低釩鋼中之肥粒鐵與麻田散鐵
晶粒分佈的情形。[4]

(四) 輻射損傷 (radiation damage)：材料經中子、電子或重離子照射後，形成
　　空穴和填隙原子，在適當溫度下，這些點缺陷除了大多數自行復合、註
　　銷以外，部份會凝聚成差排環及空洞，造成空洞腫脹現象，對物性有極

圖 1.6
金試片中的疊差四面體。[5]

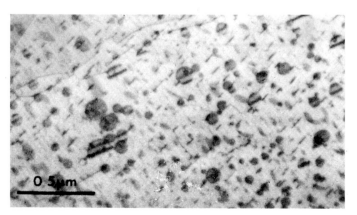

圖 1.7　Ni-8 ％Al 合金經氮離子照射後生成之差排環。[6]

　　　大影響。故 TEM 在核子反應器材料研究上極為重要，例見圖 1.7 及圖
　　　1.8。

(五) 離子佈植 (ion implantation)：半導體中供給帶電載子之雜質元素常由離
　　　子佈植方式摻入。由高能量離子引致之位移損傷、不規則區之形成、非
　　　晶化以及退火後磊晶成長、缺陷之形成與聚合、註銷、相互作用等，均
　　　可由 TEM 直接觀察，見圖 1.9—1.11。

(六) 相變化：包括

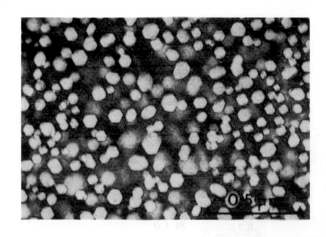

圖 1.8
鎳–鋁合金經鎳離子照射
後生成之空洞。[7]

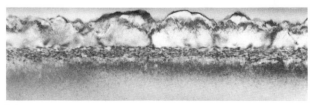

(a)

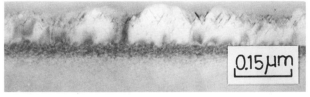

(b)

圖 1.9
BF_2^+ 離子佈值矽中之固
相磊晶成長橫截面圖，
(a) 強、(b)弱對比像。[8]

1. 析出物、G. P. 區、介在物大小、分佈、類別。

2. 契合性析出物界面應變。

3. 晶體中析出物陷阱如晶粒界、差排等 (例見圖 1.12)。

4. 有序一無序相變化及反相界 (antiphase boundary, APB) (例見圖 1.13)。

5. 麻田散相變化 (martensitic transformation)、錯差性與雙晶性麻田散鐵 之組態,例見圖 1.14。

(七) 動力學研究 (kinetic studies):在 TEM 內加工或利用熱基座加熱,如

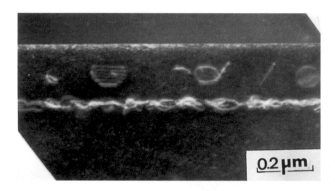

圖 1.10
As$^+$ 離子佈植矽中差排 環。[9]

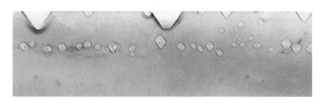

(a)

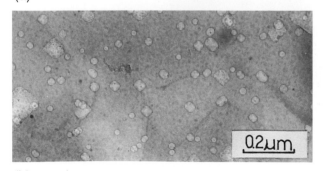

(b)

圖 1.11
BF$_2^+$ 離子佈植矽中含氟 氣泡,(a) 橫截面,(b) 平視像。[10]

1. 差排環的收縮及成長，差排環經退火後收縮或成長展示差排攀升 (climb) 過程，例見圖 1.15。

2. 差排運動情形。

3. 差排偶極轉換成差排環。

4. 析出物的成長與消失。

5. 非晶形材料結晶，例見圖 1.16。

(八) 薄膜結構：在微電子元件等應用上極為重要。如研究薄膜成長結構與性

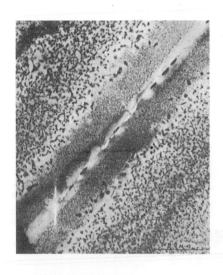

圖 1.12

Al-Zn-Mg 合金中晶粒界及其附近析出物分佈情形。[11]

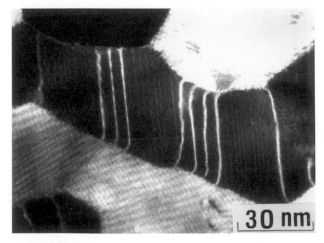

圖 1.13

Cu₃Si 中之反晶界。[12]

質的關係、在基底 (即底材，substrate) 上成核與長成新層、薄膜中的缺
陷觀察等，例見圖 1.17—1.19。

(九) 界面結構：磊晶／基底界面差排之形式、特性、Burgers 向量、排列及

圖 1.14
雙相低釩鋼中之雙晶性麻
田散鐵。

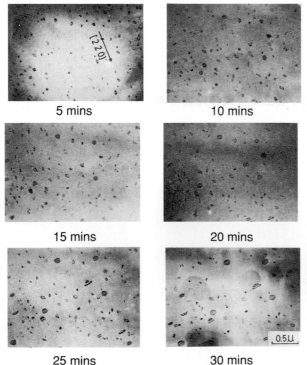

5 mins

10 mins

15 mins

20 mins

圖 1.15
BF_2^+ 離子佈植矽中差排環
退火成長情形。[13]

25 mins

30 mins

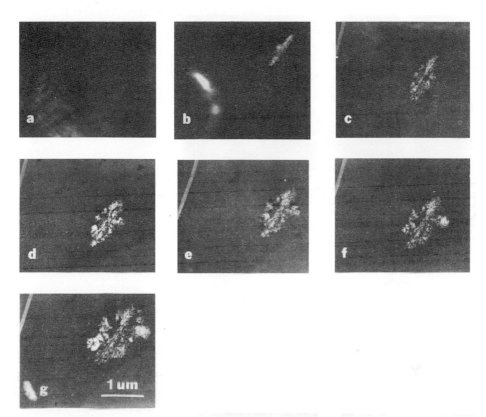

圖 1.16 非晶形矽在二氧化矽膜上退火成核結晶情形。[14]

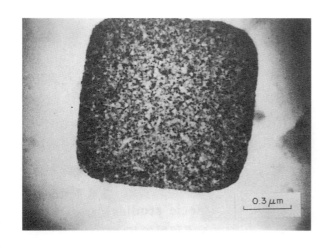

圖 1.17
矽晶上由電子槍蒸鍍之鎳
膜微晶粒。[14]

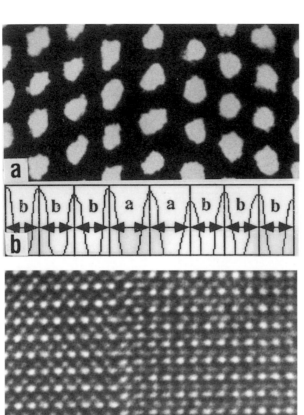

圖 1.18

NiSi$_2$ 中雙晶，(a) 原子像，(b) 影像強度分佈圖。[15]

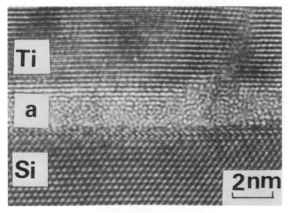

圖 1.19

釔矽化物中之疊差原子像。[16]

圖 1.20

鈦及矽晶界面原子像。[17]

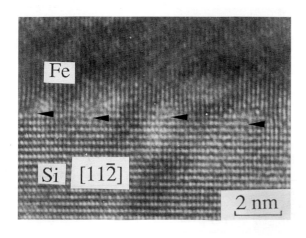

圖 1.21
鐵及矽晶界面原子像，箭頭
指示差排位置。[18]

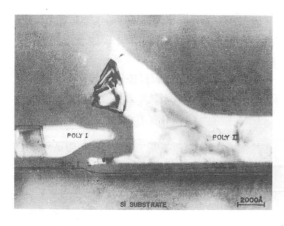

圖 1.22
雙層電荷耦合元件 (CCD)
之橫截面試片圖。[19]

　　間隔均可由 TEM 鑑定，高分辨影像更可觀測界面原子排列情形，例見圖 1.20 及圖 1.21。

(十) 電子元件製程控制與失效分析：EM 對電子元件製程控制與失效肇因之明確鑑定有很重要的貢獻。尤其近年來 TEM 橫截面試片之製備成功，其功效更為顯著，例見圖 1.22 及圖 1.23。

(十一) 磁性：利用 Lorentz 顯微術觀察鐵磁區、逆鐵磁區、磁區特性、磁區為反相界面拴束等現象，例見圖 1.24。

(十二) 像對比理論：為 TEM 發展的一項副產品。電子繞射理論應用於完整及有缺陷之晶體，因此得以廣泛而徹底的研究發展，例見圖 1.25。

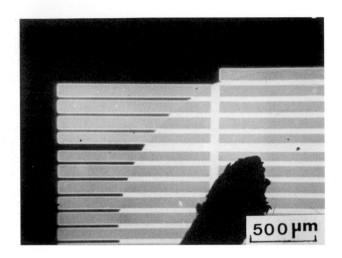

圖 1.23
F$^+$ 離子佈植矽中之電壓
對比圖。[20]

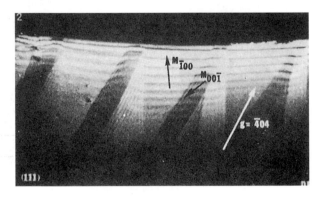

圖 1.24
鈷磁鐵尖晶石中之磁區。
[21]

(十三) 非彈性散射理論：電子與物質原子作非彈性散射，喪失能量，產生聲子 (phonon)、電漿子 (plasmon)、二次電子以及離子化等，都得藉 EM 加以探討。

(十四) 電子光學系統：各種電子透鏡、電子源、掃描電路等，爲因應 EM 的嚴格要求，均有長足的進步。

(十五) 表面位像 (surface topography)：由於 SEM 的視野深度 (depth of field) 大，可在很高之放大倍率下，清晰地觀察到物質表面三度空間立體影像。對觀察斷面、切削面、蝕刻表面、粉末燒結情形等表面結構最爲有力，例見圖 1.26。

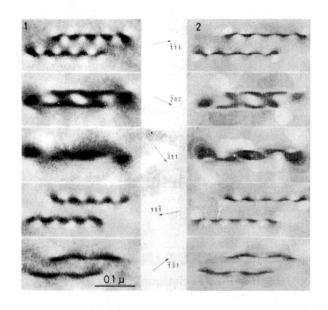

圖 1.25
利用理論計算出差排偶
極與實驗結果比較。[22]

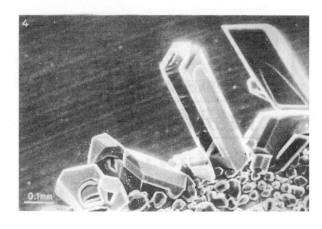

圖 1.26
多面體鎂晶之三度空間
像。[23]

(十六) 微區域成份分析：因電子與物質作用較 X 光強許多，故可從微小區域
　　　取得信號加以分析。X 光較不適用於輕元素分析，其與材料中原子序數
　　　小的元素如碳、氧、氮等作用，產生背景雜訊太強，但電子分析儀
　　　(EA) 則不受此限制。
(十七) 其他：例如高分子、礦物、p-n 接面電場分佈情形等。與之有關的有 X
　　　光位像學 (topography)、順道技巧 (channeling technique)、低能量電子繞

射 (low energy electron diffraction, LEED)、歐傑電子能譜學 (Auger electron spectroscopy, AES) 及能帶理論 (energy band theory) 等。

1-6　電子顯微鏡與光學顯微鏡、X 光繞射儀特性及功能之比較

　　近代材料學者利用許多波性粒子與材料作用產生訊號來分析材料之構造與缺陷。常用分析儀器包括光學顯微鏡、X 光繞射儀及電子顯微鏡。這些分析儀器各有所長，亦有短缺不足之處。茲將此三種分析儀器之特性、功能及適用範圍表列於表 1.3，最有效之分析方法乃在適切地配合使用各種儀器，以期功用能相輔相成。

表1.3　各種主要分析儀器之比較表。

儀器 特性	光學顯微鏡	X 光繞射儀	電 子 顯 微 鏡
質　波	可見光	X　光	電　子
波　長	～5000 Å	～1 Å	0.037 Å (100 kV)
介　質	空　氣	空　氣	眞　空 ($<10^{-4}$ torr 至 10^{-10} torr)
鑑別率	～2000 Å	X 繞射：10^{-4} Å 直接成像：～μm	繞射：10^{-2} Å 直接成像：(a) 點與點間 1.8 Å (b) 線與線間 1.4 Å
偏折 聚焦鏡	光學鏡片	無	電磁透鏡
試　片	不限厚度	反射：不限厚度 穿透：～mm	掃描式：僅受試片基座大小限制 穿透式：～1000 Å
訊號類	表面區域	統計平均	局部微區域
可獲得 之資料	表面微細 結構	主要為晶體結 構、化學組成。	晶體結構、微細組織、化學組成 、電子分佈情況等。

參考資料

1.　D. A. Maher and D. C. Joy, *J. of Metals*, February, 26 (1977).

2. G. Thomas and M. J. Goringe, *Transmission Electron Microscopy of Materials*, New York: Wiley (1979).

3. L. J. Chen and K. N. Tu, *Mater. Sci. Reports*, **6**, 53 (1991).

4. L. J. Chen, T. W. Wu, and H. C. Cheng, *Met. Trans.*, **14**A, 365 (1983).

5. R. L. Segall, *In The World through Electron Microscope*, Metallurgy III, JEOL Laboratory, Tokyo, Japan (1965).

6. L. J. Chen and A. J. Ardell, *Phys. Stat. Sol.*, (a) **34**, 679 (1976).

7. L. J. Chen and A. J. Ardell, *J. Nucl. Mater.*, **75**, 177 (1978).

8. C. W. Nieh and L. J. Chen, *J. Appl. Phys.*, **60**, 3546 (1986).

9. S. N. Hsu, L. J. Chen and S. C. Wu, *J. Appl. Phys.*, **68**, 4563 (1990).

10. C. W. Nieh and L. J. Chen, *Appl. Phys. Lett.*, **48**, 1528 (1986).

11. A. J. Cornish, *J. Inst. Matels*, **97**, 44 (1969).

12. C. S. Liu and L. J. Chen, *J. Appl. Phys.*, **74**, 5501 (1993).

13. L. J. Chen, Y. J. Wu and I. W. Wu, *J. Appl. Phys.*, **52**, 3520 (1981).

14. L. J. Chen, unpublished work.

15. W. J. Chen, F. R. Chen and L. J. Chen, *Appl. Phys. Lett.*, **60**, 2201 (1992).

16. T. L. Lee, L. J. Chen and F. R. Chen, *J. Appl. Phys.*, **71**, 3307 (1992).

17. M. H. Wang and L. J. Chen, *J. Appl. Phys.*, **71**, 5918 (1992).

18. M. H. Wang and L. J. Chen, *Appl. Phys. Lett.*, **62**, 1603 (1993).

19. R. B. Marcus and T. T. Sheng, *Transmission Electron Microscopy of Silicon VLSI Circuits and Structures*, New York: Wiley (1983).

20. C. H. Chu, L. J. Chen and H. L. Hwang, *J. Cryst. Growth*, **103**, 188 (1990).

21. L. C. De Jonghe and G. Thomas, *In The World through Electron Microscope*, Metallurgy Ⅴ, JEOL Laboratory, Tokyo, Japan (1971).

22. S. Amelinckx, R. Gevers, G. Remaut and J. Van Lard'ugt, *Modern Diffraction and Techniques in Materials Science*, Amsterdam: North-Halland (1970).

23. J. Van der Planher, *J. Mat. Sci.*, **4**, 927 (1969).

24. J. I. Goldstein, D. E. Newbruy, P. Echlin, D. C. Joy, C. Fiori and E. Lifshin, *Scanning Electron Microscopy and X-ray Microanalysis*, New York: Plenum (1981).

25. 陳力俊, 科儀新知, **5** (2), 93 (1984).
26. J. I. Hren, J. I. Goldstein and D. C. Joy (eds.), *Introduction to Analytical Electron Microscopy*, New York: Plenum (1979).
27. 陳力俊, 科儀新知, **4** (2), 70 (1983).

習　題

1.1　試列舉電子與物質作用產生之訊號。
1.2　試列舉電子顯微鏡偵測訊號之成像方式以及其所能提供之資料。
1.3　試以示意圖顯示穿透式電子顯微鏡之主要功能。
1.4　比較電子顯微鏡、光學顯微鏡及 X 光繞射儀之特性及功能。

第二章

電子顯微鏡之結構及其成像原理

2-1　電子顯微鏡之結構

　　完整的電子顯微鏡由掃描穿透式電子顯微鏡 (STEM) 附加上一些分析裝置而構成，例見圖 2.1。其本體可分為四部份，即：1.照明系統，2.成像電磁透鏡系統，3.試片室，4.影像訊號偵測記錄系統。

2-1-1　照明系統

可分兩部份，即

　1.電子槍：發射電子束之電子源。

　2.聚光鏡：主要功能在產生一散度小、亮度高、尺寸小之電子束。

1.電子槍：

　作為陰極的電子源有三種，即

　(1) 鎢絲。

　(2) LaB_6 絲。

以上兩種電子源皆由熱游離發射 (thermionic emission) 原理產生電子；

　(3) 場發射槍 (field emission gun, FEG)，由強電場將電子吸出，即由電場發射原理產生電子。

　　使用鎢絲時乃直接加熱。鎢絲成 V 形，如圖 2.2 所示，當到達足夠溫度時，發射出電子束，電流之密度可由 Richardson 公式表示，

即

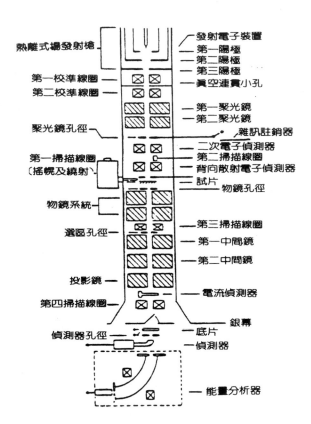

圖 2.1
完整之掃描穿透式電子顯
微鏡剖面圖例。[1]

$$J_e = AT^2 e^{-E_w/kT}$$

其中 J_e 為發射電流密度，A 為視燈絲材料而定之常數，T 為以絕對溫標 K 為單位之溫度，E_w 為功函數 (work function)，而 k 即 Boltzmann 常數。

通常鎢絲的電流 $A \sim 60$　A/(cm^{2}K^2)，$E_w = 4.5$　eV，一般操作溫度大約為 2700 K。J_e 可由 Richardson 公式算出，約為 1.75 A/cm^2，其壽命在 10^{-5} torr 的真空下平均約 40—80 小時。

LaB$_6$ 電子源由晶體成長方式生成，一般成棒狀而頂端磨尖，採間接方式加熱；如圖 2.3 所示由加熱線圈將 LaB$_6$ 絲加熱。其發射電子原理和使用鎢絲時一樣，符合 Richardson 定律。通常 LaB$_6$ 電子源之 $A \sim 40$　A/(cm^{2}K^2)，$E_w = 2.4$　eV。一般操作時在尖端的溫度為 1700 至 2100 K。J_e 可達 10^2 A/cm^2。如在 $J_e \sim 10$ A/cm^2 時使用壽命可超過 10,000 小時。使用 LaB$_6$ 絲比使用鎢絲的好

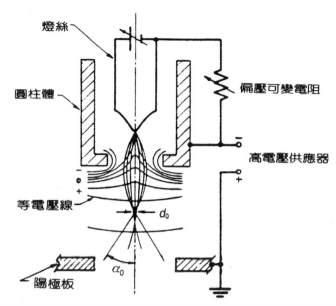

圖 2.2　含有自動調整偏壓裝置之電子槍。[2]

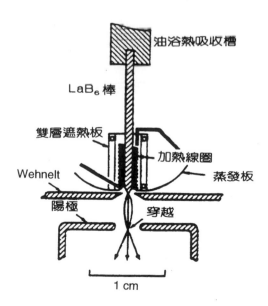

圖 2.3

以 LaB_6 絲為陰極之電子槍。[2]

處很多，如 E_w 小、電流密度 J_e 大、壽命較長等；但必須在較高的真空度下操

作 (約 10^{-6} torr)，且不能直接加熱。

　　場發射槍加負電壓於一金屬尖端上，所加強電場由此尖端吸出電子而形成
發射電流，如此可產生小於 100 Å 的電子聚焦點；發射電流密度可以高達 10^{6}
A/cm^{2}，如圖 2.4。完全不加熱之場發射槍產生之電子束可小至幾 Å，但其穩定
性較差，操作時所須眞空在 10^{-10} torr 的範圍。

　　三種電子源的亮度 (brightness, B) 比大致爲：

　　$B_{鎢絲} : B_{LaB_6} : B_{場發射槍} = 1:10:10^{3}$

一般電子源在陽極與電子源間加一負偏壓，作爲將電子源發射出來的電子
束加以聚焦之用，如圖 2.2。偏壓差 (bias voltage) 與發射電流、亮度間的關係
可由圖 2.5 看出，負偏壓有抑制發射電流與聚焦之雙重作用。燈絲電流
(filament current) i_f 與電子束電流 i_b 之關係則表示於圖 2.6。在操作點電子束電
流已達飽和點，如再增加燈絲電流，只增加燈絲損耗而無法增加電子束電流。
故負偏壓裝置具有保護的作用。

2. 聚光鏡

　　有兩種形式，即：

　(1) 單聚光鏡式。

　(2) 雙聚光鏡式。

　　若 dF 爲電子源發射出電子的總通量，dS 爲電子源的面積，則由圖 2.7 所
示，電子束散度角爲 ϕ，而在 dA 上之亮度爲

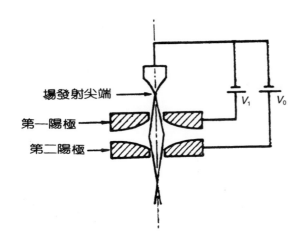

圖 2.4
場發射電子槍。[2]

$$亮度 = \frac{電流密度}{散度之立體角}$$

以 B 表示亮度，$\Delta\omega$ 表示立體角 $(\Delta\omega = \frac{dA}{r^2})$ ，

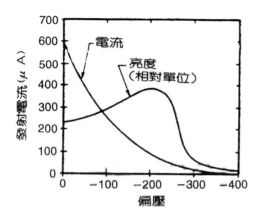

圖 2.5
發射電流及亮度與偏壓差關係之
示意圖。[2]

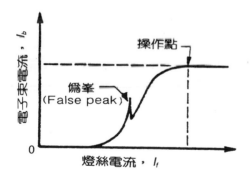

圖 2.6
含有自動調整偏壓裝置之電子槍，
其電子束電流 i_b 與燈絲電流 i_f 關係
之示意圖。[2]

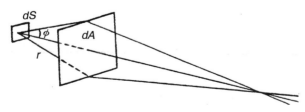

圖 2.7 界定電子束通量圖。

則

$$B = \frac{r^2 dF}{dS dA} = \frac{j}{\Delta\omega}$$

$$dA = r^2 \sin\theta d\theta d\phi, \quad d\omega = \frac{dA}{r^2} = \sin\theta d\theta d\phi$$

$$\Delta\omega = \int_0^\phi \sin\theta d\theta \times 2\pi$$

$$= (1 - \cos\phi) \times 2\pi$$

$$= 2\sin^2\frac{\phi}{2} \times 2\pi$$

若 $\phi \to 0$

$$2 \times \frac{\phi^2}{4} \times 2\pi = \pi\phi^2$$

$$\therefore \Delta\omega \propto \phi^2, \ \text{故} \ B \propto \frac{j}{\phi^2}$$

因為同一照射系統中亮度 (在某些條件下) 保持不變，

$$\therefore \frac{j_0}{\phi_0^2} = \frac{j_s}{\phi_s^2} \tag{2-1}$$

其中 j_0、ϕ_0 分別是在試片位置的電流密度及散度角；j_s、ϕ_s 分別是電子源的電流密度及散度角；j_0、j_s 單位為 A/cm^2；ϕ_0、ϕ_s 單位為弳 (radian)。部份電子為第二聚光鏡孔徑擋住。此式右邊由電子源決定，所以不論在單聚光鏡或雙聚光鏡系統中，右式值不變，而電流密度 j_0 由 ϕ_0 決定；電子束的散度角 ϕ_0 則和聚光鏡的電流 I 有關。圖 2.8 中對於雙聚光鏡系統而言，I_0 為第二聚光鏡聚焦電子源像於試片上之電流。

　　單聚光鏡系統因礙於對電子束散度須小的限制，不宜聚焦過度，而使照射於試片上的電子束尺寸較大 (與原電子束尺寸相當)。如此試片受較大熱應力容易飄動，同時由於碳氫化合物的污染，而使得電荷聚集放電的問題趨於嚴重。

　　雙聚光鏡系統須先利用第一聚光鏡將電子束大幅度的縮小 (如為原電子束之百分之一)，再以第二聚光鏡略為放大，如此可得高強度、散度小及尺寸小之電子束。由單聚光鏡系統聚集電子束的負面效應均可大為紓解；由雙聚光鏡形成之電子束大小經放大後約與螢幕大小相同最佳。如螢幕直徑為 10 公分，放大倍率為 100,000 倍，則照射於試片上電子束約為 1 微米。

　　假設單聚光鏡系統透鏡與雙聚光鏡系統第二聚光鏡與試片相對位置以及直

徑或孔徑大小相同，則 ϕ_0 與透鏡 I 之關係見圖 2.8。圖 2.8 中，I_0 對單、雙聚
光鏡系統而言，分別為透鏡及第二聚光鏡聚焦電子於試片上之電流。另外對應
於 I_0、ϕ_0 之最大值為 D/L，D 為透鏡或孔徑之直徑，L 為透鏡與試片之距離。

　　由圖 2.8 可見單、雙聚光鏡之最大 ϕ_0 亦即 J_0 一樣大，所以雙聚光鏡系統
相對於單聚光鏡系統，電流密度一樣大，但電子束尺寸較小。

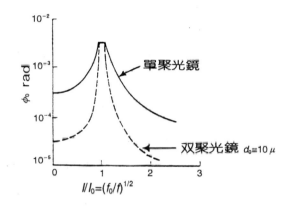

圖 2.8
電子顯微鏡在試片位置之電子
束散度與各種聚光鏡電流大小
之關係圖。[3]

2-1-2　成像電磁透鏡系統

　　可分靜電透鏡及磁透鏡兩類。靜電透鏡因像差較大，並有高壓穩定性的問
題，現已少用，本章僅討論磁透鏡。

　　電子顯微鏡成像系統磁透鏡一般為三段式，即分為：

1. 物鏡 (objective lens)
2. 中間鏡 (intermediate lens)
3. 投影鏡 (projective lens)

　　物鏡又稱聚焦鏡 (focusing lens)，除放大之外，主要用於聚焦。在成像電
磁透鏡中距試片最近，故其對試片影像負第一次放大之責，對於最後影像品質
的影響也最大。

　　中間鏡又稱放大鏡 (magnifying lens)，主要功用有二：一為決定放大倍
率；另一則為選擇以繞射圖形或顯微影像在螢光幕上顯現。

　　投影鏡主要功能為對影像作最後的放大工作，將影像投影於下方之螢光幕
上。

　　各電磁透鏡之性能由其中極片 (pole-piece) 決定。圖 2.9 (a) 顯示物鏡極片之基本結構，其重要參數分別爲上、下極片之間距離 S 以及上、下極片之內徑 R_1 及 R_2。圖 2.9 (b) 則顯示磁場 z 分量軸向分佈情形。

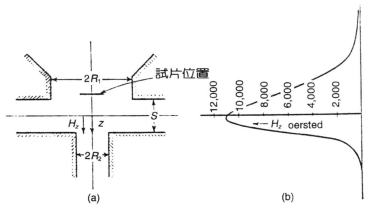

(a)   (b)

圖 2.9　(a) 物鏡極片之結構；(b) 對應於 (a) 之磁場 z 方向分量軸向分佈情形。[3]

　　根據電磁學原理，電子行進方向與磁場軸間偏離一小角度，往往可由極片磁場聚焦，其焦距 f 與磁場分佈關係可由下式表示：

$$\frac{1}{f} = \frac{0.022}{E} \int_{間隙} H_z^2 dz \tag{2-2}$$

　　其中 f、E 及 H_z 之單位分別爲厘米、伏特及奧斯特 (Oersted)，積分乃對極片間隙 (gap) 積分。

　　由於電子有徑向速度分量和軸向磁場作用，電子順著螺紋式軌道運動。電子穿過透鏡之旋轉角度 ϕ 與 E 及 H_z 之間關係爲：

$$\phi = \frac{0.148}{\sqrt{E}} \int_{間隙} H_z dz \tag{2-3}$$

2-1-3　試片室

　　試片基座 (specimen holder) 可分兩類，即

1. 側面置入 (side entry) 式基座，

2. 自上置入 (top entry) 式基座。

　　其名稱乃由試片置入電子顯微鏡中觀察位置之方式而來。側面置入式基座操作較易，適宜作大角度之傾斜；自上置入式基座則適於高分辨之應用。主要因試片置入物鏡中位置之差異而決定其特性。

　　對試片室或試片基座視情況而有各種不同需求，包括：

1. 高度眞空。

2. 大角度傾斜及旋轉。

3. 可施應力。

4. 可加熱。

5. 可冷卻。

6. 可控制試片附近氣氛等。

近年來特殊應用更包括：

7. 將離子加速器產生之離子導入作輻射損傷觀察。

8. 分子束磊晶系統蒸鍍薄膜之臨場觀測。

2-1-4　影像偵測及記錄系統

1. 螢光幕

　　通常由 ZnS, ZnS/CdS 粉末塗層構成；電子照射到螢光幕上，引致陰極發光而呈現影像。螢光幕之顏色由於加入少量雜質如 Cu, Mn 等而變色；因人眼對綠色較敏感，故常用綠色 (波長約爲 5500 Å) 螢光幕。

　　螢光幕之品質由陰極發光亮度 L 及解析度 δ 而定；常以 L/δ^2 爲評定螢光幕品質之尺度。

　　螢光之強度隨電子光源消失時間而漸衰減 (decay)，可分兩階段：第一階段在 10^{-5}—10^{-3} 秒間快速衰減，第二階段後餘光約維持數秒時間。

2. 照像底片

　　因在玻璃或膠片上之感光乳膠常含大量水份，一般須先在 10^{-2} torr 之眞空室中預抽脫水，而在使用前迅速裝進電子顯微鏡像機盒內。

　　感光乳膠之解析度由電子擴散雲及乳膠晶粒大小而定。一般感光乳膠之解析度在 20—50 微米之間。一 6×9 平方厘米大小之底片約包含 6×10^6 個像點，其偵測能力相當強。

其他偵測系統包括：

3. 鑠光偵測器 (scintillation detector)

穿透式電子顯微鏡螢光幕之 ZnS 等塗層反應時間約爲數秒，不宜於快速偵測記錄。掃描式及掃描穿透式電子顯微鏡常用他種材料的鑠光偵測器，其時間常數在 10^{-6} 秒左右而效率與 ZnS 相似。

4. 法拉第籠 (Faraday cage)

用以直接測量電流。

5. 半導體偵測器 (semiconductor detector)

可在 10^{-5} 秒間量得 10^{-11} 安培之電流訊號。

6. 影像增強系統

因螢光幕之解析度與靈敏度較底片乳膠差，在高分辨成像時，導致校正散光像差及聚焦之困難。影像增強系統一方面可增加偵測之靈敏度，一方面可用處理電子訊號除去雜訊背景方式提高對比，同時可由錄影設備記錄動態效應。

2-2　像差

在電子顯微鏡中須考慮到的像差 (aberration) 包括：

繞射像差 (diffraction aberration)、球面像差 (spherical aberration)、散光像差(astigmatism) 及波長散佈像差 (即散色像差，chromatic aberration)。

2-2-1　繞射像差

由物理光學之 Rayleigh 準則：

$$\Delta r_d = \frac{0.61\lambda}{\alpha} \tag{2-4}$$

其中 λ 爲電子波長，α 爲透鏡對試片上一點所張角度之半角，如圖 2.10。

2-2-2　球面像差

球面像差爲物鏡中主要缺陷，不易校正，其成因可參考圖 2.11。因偏離透鏡光軸之電子束偏折較大，其成像點較沿軸電子束成像之高斯成像平面 (Gauss

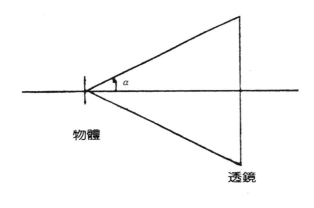

圖 2.10

透鏡對試片上一點所張角

度之半角 α。

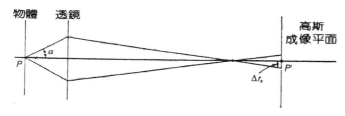

圖 2.11 球面像差現象之成因。[3]

image plane) 距透鏡為近，所以在 2.11 圖中，自 P 點射出而方向與透鏡軸成 α 角之電子成像位置與對應之高斯像點 P' 有一偏差；其偏離大小 $\Delta r_s = MC_s \alpha^3$，可由高斯成像公式中假設 $\sin\alpha \sim \alpha$，修正為 $\sin\alpha \sim \alpha - \alpha^3/3!$ 得來。此式中 C_s、M 各為球面像差係數 (spherical aberration coefficient) 及放大倍率。為便於比較，一般討論在試片平面之像差，則球面像差 $\Delta r_s = C_s \alpha^3$。$C_s$ 大小約為 2 至 3 毫米。新型之電子顯微鏡規格中有 C_s 小於 1 毫米者。

2-2-3 散光像差

散光像差由透鏡磁場不對稱而來，使電子束在二互相垂直平面之聚焦落在不同點上，如圖 2.12 所顯示。

透鏡磁場不對稱的原因包括：

1. 圓柱形對稱軟鐵極片製作精度上的困難。因若要限制散光像差對解析度之影響在 5 Å 左右，則軟鐵極片之車製及校準精度須在 500 Å 以內。

2. 使用時，真空腔中碳化物、氧化物、碳氫化合物等雜質不均勻的附著於極片

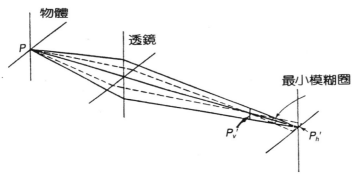

圖 2.12　散光像差現象之成因；錐形電子束沿二垂直方向聚焦於不同平面。[5]

上。

　　散光像差一般用散光像差補償器 (stigmator) 產生與散光像差大小相同、方向相反的像差校正。目前常見之電子顯微鏡其聚光鏡及物鏡各有一組散光像差補償器。

2-2-4　波長散佈像差

　　對薄透鏡的電磁透鏡焦距 f 與入射電子之能量有如下的關係：

$$\frac{1}{f} = \frac{0.022}{E} \int_{間隙} H_z{}^2 dz \tag{2-2}$$

如入射電子能量散佈為 ΔE，焦距亦隨之有 Δf 的改變量，故

$$\frac{\Delta f}{f} = \frac{\Delta E}{E}$$

如圖 2.13 所示，焦距改變 Δf，則造成影像模糊圈 (circle of confusion)，其半徑為 $\Delta r_c = \alpha \Delta f$，

$$\Delta r_c = f \alpha \frac{\Delta E}{E} \tag{2-5}$$

對厚透鏡，亦可導出類似關係：

$$\Delta r_c = C_c \alpha \frac{\Delta E}{E} \tag{2-6}$$

　　其中 C_c 為波長散佈像差係數 (chromatic aberration coefficient)，通常較 f

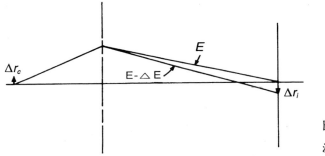

圖 2.13
波長散佈像差之效應。

略小。一般高能量電子之 $\Delta E/E$ 較低能量電子小,所以 Δr_c 亦較小。

電子波長改變的原因,包括:

1. 加速電子的高壓有不穩定的情況。

2. 透鏡電流有不穩定的情況。

3. 熱游離電子能量的高斯分佈。

4. 與試片作用產生非彈性碰撞喪失能量。

2-3 鑑別率

電子顯微鏡之最佳鑑別率 (resolving power) 乃在可忽略散光像差及波長散佈像差之情況下得來。因繞射像差爲其基本限制,而球面像差非常不易消除。散光像差可利用散光像差補償器校正。波長散佈像差對薄試片 ΔE 約爲零,可忽略。

假設

$$\Delta r = \Delta r_d + \Delta r_s$$

$$= 0.61\frac{\lambda}{\alpha} + C_s\alpha^3$$

取 Δr 之最小值:

$$\frac{d\Delta r}{d\alpha} = 0.61(-\frac{\lambda}{\alpha^2}) + 3C_s\alpha^2 = 0$$

得一 α 之最佳值 α_{opt} 使 $\Delta r = \Delta r_{min}$ 爲最小,

$$\alpha_{opt} = (\frac{0.61\lambda}{3C_s})^{1/4}$$

故　$\Delta r_{min} = B C_s^{1/4} \lambda^{3/4} = B(C_s \lambda^3)^{1/4}$ 　　　　　　　　　　　　　(2-7)

其中 $B \sim 1$

若 $C_s = 1$ mm, $\lambda = 0.0142$ Å (400 keV 電子之波長)

則 $\Delta r_{min} \sim 2.3$ Å

欲得到較佳的鑑別率，可自減小 C_s 及 λ 著手，但要使 C_s 小於 1 毫米相當困難，故高分辨電子顯微鏡通常須加較高電壓，使波長減短。此處要注意的是 C_s 雖隨電子能量增加，重要的是 $C_s \lambda^3$ 隨電子能量增加而減小。

2-4　成像與對比

2-4-1　成像

電子束與試片作用，在物鏡之後聚焦平面 (back focal plane) 形成繞射圖形 (diffraction pattern)，而在成像平面 (image plane) 生成放大像，如圖 2.14 所示。在操作電子顯微鏡時，常以改變中間鏡電流方式使中間鏡聚焦於物鏡之後聚焦平面或成像平面，再分別觀察繞射圖形或放大像。

各透鏡成像物距 l_0、像距 l_i 與焦距 f_0 之間關係，可用高斯公式近似，即：

$$\frac{1}{l_0} + \frac{1}{l_i} = \frac{1}{f_0}$$
　　　　　　　　　　　　　　　　　　　　(2-8)

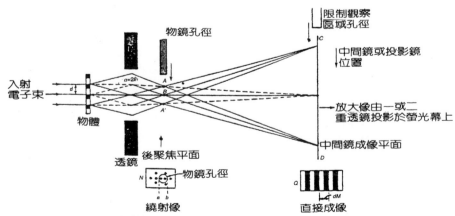

圖 2.14　電子顯微鏡中試片、繞射平面及成像平面相對位置及電子束路徑圖 (ray diagram)。[5]

前節曾述及電子經過磁透鏡，偏轉角度 θ 與磁場分佈有關，而

$$\phi = \frac{0.148}{\sqrt{E}} \int_{間隙} H_z dz \qquad (2\text{-}3)$$

因物鏡生成繞射像與顯微像之位置不同、電子旋轉角度不同，故繞射像與顯微像間有一角度差 ϕ，如圖 2.15 及圖 2.16。另外，因繞射像與顯微像成像過程之差異，會造成 180° 之角度差，如圖 2.15 及圖 2.17。

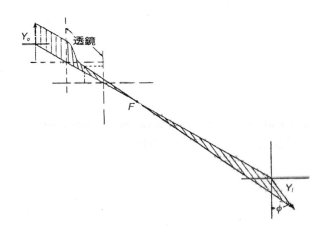

圖 2.15
磁透鏡磁場引致電子束
方向對光軸旋轉。

2-4-2 對比

與試片作用之電子束形成的影像以兩種方式呈現對比，即 (1) 相對比 (phase contrast)，(2) 繞射對比 (diffraction contrast)。

1. 相對比

由直射與繞射電子束經透鏡系統重合，相互干涉而生成，如圖 2.14 所示。對鑑別率較佳之電子顯微鏡而言，由直射與繞射電子束干涉所生成之干涉條紋常與繞射電子束對應晶格平面投影有一定關係，稱為晶格像 (lattice image)。而在適當條件下，由多電子束干涉甚至可觀察到原子之結構像 (structure image)。

2. 繞射對比

由電子束照射試片各部份之繞射條件不同而生成的兩種成像方式，即 (1) 明視野成像 (bright field image)，(2) 暗視野成像 (dark field image)。可參考

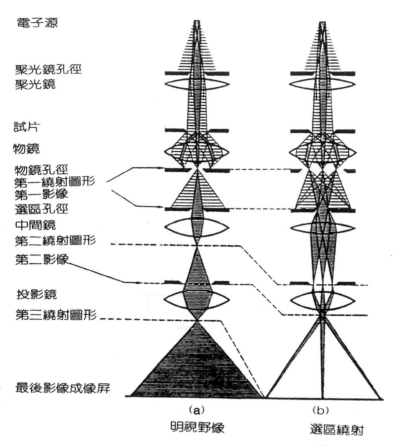

電子源

聚光鏡孔徑
聚光鏡

試片
物鏡

物鏡孔徑
第一繞射圖形
第一影像

選區孔徑
中間鏡

第二繞射圖形

第二影像

投影鏡

第三繞射圖形

最後影像成像屏

(a)　　　　　　(b)
明視野像　　　選區繞射

圖 2.16　電子束 (a) 成像及 (b) 形成繞射圖形路徑圖。[4]

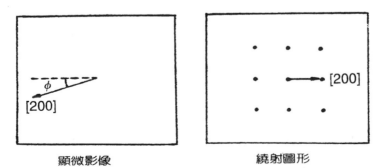

顯微影像　　　　　　　　繞射圖形

圖 2.17　電子繞射圖形與對應顯微像之角度關係。

圖 2.18 及圖 2.19。

(1) 明視野成像：

由物鏡孔徑擋住繞射電子束，僅讓直射電子束通過成像。

(2) 暗視野成像：

由物鏡孔徑擋住直射電子束，僅讓繞射電子束通過成像。明視野及暗視野像分別在未置試片情況下，由電子束通過透鏡系統，受孔徑位置影響，在螢幕上顯得明亮或漆黑一片而得名。在觀察暗視野像時，因偏離透鏡軸方向球面像差較大，常用傾斜入射電子束方法使得繞射電子束方向與透鏡軸方向重合。

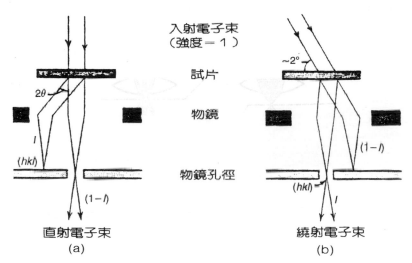

圖 2.18　繞射對比的 (a) 明視野像，(b) 暗視野像分別由直射及繞射電子束成
　　　　像，其餘電子束則由孔徑擋住。

2-5　選區繞射

選區繞射 (selected area diffraction) 乃以中間鏡孔徑選取試片中特定區域而獲得此微小區域之繞射資料。由選區繞射可得到微小區域顯微像與繞射圖形之相互關係。在觀察多晶或多相試片時特別有用。另外還可利用選區繞射確定微結構分析繞射及對比條件。選區繞射有兩種主要的誤差，分別由 (1) 物鏡之球

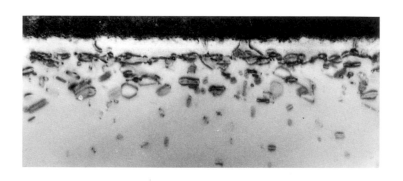

(a)

(b)

圖 2.19　BF_2^+ 離子佈值矽橫截面試片，(a) 明視野像，(b) 暗視野像。[6]

面像差及 (2) 物鏡聚焦不當所造成。

　　圖 2.20 顯示在選區繞射時，中間鏡孔徑與物鏡成像面在同一平面上；如 (000) 電子束成像正好與選區孔徑界定位置相合。由 (hkl) 面繞射之電子束成像，則因爲球面像差與 (000) 電子束像偏離了 $MC_s\alpha^3$ 之距離 (M 爲放大率)，這種偏離可看成孔徑內由 (000) 與 (hkl) 電子束成像相對於試片界定的區域，分別爲 ss' 與 pp' 而不重合；如其偏離距離爲 Δy_s，而 $\Delta y_s = C_s\alpha^3$。

　　至於由焦距調整不當所生成之誤差，可由圖 2.21 看出。圖中顯出一過聚焦 (overfocus) 而與焦點偏離 D 之長度的情況；如偏離距離爲 Δy_f，則 $\Delta y_f = \alpha D$。

　　上式中 D 爲正值；如爲聚焦不及 (underfocus)，則 D 爲負值。球面像差與

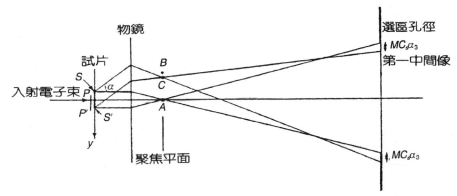

圖 2.20 由物鏡生成試片之第一中間像示意圖。[3]

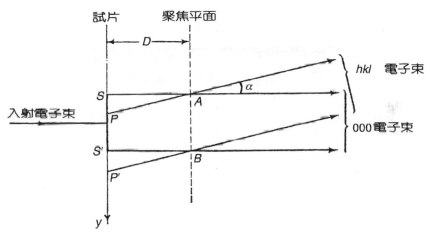

圖 2.21 由不當之聚焦而引致選區繞射誤差。[3]

聚焦不當之總誤差為：

$$\Delta y = \Delta y_s + \Delta y_f = C_s \alpha^3 + D\alpha \tag{2-9}$$

2-6 視野深度及聚焦深度

2-6-1 視野深度 (Depth of Field)

如圖 2.22，當透鏡聚焦在試片 C 兩邊的 A 或 B 上，偏離清晰成像位置

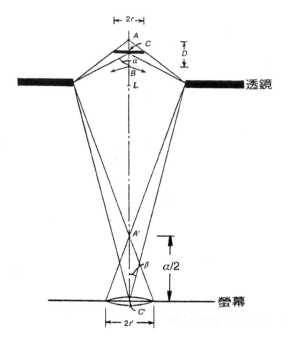

圖 2.22

視野深度 D 與聚焦深度 d 的關
係圖。

(out of focus) $D / 2$ 的距離，而使影像模糊程度 Δr_D 相當於鑑別率 Δr 時，則定
義：$AB = 2\,AC = 2\,CB = D$ 為視野深度，

$$\Delta r \sim \Delta r_D$$

$$\Delta r = \frac{D}{2} \cdot \alpha \ (假設 L \gg D)$$

$$\therefore D = \frac{2\Delta r}{\alpha}$$

假如 $\alpha = 6 \times 10^{-3}$ 徑，$\Delta r \sim 6\,\text{Å}$，

則 $D \sim 2 \times 10^3 \,\text{Å}$

即試片厚度不超過 $2 \times 10^3 \,\text{Å}$ 時，聚焦於試片中任一點，其他部份也在不
影響鑑別率範圍內呈現清晰影像。

2-6-2　聚焦深度 (Depth of Focus)

在成像空間內對應於視野深度 D 之一段距離 d 稱為聚焦深度。
若放大率為 M，

則　$\Delta r_d = M\Delta r_D = M\Delta r$

$\dfrac{\Delta r_d}{d/2} = \beta = \dfrac{\alpha}{M}$　(假設 $D \ll$ 焦距 f)

$d = 2M\dfrac{\Delta r_d}{\alpha} = 2M^2\dfrac{\Delta r}{\alpha}\ \underline{\text{由 (2-10) 式}}\ M^2 D$　　　　　　　(2-11)

如上例 $D\sim2000$ Å

　　若 $M = 20,000$

　　$d = (20,000)^2 \times 2000$ Å ~ 8000 厘米

　　雖與假設不符，但亦表示 d 相當大。這也是為什麼攝影機或其他影像偵測系統可以放在螢幕下面而仍然可得到清晰的影像的原因。

2-7　電子顯微鏡的校準

　　在開始使用電子顯微鏡前，須校準的項目包括：1. 放大倍率，2. 繞射圖形與各顯微像之旋轉角度，3. 電子波長，4. 像機常數。在使用過程中，亦應視需要分別校正。本節僅討論第 1、2 項，第 3、4 項將在第四章討論。

2-7-1　放大倍率

　　如欲從顯微像中獲得定量的資料，必須校準放大倍率。放大倍率一般是靠調整物鏡及中間鏡電流來改變其焦距，並與試片之位置有關。

　　有許多方法可用以校準放大倍率。最常用的是以碳或氧化矽之繞射柵複製膜試片為標準試片，如圖 2.23 所示。常用柵膜試片有每毫米 617、1134 及 2160 條線三種，適合作一百至二十萬倍放大倍率校正。如此校正，精確度約為 ±5 ％。如須更精確之校正，可設法同時觀察試片及複製膜，或將標準試片浸入一定大小 (如 2590 Å ±3%) 的乳膠 (latex) 球之酒精乳液內一短時間，使部份乳膠球附著於試片表面，在觀察時作為參考指標。對超過約二十萬倍之放大倍率校正，則常用標準試片 (如金膜及石墨膜) 之晶面間距離作為參考指標。

2-7-2　繞射圖形與顯微像旋轉角度之校準

　　前節曾述及試片顯微像相對於繞射圖形旋轉，其旋轉角度隨透鏡磁場強度

分佈變化而改變。由於放大倍率依改變透鏡磁場分佈而調整，所以旋轉角度亦隨放大倍率而變化。

　　最簡單的校準旋轉角度之方法是量測在鍍薄碳膜之試片柵上 MoO_3 晶體繞射圖形與顯微像隨放大倍率改變的相對旋轉角度。因 MoO_3 晶體爲長方結構，

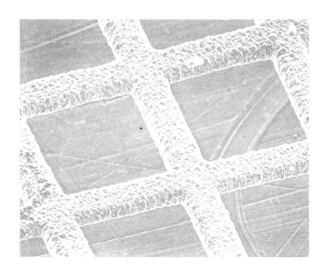

圖 2.23

柵膜之反射電子像。

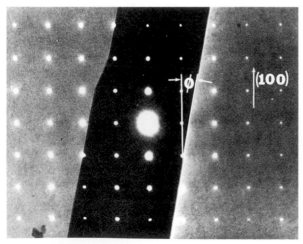

圖 2.24　MoO_3 之顯微與選區繞射重疊像。ϕ（∼11°）爲單晶長邊與 [100] 方向繞射點列之夾角。[5]

常呈長板狀，如自 [001] 方向觀察，其長邊與 [100] 方向平行。故如以雙重曝
光法使繞射圖形與顯微像重疊於底片上，可直接量得某一放大倍率下之旋轉
角，如圖 2.24。在某些缺陷對比分析時，若需確切知道在顯微像上繞射向量之
方向，則必須進一步將繞射像與顯微像倒轉 180° 之關係也一併加以考慮。

　　某些新型的電子顯微鏡在其成像系統中加入一組電磁透鏡，以補償影像旋
轉效應，使影像與繞射圖形不再相對旋轉。

參考資料

1.　D. A. Maher and D. C. Joy, *J. of Metals*, February, 26 (1977).

2.　J. I. Goldstein, D. E. Newbury, P. Echlin, D. C. Joy, C. Fiori and E. Lifshin, *Scanning Electron Microscopy and X-Ray Microanalysis*, New York: Plenum (1981).

3.　P. B. Hirsch, A. Howie, R. B. Nicholson, D. W. Pashley and M. J. Whelan, *Electron Microscopy of Thin Crystals*, Revised Edition, Huntington, New York: Krieger (1977).

4.　L. Reimer, *Transmission Electron Microscopy*, Berlin: Springer-Verlag (1984).

5.　G. Thomas and M. J. Goringe, *Transmission Electron Microscopy of Materials*, New York: John Wiley and Sons (1979).

6.　T. L. Lee, unpublished work.

7.　J. W. Edington, *Practical Electron Microscopy in Materials Science*, New York: Van Nostrand Rheinhold (1976).

8.　M. Born and E. Wolf, *Principles of Optics*, 6th Edition, Oxford: Pergamon (1980).

習 題

2.1　試列舉各種電子源之相關參數及特性。

2.2　試導出 Richardson 公式。

2.3　試比較單聚光鏡與雙聚光鏡系統之異同。

2.4　試證明在同一照射系統中亮度保持不變。

2.5　說明各成像電磁透鏡之主要功能。

2.6　試列舉並說明電磁透鏡之各種像差。

2.7　試計算能量為 200 keV，物鏡 $C_s = 1$ mm 的電子顯微鏡之鑑別率。

2.8　說明聚光鏡、物鏡及中間鏡孔徑隔板 (aperture) 之作用。

2.9　試導出 (2-2) 式。

2.10　試導出 (2-3) 式。

2.11　試導出 (2-4) 式。

2.12　說明放大像與繞射圖形之方位變化關係。

2.13　試討論與試片作用之電子束成像對比的生成方式。

2.14　試證明由球面像差導致之偏離大小為 $C_s \alpha^3$。

2.15　試討論選區繞射之限制。

2.16　解釋視野深度及聚焦深度之涵義，並試以相關參數表示之。

2.17　試圖示正確的攝取暗視野像的方法。

2.18　試考慮聚焦不足 (underfocus) 情況下，選區繞射的誤差。

第三章

電子單次散射理論

3-1 電子波長

電子具波質二元性,由 de Bröglie 波長與動量的關係:

$$\lambda = \frac{h}{p}$$

其中 λ 表電子波長,p 表電子動量,而 h 表 Planck 常數($=6.625 \times 10^{-27}$ erg-sec)

如不考慮相對論效應,則

$$\frac{1}{2}mv^2 = eE, \quad v = \sqrt{\frac{2eE}{m}}$$

$$p = mv = \sqrt{2meE}$$

$$\lambda_0 = \frac{h}{p} = \frac{h}{\sqrt{2meE}} \tag{3-1}$$

一般電子顯微鏡之 $E = 100$ kV,所以 $\lambda_0 = 0.039$ Å。

如考慮相對論效應,則

$$mc^2 = m_0 c^2 + eE$$

兩邊平方

$$m^2 c^4 = m_0^2 c^4 + 2m_0 c^2 eE + e^2 E^2 \tag{3-2}$$

又 $\quad m = \dfrac{m_0}{\sqrt{1 - \dfrac{v^2}{c^2}}}$

$$\therefore \quad m^2(1-\frac{v^2}{c^2}) = m_0{}^2$$

$$m^2 c^2 = p^2 + m_0{}^2 c^2 \quad (p = mv)$$

左右式各乘上 c^2：

$$m^2 c^4 = p^2 c^2 + m_0{}^2 c^4 \text{ 代入 (3-2) 式}$$

$$\therefore \quad p^2 c^2 = 2m_0 c^2 eE + e^2 E^2$$

$$\Rightarrow p^2 = 2m_0 eE + \frac{e^2 E^2}{c^2}$$

$$\lambda = \frac{h}{p} = \frac{1}{\sqrt{2m_0 eE + \dfrac{e^2 E^2}{c^2}}}$$

$$= \frac{h}{\sqrt{2m_0 eE}\sqrt{1 + \dfrac{eE}{2m_0 c^2}}}$$

$$= \frac{\lambda_0}{\sqrt{1 + \dfrac{eE}{2m_0 c^2}}} \tag{3-3}$$

此處 λ_0 表不考慮相對論效應之電子波長，$m_0 c^2 = 0.511 \times 10^6$ 電子伏特。如電子 $E = 10^5$ V 代入上式，則考慮相對論效應之電子波長 $\lambda \sim \lambda_0 / \sqrt{1 + 1/10} \sim \lambda_0$ / 1.05，所以不考慮相對論效應之電子波長須作 5% 的修正。若 $E = 10^6$ V，則 $\lambda \sim \lambda_0 / \sqrt{1+1} \sim \lambda_0 / 1.4$，電子波長約須作 40% 的修正。電子能量與波長對照表可參考附錄 A-1。

3-2 單次散射近似

　　本章以單次散射近似法 (kinematical approximation) 討論電子散射振幅。單次散射近似作如下假設：

1. $eE \gg eV(\mathbf{r})$，即電子之能量遠大於其與晶體體作用的位能 $eV(\mathbf{r})$。
2. $|\phi_0| \gg |\phi_s(r)|$，即入射電子的波動函數絕對值遠大於其散射之波動函數絕對值大小。

3. 單次散射，即電子在晶體內僅經一次散射，其後不再與晶體作用。

4. 無吸收作用。

如符合這些條件，就可以應用 Born 近似法，亦即可以用單次散射近似法來處理電子散射問題。

　　一般散射與繞射常通用。本書儘可能限制繞射為原子與晶體作用之過程。

3-3　電子與原子作用─散射

　　以波動光學方法導出原子散射振幅 (或原子繞射振幅) ϕ_s：

$$\phi_s = \frac{2\pi\, m_0 e}{h^2} \int V(\mathbf{r}) \frac{e^{2\pi i k r}}{r} \phi_0 d\tau \tag{3-4}$$

其中 ϕ_0 為入射波振幅，$V(\mathbf{r})$ 為位能函數，導出 (3-4) 式之步驟可參考附錄 A-2。

　　圖 3.1 定義向量 $\mathbf{r}$ 及 $\mathbf{r}_i$，圖 3.2 表示由原子所造成的 $V(\mathbf{r})$ 空間之散射行為：

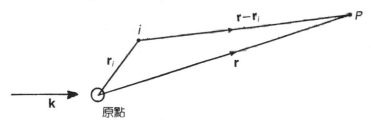

圖 3.1　定義向量 $\mathbf{r}$ 及 $\mathbf{r}_i$。

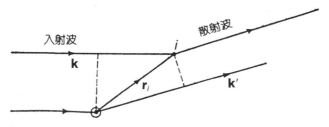

圖 3.2　入射波與散射波。

$$\mathbf{k}' - \mathbf{k} = \Delta\mathbf{k}$$

$$r = \left| \mathbf{r} - \mathbf{r}_i \right| \sim \left| \mathbf{r} \right| - \frac{\mathbf{r}_i \cdot \mathbf{k}'}{\left| \mathbf{k}' \right|} = r - \frac{\mathbf{r}_i \cdot \mathbf{k}'}{k} \quad (\text{註：} \left| \mathbf{k} \right| = \left| \mathbf{k}' \right|)$$

$$e^{2\pi i k |\mathbf{r} - \mathbf{r}_i|} \sim e^{2\pi i k r} e^{-2\pi i \mathbf{k}' \cdot \mathbf{r}_i}$$

$$\phi_0 = e^{2\pi i \mathbf{k} \cdot \mathbf{r}_i}$$

由 (3-4) 式

$$\begin{aligned}
\phi_s &= \frac{2\pi m_0 e}{h^2} \int_{\text{原子}} V(\mathbf{r}_i) \frac{e^{2\pi i k \left| \mathbf{r} - \mathbf{r}_i \right|}}{\left| \mathbf{r} - \mathbf{r}_i \right|} \phi_0 \, d\tau_i \\
&\sim \frac{2\pi m_0 e}{h^2} \int_{\text{原子}} V(\mathbf{r}_i) \frac{e^{2\pi i k r} e^{-2\pi i \mathbf{k}' \cdot \mathbf{r}_i}}{r} \phi_0 \, d\tau_i \\
&= \frac{2\pi m_0 e}{h^2} \frac{e^{2\pi i k r}}{r} \int_{\text{原子}} V(\mathbf{r}_i) e^{-2\pi i \Delta\mathbf{k} \cdot \mathbf{r}_i} \, d\tau_i
\end{aligned}$$
(3 - 5)

定義 $T = \int V(\mathbf{r}_i) e^{-2\pi i \Delta\mathbf{k} \cdot \mathbf{r}_i} \, d\tau_i$

$$V(\mathbf{r}_i) = \int \frac{\rho(\mathbf{r}_j)}{\left| \mathbf{r}_j - \mathbf{r}_i \right|} \, d\tau_j$$

$$\begin{aligned}
T &= \int \rho(\mathbf{r}_j) \int \frac{e^{-2\pi i \Delta\mathbf{k} \cdot \mathbf{r}_i}}{\left| \mathbf{r}_j - \mathbf{r}_i \right|} \, d\tau_i \, d\tau_j \\
&= \int \rho(\mathbf{r}_j) \, e^{-2\pi i \Delta\mathbf{k} \cdot \mathbf{r}_j} \int \frac{e^{-2\pi i \Delta\mathbf{k} \cdot (\mathbf{r}_i - \mathbf{r}_j)}}{\left| \mathbf{r}_j - \mathbf{r}_i \right|} \, d\tau_i \, d\tau_j \\
&= \int \rho(\mathbf{r}_j) \, e^{-2\pi i \Delta\mathbf{k} \cdot \mathbf{r}_j} d\tau_j \int \frac{e^{-2\pi i \Delta\mathbf{k} \cdot \mathbf{r}_i'}}{\left| \mathbf{r}_i' \right|} \, d\tau_i \\
&= e(Z - f_X) \cdot \frac{1}{\pi(\Delta k)^2}
\end{aligned}$$

其中 f_x 表 X 光原子散射因子，Z 表原子序。

由 　　$\phi_s = f(\theta) \dfrac{e^{2\pi i k r}}{r}$，$\Delta k = \left| \mathbf{k}' - \mathbf{k} \right| = \dfrac{2\sin\theta}{\lambda}$

$$f(\theta) = \frac{m_0 e^2}{2h^2} \left(\frac{\lambda}{\sin\theta} \right)^2 (Z - f_X)$$
(3 - 6)

如 λ 以 Å 為單位，

$$f(\theta) = 2.38 \times 10^{-10} \left(\frac{\lambda}{\sin \theta} \right)^2 (Z - f_X)$$

而對應之 X 光的散射因子為

$$\frac{e^2}{m_0 c^2} f_X = 2.82 \times 10^{-13} f_X$$

如取 $\dfrac{\sin \theta}{\lambda} \sim 0.2$ Å^{-1}，則 $f(\theta) \Big/ \left(\dfrac{e^2}{m_0 c^2} \right) f_X \sim 10^4$。

由此可見原子對電子散射能力較對 X 光強很多。

3-4 電子與單位晶胞作用—散射

如在一單位晶胞中 n 個原子位置各在 $\mathbf{r}_i$ $(i = 1, 2, \cdots, n)$ 處，則

$$V(\mathbf{r}) = \sum_i V_i(\mathbf{r} - \mathbf{r}_i)$$

在與 $|\mathbf{r}_i|$ 相比下，較遠距離之 $|\mathbf{r}|$ 處繞射振幅 A_0 為：

$$
\begin{aligned}
A_0 &= \frac{2\pi m_0 e}{h^2} \frac{e^{2\pi i k r}}{r} \int_{\text{單位晶胞}} \sum V_i(\mathbf{r} - \mathbf{r}_i) \, e^{-2\pi i \Delta \mathbf{k} \cdot \mathbf{r}} d\mathbf{r} \\
&= \frac{2\pi m_0 e}{h^2} \frac{e^{2\pi i k r}}{r} \sum_i \left\{ \int_{\text{單位晶胞}} V_i(\mathbf{r}') \, e^{-2\pi i \Delta \mathbf{k} \cdot \mathbf{r}'} d\mathbf{r}' e^{-2\pi i \Delta \mathbf{k} \cdot \mathbf{r}_i} \right\} \\
&= \frac{e^{2\pi i k r}}{r} \sum_i f_i(\theta) \, e^{-2\pi i \Delta \mathbf{k} \cdot \mathbf{r}_i} \\
&= \frac{e^{2\pi i k r}}{r} S(\theta)
\end{aligned}
$$

(3-7)

此處定義

$$f_i(\theta) = \frac{2\pi m_0 e}{h^2} \int_{\text{單位晶胞}} V_i(\mathbf{r}') \, e^{-2\pi i \Delta \mathbf{k} \cdot \mathbf{r}'} \, d\mathbf{r}'$$

$S(\theta) = \sum f_i(\theta) e^{-2\pi i \Delta \mathbf{k} \cdot \mathbf{r}}$ ，為對應單位晶胞之結構因子 (structure factor)。

3-5 電子與完整晶體作用—繞射

3-5-1 晶體結構 (Crystal Structure)

晶體結構由晶格 (lattice) 與原子基底 (atomic basis) 兩部份組成。晶格可定義爲滿足 $\mathbf{r}' = \mathbf{r}_0 + p\mathbf{a} + q\mathbf{b} + r\mathbf{c}$ 關係之點的集合。其中 p、q、r 爲整數，$\mathbf{a}$、$\mathbf{b}$、$\mathbf{c}$ 則

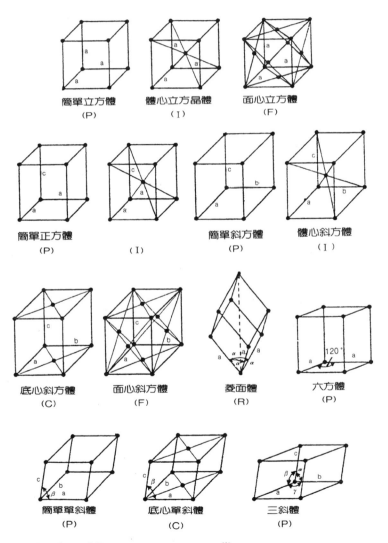

圖 3.3 十四種 Bravsis 晶格示意圖。[1]

爲單位晶胞轉移向量 (translational vector)。原子基底則爲一個或一群原子,其位置在 $r_i = r_0 + x_i a + y_i b + z_i c$,其中 $i = 1, 2, \cdots, n$,n 爲原子數,x_i、y_i、z_i 爲非整數或零。

原始單位晶胞 (primitive unit cell) 定義爲佔最小體積之單位晶胞。基本晶胞可分爲十四種,如圖 3.3。

3-5-2 倒晶格 (Reciprocal Lattice)

分析晶體結構,常須考慮晶面間之夾角 (interplanar angle) 及晶面間之距離 (interplanar spacing)。

圖 3.4 顯示一晶面,依 Miller 氏命名法,如其與各晶軸之交點交於比例爲 $1/h$、$1/k$、$1/l$ 單位向量處,則該面稱爲 (hkl) 面;此處假設 h、k、l 無公約數。

因二平面之交角與此二平面垂線交角相等,故常以平面垂線向量代表此一平面。又因單位晶胞體積如圖 3.5 所示,

$$V = |\mathbf{a} \times \mathbf{b}| d = \mathbf{a} \times \mathbf{b} \cdot \mathbf{c}$$

$$\frac{1}{d} = \frac{|\mathbf{a} \times \mathbf{b}|}{|\mathbf{a} \times \mathbf{b} \cdot \mathbf{c}|}$$

故以此定義倒晶格向量

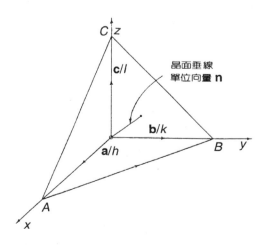

圖 3.4

(hkl) 晶面。

$$A = \frac{b \times c}{a \times b \cdot c}, \quad B = \frac{c \times a}{a \times b \cdot c}, \quad C = \frac{a \times b}{a \times b \cdot c} \tag{3-8}$$

倒晶格向量與正晶格之關係見圖 3.6。倒晶格及其向量具有以下特性：

1. 垂直正規 (orthonormal) 關係

    由倒晶格定義，可證

    $A \cdot a = B \cdot b = C \cdot c = 1$ $\hspace{4cm}$ (3-9)

    $A \cdot b = A \cdot c = B \cdot a = B \cdot c = C \cdot a = C \cdot b = 0$ $\hspace{2cm}$ (3-10)

2. 倒晶格向量 **g** 與正晶格向量 **R** 之內乘積為整數

    〔證〕：$g_{hkl} \cdot R_{pqr} = (hA+kB+lC) \cdot (pa+qb+rc)$

    $\hspace{3cm} = kp+kq+lr = 整數$ $\hspace{3cm}$ (3-11)

3. 向量 $g_{hkl} = (hA+kB+lC)$ 與 (hkl) 平面垂直

    〔證〕：由圖 3.4，(hkl) 平面中二向量 **AB**，**BC** 可表示為 $\left(\dfrac{b}{k} - \dfrac{a}{h}\right)$ 及 $\left(\dfrac{c}{l} - \dfrac{b}{k}\right)$ ，則平面垂線與下式之向量平行：

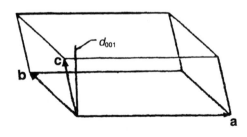

圖3.5
單位晶胞體積為底面積與高度之乘積。[4]

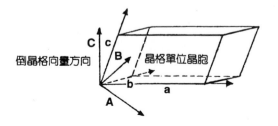

圖3.6
倒晶格向量與正晶格向量之關係圖。[4]

$$\left(\frac{\mathbf{b}}{k}-\frac{\mathbf{a}}{h}\right)\times\left(\frac{\mathbf{c}}{l}-\frac{\mathbf{b}}{k}\right)=\frac{\mathbf{b}\times\mathbf{c}}{kl}+\frac{\mathbf{c}\times\mathbf{a}}{hl}+\frac{\mathbf{a}\times\mathbf{b}}{hk}$$

$$=\frac{\mathbf{a}\times\mathbf{b}\cdot\mathbf{c}}{hkl}\mathbf{g}_{hkl} \tag{3-12}$$

4. (hkl) 晶面間距離為倒晶格向量長度之倒數

〔證〕：由圖 3.4，$d_{hkl}=\dfrac{\mathbf{a}}{h}\cdot\mathbf{n}$

$$=\frac{\mathbf{a}}{h}\cdot\frac{\mathbf{g}_{hkl}}{|\mathbf{g}_{hkl}|}$$

$$=\frac{\mathbf{a}}{h}\cdot\frac{(h\mathbf{A}+k\mathbf{B}+l\mathbf{C})}{|\mathbf{g}_{hkl}|}$$

$$=\frac{1}{|\mathbf{g}_{hkl}|} \tag{3-13}$$

5. 倒晶格原始晶胞體積 (V_{ABC}) 為正晶格原始晶胞體積 (V_{abc}) 之倒數

〔證〕：

$$V_{ABC}=\mathbf{A}\times\mathbf{B}\cdot\mathbf{C}=\begin{vmatrix} A_1 & A_2 & A_3 \\ B_1 & B_2 & B_3 \\ C_1 & C_2 & C_3 \end{vmatrix}$$

$$V_{abc}=\mathbf{a}\times\mathbf{b}\cdot\mathbf{c}=\begin{vmatrix} a_1 & a_2 & a_3 \\ b_1 & b_2 & b_3 \\ c_1 & c_2 & c_3 \end{vmatrix}$$

$$V_{ABC}\cdot V_{abc}=\begin{vmatrix} A_1 & A_2 & A_3 \\ B_1 & B_2 & B_3 \\ C_1 & C_2 & C_3 \end{vmatrix}\begin{vmatrix} a_1 & a_2 & a_3 \\ b_1 & b_2 & b_3 \\ c_1 & c_2 & c_3 \end{vmatrix}$$

$$=\begin{vmatrix} A_1 & A_2 & A_3 \\ B_1 & B_2 & B_3 \\ C_1 & C_2 & C_3 \end{vmatrix}\begin{vmatrix} a_1 & b_1 & c_1 \\ a_2 & b_2 & c_2 \\ a_3 & b_3 & c_3 \end{vmatrix}$$

$$=\begin{vmatrix} \mathbf{A}\cdot\mathbf{a} & \mathbf{A}\cdot\mathbf{b} & \mathbf{A}\cdot\mathbf{c} \\ \mathbf{B}\cdot\mathbf{a} & \mathbf{B}\cdot\mathbf{b} & \mathbf{B}\cdot\mathbf{c} \\ \mathbf{C}\cdot\mathbf{a} & \mathbf{C}\cdot\mathbf{b} & \mathbf{C}\cdot\mathbf{c} \end{vmatrix}$$

$$= \begin{vmatrix} 1 & 0 & 0 \\ 0 & 1 & 0 \\ 0 & 0 & 1 \end{vmatrix} = 1$$

$$\therefore \ V_{ABC} = \frac{1}{V_{abc}} \tag{3-14}$$

6. 倒晶格之倒晶格為正晶格

〔證〕：對應於倒晶格向量 **A** 之倒晶格向量為

$$\mathbf{a}^* = \frac{\mathbf{B} \times \mathbf{C}}{|\mathbf{A} \times \mathbf{B} \cdot \mathbf{C}|}$$

$$= \frac{\dfrac{\mathbf{c} \times \mathbf{a}}{V_{abc}} \times \dfrac{\mathbf{a} \times \mathbf{b}}{V_{abc}}}{V_{ABC}} = \frac{1}{V_{abc}} \left[(\mathbf{c} \times \mathbf{a} \cdot \mathbf{b})\mathbf{a} - (\mathbf{c} \times \mathbf{a} \cdot \mathbf{a})\,\mathbf{b} \right]$$

$$= \frac{V_{abc}}{V_{abc}} \mathbf{a} = \mathbf{a} \tag{3-15}$$

同理可證 $\mathbf{b}^* = \mathbf{b}$，$\mathbf{c}^* = \mathbf{c}$

7. (hkl) 與 $(h'k'l')$ 之夾角 ϕ 可由 (3-16) 式求得：

$$\mathbf{g}_{hkl} \cdot \mathbf{g}_{h'k'l'} = |\mathbf{g}_{hkl}| \, |\mathbf{g}_{h'k'l'}| \cos\phi \tag{3-16}$$

故　$\cos\phi = \dfrac{\mathbf{g}_{hkl} \cdot \mathbf{g}_{h'k'l'}}{|\mathbf{g}_{hkl}| \, |\mathbf{g}_{h'k'l'}|}$

8. 週期性位能函數可以 $V(\mathbf{r}) = \sum\limits_{\mathbf{g}} \mathbf{V}_g e^{2\pi i \mathbf{g} \cdot \mathbf{r}}$ 表示

若 **T** 為正晶格向量

則 $V(\mathbf{r} + \mathbf{T}) = \sum\limits_{\mathbf{g}} \mathbf{V}_g e^{2\pi i \mathbf{g} \cdot (\mathbf{r} + \mathbf{T})} = \sum\limits_{\mathbf{g}} \mathbf{V}_g e^{2\pi i \mathbf{g} \cdot \mathbf{r}}$

$= V(\mathbf{r})$（因 $\mathbf{g} \cdot \mathbf{T} =$ 整數） $\tag{3-17}$

利用倒晶格作晶體結構分析有許多方便之處，茲舉以下二例：

〔例一〕一斜方體單位晶胞各邊長為 a，b，c，求其 (hkl) 晶面各晶面間距離。此斜方體之倒晶格向量由定義分別為

$$A = \frac{\mathbf{a}}{a^2}, \ B = \frac{\mathbf{b}}{b^2}, \ C = \frac{\mathbf{c}}{c^2}$$

$$\mathbf{g}_{hkl} = h\mathbf{A} + k\mathbf{B} + l\mathbf{C}$$

$$\left| \mathbf{g}_{hkl} \right|^2 = h^2 \mathbf{A} \cdot \mathbf{A} + k^2 \mathbf{B} \cdot \mathbf{B} + l^2 \mathbf{C} \cdot \mathbf{C}$$

$$= \frac{h^2}{a^2} + \frac{k^2}{b^2} + \frac{l^2}{c^2}$$

$$\therefore d_{hkl} = \left(\frac{h^2}{a^2} + \frac{k^2}{b^2} + \frac{l^2}{c^2} \right)^{-\frac{1}{2}}$$

〔例二〕求與三斜晶體 [hkl] 方向垂直之晶面。

假設此晶面為 (uvw)，則其垂線

$$u\mathbf{A} + v\mathbf{B} + w\mathbf{C} = h\mathbf{a} + k\mathbf{b} + l\mathbf{c}$$

利用垂直正規關係

$$u = h\mathbf{a} \cdot \mathbf{a} + k\mathbf{b} \cdot \mathbf{a} + l\mathbf{c} \cdot \mathbf{a}$$

$$= ha^2 + kab \cos\gamma + lac \cos\beta$$

同理

$$v = hab \cos\gamma + kb^2 + lbc \cos\alpha$$

$$w = hac \cos\beta + kbc \cos\alpha + lc^2$$

3-5-3　繞射條件

由 (3-4) 式繞射振幅 $\phi_s = \frac{2\pi m_0 e}{h^2} \frac{e^{2\pi i k r}}{r} \int_{晶體} V(\mathbf{r}) \, e^{-2\pi i \Delta \mathbf{k} \cdot \mathbf{r}} \, d\tau$.

$$\therefore \phi_s \propto \int_{晶體} V(\mathbf{r}) \, e^{-2\pi i \Delta \mathbf{k} \cdot \mathbf{r}} \, d\tau$$

$$= \sum_{\mathbf{g}} V_g \int e^{2\pi i (\mathbf{g} - \Delta \mathbf{k}) \cdot \mathbf{r}} \, d\tau$$

$$= \sum_{\mathbf{g}} V_g \delta(\mathbf{g} - \Delta \mathbf{k}) \, \Omega \tag{3-18}$$

而 $\delta(\mathbf{g} - \Delta \mathbf{k}) = \begin{cases} 1, & \mathbf{g} = \Delta \mathbf{k} \\ 0, & \mathbf{g} \neq \Delta \mathbf{k} \end{cases}$，$\Omega$ 為照射晶體體積。

以上關係稱為對電子照射完整大體積晶體繞射條件 (diffraction

condition)；此繞射條件事實上與 Bragg 條件相等，因為

$$|\Delta\mathbf{k}| = \frac{2\sin\theta}{\lambda} = |\mathbf{g}| = \frac{1}{d}$$

$$\therefore 2d\sin\theta = \lambda$$

3-5-4　繞射球之繪造

　　繞射球又稱 Ewald 球 (Ewald sphere)，乃由 Ewald 氏首先提出之一種分析繞射現象的工具。

　　利用繞射之必要條件，作繞射球之繪造。如圖 3.7 先繪造與晶體對應之倒晶格。以任何一點為原點，繪一向量 $\mathbf{k}$，再以其末點 C 為球心，$|\mathbf{k}|$ 為半徑，繪一繞射球。如此繞射球與倒晶格任一點 P 相交，則 $\mathbf{CP}=\mathbf{k}'$ 為一可能之繞射向量，因 $\mathbf{k}'-\mathbf{k}=\mathbf{g}$，剛好符合繞射條件。

　　因繞射球之半徑 $|\mathbf{k}|=1/\lambda$，對於 100 keV 之電子，$\lambda=0.037$ Å，所以 $1/\lambda\sim27$ Å^{-1}，遠大於倒晶格向量大小 (~1 Å^{-1})，故常可以平面近似之。

　　繞射球為一分析晶體繞射之有力工具。對於不合 Bragg 繞射條件與有缺陷之晶體的繞射分析有很大的幫助。

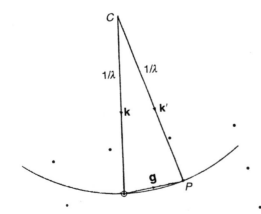

圖 3.7
繞射球之繪造。

3-5-5 與繞射條件有偏差之電子束繞射振幅

如圖 3.8 所示，假設 $\Delta \mathbf{k}$ 向量偏離倒晶格點，即 $\Delta \mathbf{k} = \mathbf{g} + \mathbf{s}$，$\mathbf{s} \neq 0$，則

$$
\begin{aligned}
\phi_g &= \left[\frac{2\pi m_0 e}{h^2} \int_{\text{晶體}} V(\mathbf{r})\, e^{-2\pi i \Delta \mathbf{k} \cdot \mathbf{r}}\, d\tau \right]_g \\
&= \left[\sum_n \frac{2\pi m_0 e}{h^2} \int_{\text{單位晶胞}} V(\mathbf{r} + \mathbf{r}_n)\, e^{-2\pi i \Delta \mathbf{k} \cdot (\mathbf{r} + \mathbf{r}_n)}\, d\tau \right]_g \\
&= \left[\sum_n \frac{2\pi m_0 e}{h^2} \int_{\text{單位晶胞}} V(\mathbf{r})\, e^{-2\pi i \Delta \mathbf{k} \cdot \mathbf{r}}\, d\tau\, e^{-2\pi i \Delta \mathbf{k} \cdot \mathbf{r}_n} \right]_g \\
&= \sum_n S_g e^{-2\pi i \Delta \mathbf{k} \cdot \mathbf{r}_n} \\
&= \sum_n S_g e^{-2\pi i (\mathbf{g} + \mathbf{s}) \cdot \mathbf{r}_n} \\
&= \sum_n S_g e^{-2\pi i \mathbf{s} \cdot \mathbf{r}_n} \tag{3-19}
\end{aligned}
$$

其中 $\mathbf{r}_n$ 為正晶格向量。此式利用到晶體之週期性 $V(\mathbf{r} + \mathbf{r}_n) = V(\mathbf{r})$ 及 $\mathbf{g} \cdot \mathbf{r}_n$ ＝整數之關係。

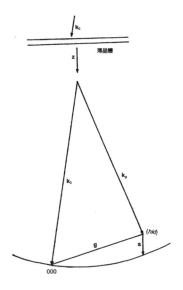

圖 3.8
與 Bragg 條件有偏差之電子束繞射情形。

3-5-6　電子與平行六面體作用之繞射振幅

由上節

$$\phi_g = \sum_n S_g e^{-2\pi i s \cdot \mathbf{r}_n} = \frac{S_g}{V_c} \int_{晶體} e^{-2\pi i s \cdot \mathbf{r}} \, d\tau$$

設 $\mathbf{s} = u\mathbf{i} + v\mathbf{j} + w\mathbf{k}$

　　$\mathbf{r} = x\mathbf{i} + y\mathbf{j} + z\mathbf{k}$

對一各邊垂直之平行六面體積分：

$$\phi_g = \frac{S_g}{V_c} \int_{平行六面體} e^{-2\pi i s \cdot \mathbf{r}} \, d\tau$$

$$= \frac{S_g}{V_c} \int_0^A \int_0^B \int_0^C e^{-2\pi i (ux+vy+wz)} dxdydz$$

則　$I_g = \left| \phi_g \right|^2$

$$= \frac{\left| S_g \right|^2}{V_c^2} \frac{\sin^2 \pi Au}{(\pi u)^2} \frac{\sin^2 \pi Bv}{(\pi v)^2} \frac{\sin^2 \pi Cw}{(\pi w)^2} \tag{3-20}$$

I_g 為電子束強度分佈函數，其沿 $\mathbf{u}$ 方向之分佈情形 $(v, w = 0)$ 示於圖 3.9。

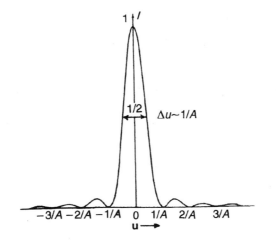

圖 3.9
沿 $\mathbf{u}$ 方向之電子束強度分佈。[3]

3-5-7 形狀效應

由 $\lim_{x \to 0} \frac{\sin x}{x} = 1$, $\lim_{u \to 0} \frac{\sin \pi A u}{u} = \pi A$, $\therefore u = 0$, $I_g \propto A^2$，且為 I_g 之極大值。
此強度分佈函數中央亮區之半寬度約為 $1/A$；而在中央亮區以外，第二亮區之
極大值約為 $1/(3/2 \ \pi)^2 \sim 1/25$，所以通常在螢光幕上僅能見到中央亮區。若試片
尺寸 A 很大，$1/A \to 0$，則繞射電子束緊聚於中心點。

由以上導出的關係，可見電子束強度分佈與晶體繞射條件之偏離有關。對
於繞射強度分佈與電子照射晶體尺寸有關之效應，稱之為形狀效應 (shape
effect)。各種不同形狀晶體之繞射強度分佈見圖 3.10。一般而言，繞射強度分
佈沿晶體最小尺寸之方向延伸得最廣。

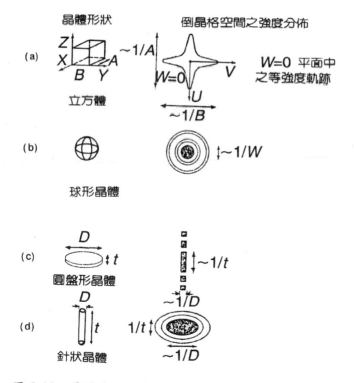

圖 3.10　電子束對各種不同形狀晶體之繞射強度分佈示意圖。(a) 立方形晶
　　　　體，(b) 球形晶體，(c) 圓盤形晶體，(d) 針狀晶體。[2]

3-5-8　形狀效應對繞射圖形的影響

繞射強度之分佈可由其與繞射球之相對關係看出。由圖 3.11 可看出角度散佈範圍約為 $d\phi_1 \sim \dfrac{1}{W} \Big/ |\mathbf{k}| = \dfrac{\lambda}{W}$ ，W 為在電子束垂直方向上之晶體寬度或電子束照射區之寬度。

對一寬約 100 Å 之小晶體 (如析出物)，$d\phi_1 \sim 4 \times 10^{-4}$ 弳，要比 Bragg 角～10^{-2} 弳小很多，所以繞射點顯得很緊聚。此角度與一般電子束之散度 10^{-4}—10^{-3} 弳大小相若，可參考圖 3.12。

在穿透式電子顯微鏡應用中，試片常為平板狀，受電子照射體積則呈圓盤狀，如圖 3.13。故電子繞射強度分佈呈柱棒形。因繞射強度分佈在倒晶格空間，故此柱棒形分佈亦稱倒晶格柱棒 (reciprocal rod；rel-rod)。

如圖 3.14 所示，當晶體之方向改變，繞射電子束之方向大致不變，且仍維持相當強度之晶體傾斜角度範圍為

$$d\phi_2 \sim \frac{1}{t} \Big/ |\mathbf{g}| \sim \frac{d}{t}$$

此處 t、d 各為晶體厚度與晶面距離。

如 $t \sim 100$ Å，$d\phi_2 \sim 10^{-2}$ 弳，大致與 Bragg 角相等，所以電子繞射受形狀效應影響，增加了繞射的機會。在 X 光繞射時 $t \gtrsim 10^4$ Å，$d\phi_2 \lesssim 10^{-4}$ 弳，則繞射機會小得多。

由上可見 $\Delta\mathbf{k} \neq \mathbf{g}$，即 Bragg 繞射條件並不滿足，由形狀效應仍可以見到繞射圖形。此即所謂形狀效應放寬繞射條件。

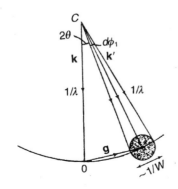

圖 3.11
球形對稱繞射強度分佈範圍 $(d\phi_1)$。[2]

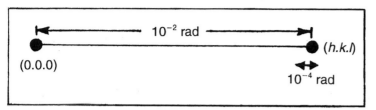

圖 3.12 電子繞射點間距離與繞射點大小比較示意圖。

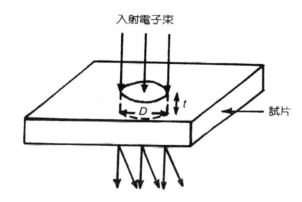

圖 3.13
平板狀試片電子束照射體
積呈圓盤狀。

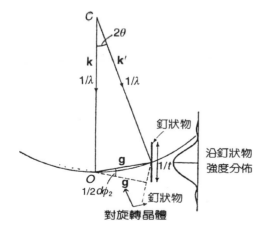

圖 3.14
與平板狀試片互為垂直之電子繞
射強度分佈圖。[2]

但如 $t \to \infty$，$d\phi_2$ 並不會無限的減少；因單次散射近似理論中，電子束在試片中經過數百 Å 即全部被散射殆盡。所以對較厚之試片而言，$d\phi_2 \sim d/\xi_g$，此處 ξ_g 為消散距離 (extinction distance)，其意義見下節說明。

3-6　消散距離

在單次散射理論中假設在晶體中任一點入射波振幅不變,即不計轉移到繞射電子束之量。消散距離爲估計這項假設是否適用的一種尺度。

消散距離之定義:如入射電子束經過試片 d 之距離後全部被繞射,即

$$|\phi_s| = |\phi_0|$$

則定義此距離之兩倍爲消散距離。

首先考慮滿足 Bragg 條件之平面波自垂直試片表面之平面繞射,參考圖 3.15 及 3.16。計算繞射波在 P 點造成之擾動,可由代表繞射波波前之平面 CD 爲基準,計算相角差。

$$d\phi_g = i\lambda(f_p dx)e^{2\pi ikr}\phi_0$$

$$f_p dx = f\frac{dz}{\cos\theta} = \frac{f(Adz)}{A\cos\theta}$$

$$= \frac{NS_g}{A\cos\theta} = \frac{nS_g}{\cos\theta} \tag{3-21}$$

(3-21) 式中 A 表電子束照射試片截面積大小,N 表在 Adz 體積中單位晶胞之總數,n 表單位面積上單位晶胞之總數,S_g 則爲結構因子。

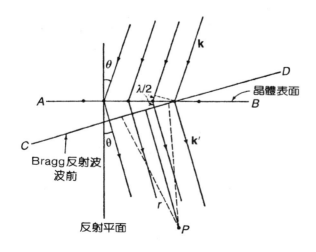

圖 3.15

滿足 Bragg 條件之繞射波。[2]

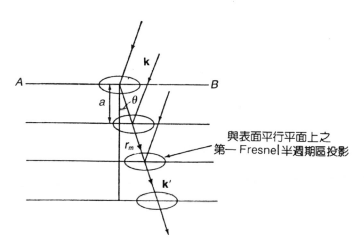

圖 3.16　由電子與平行於表面之平面產生的繞射波。[2]

$$d\phi_s = i\lambda \frac{nS_g}{\cos\theta} e^{2\pi i k r} \phi_0$$
$$= iqe^{2\pi i k r} \phi_0$$
$$\left| d\phi_s \right| = q$$

對金屬試片之低次繞射以 $S_g \sim 10^{-7}$cm，$n \sim 10^{15}$cm^{-2}，$\lambda \sim 0.037$ Å，$\cos\theta \sim$ 1 代入，$q \sim 4 \times 10^{-2}$，因此電子束約通過晶體中 25 個平面即全部被繞射殆盡。所以在滿足 Bragg 條件時，單次散射理論只適用於薄試片。但如試片很薄，則形狀效應放寬繞射條件，繞射點一多，又使繞射情況複雜化；此時如使原繞射條件偏離 Bragg 條件，而使 $s \gg 1/t$，則可用單次散射近似法。

因 S_g 電子 $\sim 10^4 S_g^{\text{X光}}$

λ 電子 $\sim 3.7 \times 10^{-2} \lambda^{\text{X光}}$

$\therefore$ q 電子 $\sim 4 \times 10^2 q^{\text{X光}}$

所以 X 光要經過約一萬個晶面方可散射盡所有入射 X 光束。

在繞射條件偏離 Bragg 條件時，$d\phi_s = iqe^{2\pi i \mathbf{k} \cdot \mathbf{r}} e^{-2\pi i \Delta \mathbf{k} \cdot \mathbf{r}}$，此處 $\Delta \mathbf{k} \neq \mathbf{g}$，如圖 3.17，每一個散射振幅大小為 $|iq| = q$，總散射振幅為各散射振幅之向量和。

假設電子束經 m 個平面散射，則散射振幅純量和為 mq。若此時有最大散

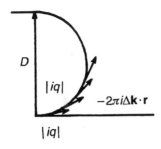

圖 3.17

對應於圖 3.21 之振幅–相角圖。

射振幅 D，則

$$\frac{D}{2}\pi = mq \quad \therefore D = \frac{2}{\pi}mq$$

設在 m 個平面散射後已將全部之入射束散射，則

$$D = 1 = \left| \phi_0 \right|^2$$

$$\therefore \quad \frac{2}{\pi}mq = D = 1, \ m = \frac{\pi}{2q}$$

根據定義，如消散距離爲 ξ_g，則

$$\xi_g = 2md \quad (d \text{ 表原子平面間距離})$$

$$\therefore \quad \xi_g = \frac{\pi d}{q} = \frac{\pi d \cos\theta}{n\lambda S_g} \ (\text{因 } q = \frac{\lambda n S_g}{\cos\theta})$$

因爲 n 表平面上每單位面積之單位晶胞數，所以

$$\frac{n}{d} = \frac{1}{V_c}, \ V_c \text{ 表單位晶胞之體積}$$

$$\therefore \quad \xi_g = \frac{\pi V_c \cos\theta}{\lambda S_g} \tag{3-22}$$

因 $\lambda = \dfrac{h}{p} = \dfrac{h}{mv}, \ S_g \propto m$

$\therefore \ \lambda S_g$ 與 m 無關

故 ξ_g 可由不考慮相對論效應之表中查出 λ、S_g 值代入上式而求得。

〔註〕振幅─相角圖常用於說明繞射現象，其中關鍵在於函數 $f(t) = \int_0^t e^{2\pi i s z} dz$
代表圓之軌跡

因 $f(t) = \dfrac{1}{2\pi i s}(e^{2\pi i s t} - 1)$

$\qquad = \dfrac{e^{2\pi i s t}}{2\pi i s} + \dfrac{i}{2\pi s}$

很容易看出為一以 $\dfrac{i}{2\pi s}$ 點為圓心，$\dfrac{1}{2\pi s}$ 為半徑之圓。

3-7 電子與不完整晶體作用─繞射

3-7-1 單純缺陷效應

單純缺陷如均勻彎曲、扭曲及均勻彈性應變等之造成的繞射效應，可由其所導致倒晶格之改變推得：

1.彎曲 (bending)

對完整晶體，同組平行平面 (如圖 3.18) 對應的僅有 $\mathbf{g}_2$ 向量。但因為試片彎曲而使平面垂線轉向 $\mathbf{g}_1$，$\mathbf{g}_3$ 等方向，增加 $\mathbf{g}$ 與繞射球相交的機會。亦即放寬了繞射條件。如彎曲軸在試片平面內，而彎曲角為 $d\phi$，則強度分佈在倒晶

入射電子束

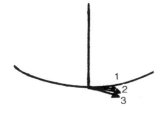

圖 3.18
試片彎曲造成晶面方向改變，使得繞射條件改變。

格空間之延伸大小約爲 | **g** | $d\phi$。

2. 扭曲 (twist) 或旋轉

　　如試片上下層對平行電子束方向軸扭曲或旋轉一角度 $d\phi$，則在與電子束垂直之倒晶格平面呈現電子束擴展 | **g** | $d\phi$ 弧度，例見圖 3.19 及 3.20。

3. 彈性應變 (elastic strain)：

　　如彈性應變爲 ε，

$$| \mathbf{g} | = \frac{1}{d} \text{，} d \text{表晶格間之距離}$$

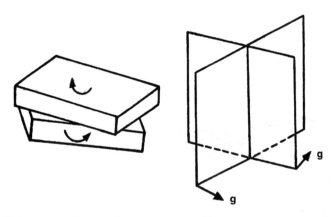

圖 3.19　試片上下層相互扭曲或旋轉造成晶面方向改變。

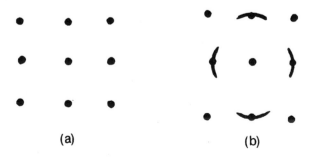

　　　　(a)　　　　　　　　　　　　　　(b)

圖 3.20　由扭曲造成電子繞射圖形的改變：(a) 完整晶體，(b) 扭曲晶體之繞射
　　　　圖形。

應變 $\varepsilon = \dfrac{\Delta d}{d}$

$$\Delta|\mathbf{g}| = -\frac{\Delta d}{d^2} = -\varepsilon|\mathbf{g}|$$

(3 - 23)

由於 $|\mathbf{g}|$ 改變，造成繞射點沿 $\mathbf{g}$ 方向延伸，而延伸之距離與 $|\mathbf{g}|$ 成正比，見圖 3.21。

　　此處值得一提的是，由形狀效應引致之繞射亮點延伸，其距離不隨 $\mathbf{g}$ 之變化而改變。

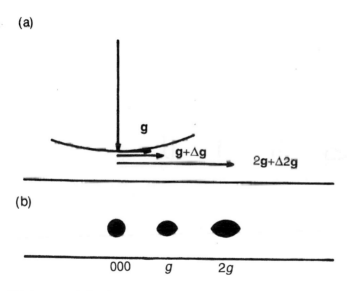

圖3.21　試片中彈性應變效應：(a) 繞射球與倒晶格相互關係，(b) 對應之繞射圖形的變化。

3-7-2　有缺陷晶體之繞射振幅

　　如在有缺陷晶體中第 n 個單位晶胞偏離至 $\mathbf{r}_n{}'$，則定義 $\mathbf{r}_n{}' = \mathbf{r}_n + \mathbf{R}_n$，$\mathbf{R}_n$ 為偏離位移。

　　故繞射振幅為

$$\phi_g = \sum_n S_g e^{-2\pi i \Delta \mathbf{k} \cdot \mathbf{r}_n'}$$

$$\phi_g = \sum_n \frac{S_g}{V_c} \int e^{-2\pi i(\mathbf{g}+\mathbf{s}) \cdot (\mathbf{r}'_n + \mathbf{R}_n)} \, d\tau$$

$$\sim \sum_n \frac{S_g}{V_c} \int e^{-2\pi i \mathbf{g} \cdot \mathbf{R}_n} e^{-2\pi i \mathbf{s} \cdot \mathbf{r}_n} \, d\tau \tag{3-24}$$

在上式中,曾利用到 $\mathbf{g} \cdot \mathbf{r}_n =$ 整數,及 $\mathbf{s} \cdot \mathbf{R}_n$ 很小而可忽略的關係。

3-7-3 在一度空間偏離位移作餘弦 (Cosine) 變化效應

設 $\mathbf{R} = \mathbf{a} \cos \dfrac{2\pi z}{\Lambda}$,其中 $\mathbf{a}$ 很小

$$\therefore \quad \phi_s = \frac{S_g}{V_c} \int e^{-2\pi i \mathbf{g} \cdot \mathbf{a} \cos \frac{2\pi z}{\Lambda}} e^{-2\pi i \mathbf{s} \cdot \mathbf{r}} \, d\tau$$

因為 $\mathbf{R}$ 很小,可作如下近似:

$$e^{-2\pi i \mathbf{g} \cdot \mathbf{a} \cos \frac{2\pi z}{\Lambda}} \sim 1 - 2\pi i \mathbf{g} \cdot \mathbf{a} \cos \frac{2\pi z}{\Lambda}$$

$$\therefore \phi_s \sim \frac{S_g}{V_c} \left[\int e^{-2\pi i \mathbf{s} \cdot \mathbf{r}} d\tau - 2\pi i \mathbf{g} \cdot \mathbf{a} \int \cos \frac{2\pi z}{\Lambda} e^{-2\pi i \mathbf{s} \cdot \mathbf{r}} \, d\tau \right] \tag{3-25}$$

(3-25) 式括弧內第一項與前導出形狀效應式相同。

令括弧內第二項之積分式為:

$$E = \int \cos \frac{2\pi z}{\Lambda} e^{-2\pi i \mathbf{s} \cdot \mathbf{r}} \, d\tau$$

$$= \frac{1}{2} \left[\int \left(e^{i \frac{2\pi z}{\Lambda}} + e^{-i \frac{2\pi z}{\Lambda}} \right) e^{-2\pi i \mathbf{s} \cdot \mathbf{r}} d\tau \right]$$

$$= \frac{1}{2} \left[\int e^{i \frac{2\pi z}{\Lambda}} e^{-2\pi i \mathbf{s} \cdot \mathbf{r}} \, d\tau + \int e^{-i \frac{2\pi z}{\Lambda}} e^{-2\pi i \mathbf{s} \cdot \mathbf{r}} \, d\tau \right]$$

設 $\mathbf{s} = u\mathbf{i} + v\mathbf{j} + w\mathbf{k}, \ \mathbf{r} = x\mathbf{i} + y\mathbf{j} + z\mathbf{k}$

$$\therefore \quad E = \frac{1}{2} \left\{ \int e^{-2\pi i \left[ux + vy + \left(w - \frac{1}{\Lambda} \right) z \right]} \, d\tau + \int e^{-2\pi i \left[ux + vy + \left(w + \frac{1}{\Lambda} \right) z \right]} \, d\tau \right\}$$

$$= \frac{1}{2} \left\{ \int_0^A \int_0^B \int_0^C e^{-2\pi i \left[ux + vy + \left(w - \frac{1}{\Lambda} \right) z \right]} \, dxdydz + \int_0^A \int_0^B \int_0^C e^{-2\pi i \left[ux + vy + \left(w + \frac{1}{\Lambda} \right) z \right]} \, dxdydz \right\}$$

$$\tag{3-26}$$

所以在 $u=0$，$v=0$ 及 $w=\pm 1/\Lambda$ 各有一亮區。因此除 Bragg 亮區外，另有邊帶 (side band) 亮區 (如圖 3.22)。此三亮區沿 z 方向尺寸半寬均為 $1/C$ (C 表試片在 z 方向的尺寸)，可分三種情形討論：

1. 若 $\Lambda \geq C$，$\Lambda \leq 1/C$，則邊帶與形狀效應造成的亮區重合，使亮區延伸。
2. 若 $\Lambda < C$，$\Lambda > 1/C$，則邊帶與中心亮區分離。
3. 若 $\Lambda << C$，$\Lambda >> 1/C$，則邊帶遠離反射球。其效應主要在使繞射圖形的背景之強度增高，而減低 Bragg 點的強度。

　　晶體中其他缺陷以及現象，亦可引用"邊帶"觀念加以討論。

(1) 點缺陷—如空穴 (vacancy) 與填隙原子 (interstitial atom)

　　點缺陷可視為 Λ 很小之情形，所以其主要效應在使繞射圖形之背景強度增高。

(2) 線缺陷—如差排 (dislocation)

　　差排核心附近急劇變化應變相當於 Λ 很小之情形，使繞射圖形背景之亮度提高。而距差排較遠處之晶體受差排長程應變場的影響，相當於 Λ 很大之情形，造成繞射圖形亮點擴大的結果。

(3) 彎曲 (bending)

　　相當於 $\Lambda \geq C$ 之情形，使亮點擴大。

(4) 平面缺陷—如疊差 (stacking fault) 與雙晶 (twin)

　　如晶體中有平面缺陷，在垂直於缺陷平面方向有對應之形狀效應。在繞射圖形中顯現亮線 (streak) 或額外亮點 (extra spot)。

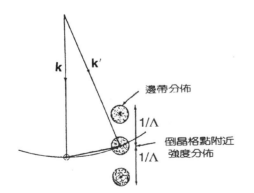

圖 3.22
在 Bragg 繞射點及邊帶區域電子強度分佈。[2]

(5) 熱振動

　　熱振動之位移約與原子間距離相若，即 Λ 很小，所以熱振動之主要效應在提高繞射圖形之背景強度。

參考資料

1.　B. D. Cullity, *Elements of X-Ray Diffraction*, 2nd Edition, Massachusetts: Addison-Wesley, Reading (1978).

2.　P. B. Hirsch, A. Howie, R. B. Nicholson, D. W. Pashley and M. J. Whelan, *Electron Microscopy of Thin Crystals*, Revised Edition, Huntington, New York: Krieger (1977).

3.　F. A. Jenkins and H. E. White, *Fundamentals of Optics*, 4th Edition, New York: McGraw-Hill (1976).

4.　L. V. Azaroff, *Elements of X-Ray Crystallography*, New York: McGraw-Hill (1968).

5.　J. W. Edington, *Practical Electron Microscopy in Materials Science*, New York:Van Nostrand Rheinhold (1976).

習　題

3.1　導出電子波長與能量之關係 (考慮相對論效應)。

3.2　試計算 $100, 200, 400$ 及 1000 keV 電子之速度及波長。

3.3　單次散射近似之基本假設為何？

3.4　試證明 X 光與原子核之作用要比其與電子之作用弱很多。

3.5　試證明電子與原子之作用要比 X 光與原子之作用強很多。

3.6　試以 Green 函數作 Born 近似法導出 (3-4) 式。

3.7　證明 (1) 面心立方晶體之倒晶格為體心立方結構。
　　　　　　(2) 體心立方晶體之倒晶格為面心立方結構。

3.8　列舉並說明倒晶格與正晶格相倒之關係。

3.9　試計算電子束照射圓盤形試片之繞射強度並繪出其分佈圖。

3.10 討論形狀效應對電子繞射圖形的影響。

3.11 說明消散距離的物理意義。

3.12 討論晶體缺陷對電子繞射圖形的影響。

3.13 試求出邊長為 a, b, c 斜方晶體 (hkl) 面之垂線方向。

第四章

電子繞射圖形之幾何性質

第三章述及倒晶格之繪造對繞射圖形分析很有幫助，分析繞射圖形之第一步驟即在決定倒晶格之結構與方向。

因繞射球之半徑比相鄰倒晶格點距離大得多，在繞射分析時常可視繞射球面的一部份爲平面，稱爲繞射平面 (diffraction plane)。因此在第一層近似 (first-order approximation) 範圍內，可視繞射圖形爲繞射球與倒晶格之截面。但因結構因子 (structure factor) 之限制，某些滿足 Bragg 繞射條件之繞射電子束強度爲零，亦即在繞射圖形上看不到對應之繞射點。由結構因子之限制導出的關係稱爲選擇法則 (selection rule)。

4-1 選擇法則

4-1-1 結構因子限制的物理意義
結構因子限制的物理意義可由下列及圖 4.1 看出。

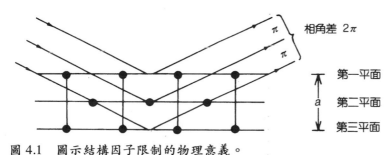

圖 4.1 圖示結構因子限制的物理意義。

　　假設電子束對簡單立方晶體 (100) 面繞射，則由 Bragg 條件：$2d_{100}\sin\theta=$
λ，故在繞射圖形上可看到對應之繞射點。但如電子束照射之晶體爲體心立方
晶體，則在 (100) 面間，另有 (200) 面。如 $2d_{100}\sin\theta=\lambda$，而 $d_{200}=d_{100}/2$，$\therefore$
$2d_{200}\sin\theta=\lambda/2$，各相鄰平面繞射電子束相角差爲 π，故作破壞性之干涉，而使
繞射電子束強度爲零。所以由於晶體結構之複雜性，使得某些滿足 Bragg 條件
的繞射電子束振幅爲零，此點一般可由結構因子是否爲零看出來。

4-1-2　較單純晶體之繞射選擇法則

$$S_g = \sum_{i=1}^{n} f_i(\theta) e^{-2\pi i (h u_i + k v_i + l w_i)} \tag{4-1}$$

　　對單元素晶體，各較單純晶體之選擇法則如下：

1. 簡單立方晶體 (simple cubic crystal)

　　每單位晶胞中有一個原子，原子座標爲 [000]，

　　　　$\therefore S_g = f$

　　在倒晶體中任一點繞射振幅都等於 f。

2. 體心立方晶體 (body-centered cubic crystal)

　　每單位立方晶胞中有兩個原子，原子座標爲 [000]，$[\frac{1}{2}\frac{1}{2}\frac{1}{2}]$，

　　　　$\therefore S_g = f[1 + e^{-\pi i(h+k+l)}]$

　　　　若 $h+k+l=$ 奇數，則 $S_g = 0$

　　　　$h+k+l=$ 偶數，則 $S_g = 2f$

3. 面心立方晶體 (face-centered cubic crystal)

　　每單位立方晶胞中有四個原子，原子座標爲 [000]，$[\frac{1}{2}\frac{1}{2}0]$，$[\frac{1}{2}0\frac{1}{2}]$，
　　$[0\frac{1}{2}\frac{1}{2}]$，

　　　　$\therefore S_g = f[1 + e^{-\pi i(h+k)} + e^{-\pi i(h+l)} + e^{-\pi i(k+l)}]$

　　　　若 h、k、l 均爲奇數，或均爲偶數，則 $S_g = 4f$。

　　　　若 h、k、l 爲二奇一偶，或一奇二偶，則 $S_g = 0$。

4. 鑽石立方晶體 (diamond cubic crystal)

　　每單位晶胞中有八個原子，原子基底可視爲二相互交錯之面心立方晶體原
　　子組成，此二面心立方晶體原子相對位移爲

$$\tau = [\frac{1}{4}\ \frac{1}{4}\ \frac{1}{4}]$$

$$\therefore S_g = f\left[1 + e^{\frac{-\pi i(h+k+l)}{2}}\right]\left[1 + e^{-\pi i(h+k)} + e^{-\pi i(h+l)} + e^{-\pi i(k+l)}\right]$$

$$= S_g^{fcc}\left[1 + e^{\frac{-\pi i(h+k+l)}{2}}\right]$$

∴若要 $S_g \neq 0$，h、k、l 必須全爲奇數，或者全爲偶數且 $h+k+l$ 爲 4 之整數倍。

5. 六方緊密堆積晶體 (hexagonal close-packed crystal)

每單位晶胞中有兩個原子，其座標爲 $[000]$，$[\frac{1}{3}\ \frac{2}{3}\ \frac{1}{2}]$

$$S_g = f\left[1 + e^{-2\pi i\left(\frac{h+2k}{3} + \frac{l}{2}\right)}\right]$$

$$\therefore |S_g|^2 = 4f^2 \cos^2 \pi\left(\frac{h+2k}{3} + \frac{l}{2}\right)$$

$|S_g|^2 = 0$ 如 $h+2k$ 爲 3 之整數倍而 l 爲奇數；其餘情況下皆不等於零。

4-2 繞射圖形大小

由繞射球之繪造可看出繞射電子束的方向。如在試片後無透鏡，則繞射點與直射點在底片上之距離 r，可由圖 4.2 中繞射與實際空間相似三角形之幾何關係求出。

$$\frac{|\mathbf{r}|}{L} = \frac{|\mathbf{g}|}{k} \ 即 \ r = \frac{\lambda L}{d} \tag{4-2}$$

其中 λ 爲電子波長，L 爲試片與照像底片之距離，$\mathbf{g}$ 爲繞射向量，d 爲晶面間距離。在電子顯微鏡中，L 爲一與透鏡放大倍率有關之常數，稱爲攝影機長度

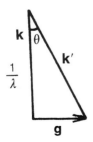
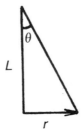

圖 4.2
波長 λ、攝影機長度 L、r 與 d 之間：(a) 繞射與 (b) 實際空間相似三角形的幾何關係。

(camera length)，而 λL 稱為繞射常數 (diffraction constant)。

4-3　環狀繞射圖形之繪製與分析

　　對隨意排列 (randomly oriented) 多晶結構試片而言，電子束同時照射於許多晶粒上，則繞射圖形呈環狀，其原理與 X 光粉末繞射圖形呈環狀相同。從倒晶格與繞射球之關係看，可視倒晶格向量為以各繞射向量長度作半徑之球面，而繞射圖形為各球面與繞射球相交之各圓環組合。

4-3-1　繪製環狀繞射圖形

　　由 (4-2) 式

$$r = \frac{\lambda L}{d}$$

　　先求出晶體合乎選擇法則之各晶面間距離 $d_1, d_2, d_3, \cdots\cdots$(以大小為序)，再求出對應之 $r_1, r_2, r_3, \cdots\cdots$，而以各 r_i 為半徑對一共同圓心作圓，如圖 4.3。例如對一晶格常數為 a_0 之面心立方體，$d_1 : d_2 : d_3 : d_4 : \cdots\cdots = d_{111} : d_{200} : d_{220} : d_{311} : \cdots\cdots = \dfrac{a_0}{\sqrt{3}} : \dfrac{a_0}{2} : \dfrac{a_0}{2\sqrt{2}} : \dfrac{a_0}{\sqrt{11}} \cdots\cdots$，則 $r_1 : r_2 : r_3 : r_4 : \cdots\cdots = \sqrt{3} : 2 : 2\sqrt{2} : \sqrt{11} \cdots\cdots$。

4-3-2　分析環狀繞射圖形

1. 立方結構

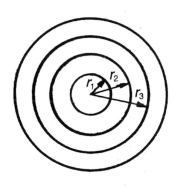

圖 4.3

繞射環之繪製。

　　如試片為立方晶體結構，則各個圓環之半徑比，依簡單立方、體心立方、面心立方及鑽石立方結構，分別為：

(1) 簡單立方結構

　　$r\{100\} : r\{110\} : r\{111\} : r\{200\} : \cdots\cdots = 1 : \sqrt{2} : \sqrt{3} : 2 : \cdots$

(2) 體心立方結構

　　$r\{110\} : r\{200\} : r\{211\} : r\{220\} : \cdots\cdots = \sqrt{2} : 2 : \sqrt{6} : \sqrt{8} : \cdots$

(3) 面心立方結構

　　$r\{111\} : r\{200\} : r\{220\} : r\{311\} : \cdots\cdots = \sqrt{3} : 2 : \sqrt{8} : \sqrt{11} : \cdots$

(4) 鑽石立方結構

　　$r\{111\} : r\{220\} : r\{311\} : r\{400\} : \cdots\cdots = \sqrt{3} : \sqrt{8} : \sqrt{11} : 4 : \cdots$

　　大略而言，面心立方晶體，第 $3n+1$ 與 $3n+2$ 環相近，但第 $3n$ 與 $3n+1$ 環較遠，而體心立方晶體各圓環間距離相近，甚易辨別，例見圖 4.4 及 4.5。

　　其次決定晶體結構晶格常數，由 $rd = \lambda L$，即 $r\dfrac{a_0}{\sqrt{h^2 + k^2 + l^2}} = \lambda L$，求得晶格常數 a_0。

2. 緊密堆積六方結構

$$\frac{c}{a} = \sqrt{\frac{8}{3}}$$

則 $r_{(100)} : r_{(002)} : r_{(101)} = \dfrac{4\sqrt{2}}{3} : 2 : \dfrac{\sqrt{41}}{3} = 1 : 1.06 : 1.13$

故最接近圓心三環間距離很近。

3. 六方及正方結構

由前章，六方結構：

$$\frac{1}{d_{hkl}^2} = \frac{4}{3}\frac{h^2 + hk + k^2}{a^2} + \frac{l^2}{c^2}$$

正方結構：

$$\frac{1}{d_{hkl}^2} = \frac{h^2 + k^2}{a^2} + \frac{l^2}{c^2}$$

可用 Hull-Davey 圖表作圖法求得 c/a 值，另外亦可利用 Hesse-Lipson 導出之分析法分析，這些方法可參考一般 X 光繞射分析書籍，此處不再贅述。

4. 長方及其他非立方結構晶體

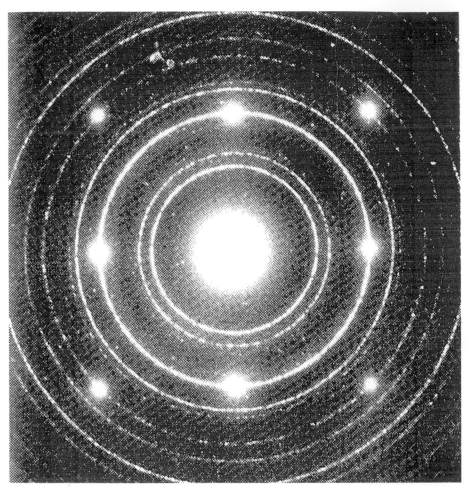

圖 4.4　面心立方晶體繞射環。

　　長方晶體及其他非立方結構晶系中晶格參數之變數有 3 至 6 個之多，分析
較為困難。在電子繞射圖形分析中一般應用範圍為驗證某種已知晶體之存在與
否。也就是先從 X 光繞射資料卡上找出 $d_1, d_2, d_3, \cdots\cdots$，求得其比例，再逐一
比對繞射環半徑比而推斷是否為該晶體。

4-4　繞射點圖形之繪製與分析

圖 4.5
鉬 (體心立方體) 繞射環。[2]

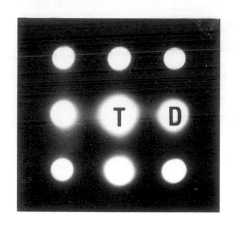

圖 4.6
鑽石立方矽晶試片沿 [001] 方向繞射點
圖形，T 及 D 分別標示直射及繞射點。

　　繞射點圖形由電子束照射單晶或試片單晶粒繞射而形成，例見圖 4.6。可看作倒晶格與繞射球之截面，但必須考慮選擇法則效應。

　　如入射電子束沿試片晶格 [uvw] 方向 (與倒晶格 (uvw) 面垂直)，則繞射平面上任一向量 [hkl] 與其垂直，如圖 4.7。

即

$$(u\mathbf{a} + v\mathbf{b} + w\mathbf{c}) \cdot [h\mathbf{A} + k\mathbf{B} + l\mathbf{C}] = hu + kv + lw = 0 \tag{4-3}$$

(4-3) 式表區位定律 (zone law)。

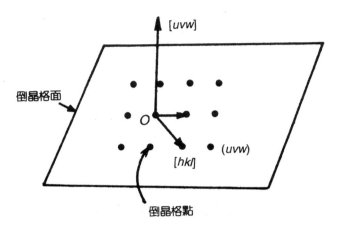

圖 4.7　電子束方向 [*uvw*] 及倒晶格面 (*uvw*) 及繞射向量 [*hkl*] 之幾何關係。

4-4-1　繪製繞射點圖形

　　先找出二低指標向量 [$h_1\ k_1\ l_1$], [$h_2\ k_2\ l_2$] 滿足 (4-3) 式 (區位定律)，再由此二向量之代數和，向各方向延伸繪製倒晶格 (*uvw*) 面；其次除去不合選擇法則之繞射向量及重複檢驗是否有合乎 (4-3) 式而遺漏之繞射向量，再依序繪入圖形中。可分以下五步驟進行：

1. 找出二低指標向量 $\mathbf{g}_1 = [h_1\ k_1\ l_1]$, $\mathbf{g}_2 = [h_2\ k_2\ l_2]$ 滿足 (4-3) 式。

2. 繪製兩向量 $\mathbf{g}_1, \mathbf{g}_2$，其夾角 ϕ 滿足 $\cos\phi = \dfrac{\mathbf{g}_1 \cdot \mathbf{g}_2}{|\mathbf{g}_1||\mathbf{g}_2|}$。

3. 求出此二向量之代數和，即 $m\mathbf{g}_1 \pm n\mathbf{g}_2$ (*m, n* 爲整數)，向各方向延伸繪製倒晶格面。

4. 除去不合選擇法則之繞射向量。

5. 重複檢驗，如有合乎 (4-3) 式而遺漏之繞射向量，再繪入圖中。

　　如爲立方晶體，則可先找出一滿足 (4-3) 式低指標之 $\mathbf{g}_1 = [h_1\ k_1\ l_1]$ 向量，再由 $\mathbf{g}_2 = [h_2\ k_2\ l_2] = [uvw] \times \mathbf{g}_1 = [uvw] \times [h_1\ k_1\ l_1]$ 之關係求得另一向量。注意此處用到在立方晶體中倒晶格與正晶格之基本向量互相平行的關係。

[例 1] 繪製面心立方晶體 [110] 方向繞射圖形。

　　　[*uvw*] = [110]

∴ $u=1, v=1, w=0$

由 (4-3) 式 $h+k=0, \therefore h=-k$

∴ $\mathbf{g}_{hkl}=h\mathbf{A}+k\mathbf{B}+l\mathbf{C}$ 中之 h, k, l 關係必滿足 $h=-k$；再考慮選擇法則的限制 (於面心立方晶體中，h, k, l 必須皆為偶數或奇數)，則 $\pm$ ($1\bar{1}\pm1$), $\pm$ (00 ± 2), $\pm$ ($1\bar{1}\pm3$), $\pm$ ($2\bar{2}\pm2$), $\pm$ (00 ± 4), $\pm$ ($1\bar{1}\pm5$),……等皆合於所求。

求 $[1\bar{1}1]$ 與 $[002]$ 之夾角 ϕ_1：

$$\cos \phi_1 = \frac{2}{\sqrt{3}\sqrt{4}} = \frac{1}{\sqrt{3}}, \therefore \phi_1 = 54.7°$$

又 $[1\bar{1}1]$ + $[002]=[1\bar{1}3]$

$\quad [1\bar{1}1]$ − $[002]=[1\bar{1}\bar{1}]$

由這些倒晶格向量延伸而繪製 $[110]$ 繞射圖形，參考圖 4.8。

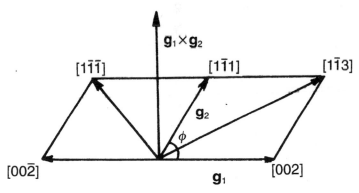

圖 4.8　繪製面心立方晶體 $[110]$ 繞射圖形。

[例 2] 繪製面心立方晶體 $[321]$ 方向繞射圖形。

由 (4-3) 式導得 $3h+2k+l=0$，可看出 $[\bar{1}11]$ 為其中一解，

則 $[321]\times[\bar{1}11]=[1\bar{4}5]$ 方向向量亦為一解，且 $[1\bar{4}5]$ 與 $[\bar{1}11]$ 垂直。

因 $[1\bar{4}5]$ 不合選擇法則，而 $[2\bar{8}10]$ 方為此方向之最短繞射向量，其他各點則由 $[\bar{1}11]$ 與 $[2\bar{8}10]$ 之代數和求出。如 $[1\bar{1}\bar{1}]$ + $[2\bar{8}10]=[39\bar{9}]$，$[39\bar{9}]$

並非合於選擇法則中沿此方向之最短繞射向量，而 [1$\bar{3}$3]、[2$\bar{6}$6] 點均合於所求；再由這些向量之代數和求得其他繞射向量，例見圖 4.9。

此法優點之一在於可不用角規而自二垂直向量加法逐項作圖，以繪製立方晶體之繞射圖形。

4-4-2 分析繞射點圖形

1. 立方晶體繞射圖形之分析，可參考圖 4.10。

(1) 由繞射圖形量得繞射向量 $\mathbf{g}_1, \mathbf{g}_2, \mathbf{g}_3$ 之長度分別為 r_1, r_2, r_3。

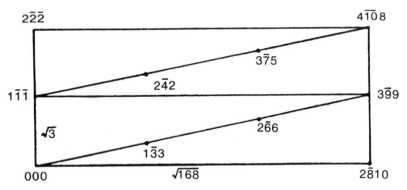

圖 4.9　繪製面心立方晶體倒晶格 (321) 面之一部份。[5]

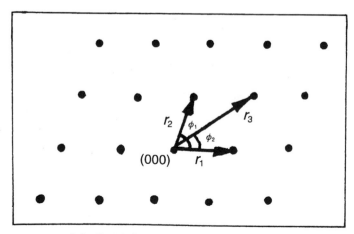

圖 4.10　繞射圖形分析。

(2) 由立方晶體晶面間距離比例表查出這些向量可能對應之晶面，參考附錄 A-3 及附錄 A-4。

(3) 量得各向量間之夾角 ϕ_1、ϕ_2，與計算出之各向量夾角比較，看晶面指數是否一致？可參考附錄 A-5。

(4) 如不一致，則另找一組可能之晶面，直到假設之各向量長度及夾角與所量得結果一致為止。

(5) 電子束之方向，可由繞射平面任二向量 $\mathbf{g}_1, \mathbf{g}_2$ 之向量積 $\mathbf{g}_1 \times \mathbf{g}_2$ 求得。

[例] 參考圖 4.11 及圖 4.12：

$$\frac{r_1}{r_1} \fallingdotseq 1.17 = \frac{\sqrt{h_1^2 + k_1^2 + l_1^2}}{\sqrt{h_2^2 + k_2^2 + l_2^2}} = \frac{\sqrt{4}}{\sqrt{3}}$$

由立方晶體晶面距離比例表看出 $\mathbf{g}_1, \mathbf{g}_2$ 可能分別為 $\langle 200 \rangle$、$\langle 111 \rangle$ 之形式。量 r_1, r_2 之間夾角，約為 54.7°，令 $\mathbf{g}_1 = [200]$，$\mathbf{g}_2 = [11\bar{1}]$，其夾角為 54.7°，故可初步判定電子束方向與 [*uvw*] 和 $\mathbf{g}_1 \times \mathbf{g}_2$ (即 [011] 方向) 平行。

令 [*uvw*] = [011]，驗證繞射圖形其他點是否合於 (4-3) 式中 $k + l = 0$ 的關係，如發現不一致之處，須重新假設 $\mathbf{g}_1$ 及 $\mathbf{g}_2$ 向量，再依序分析。

2. 非立方晶體繞射圖形分析

圖 4.11
面心立方晶體[011] 繞射圖形。

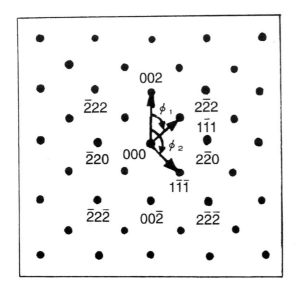

圖 4.12

面心立方晶體 [110] 繞射圖

形分析。

　　步驟與立方晶體繞射圖形分析接近，在較單純情況下 (如六方、正方及長方晶體)，從對稱情況可逐步分析晶體結構。一般應用則偏向驗證某一晶體之存在，或已知所觀察之晶體為何，從而求得電子束照射方向。

　　要驗證某一晶體之存在，在量得 r_1, r_2, r_3 後，由 X 光繞射資料卡，找出晶面間距離 d_1, d_2, d_3, ……，求出其比值，與繞射向量比值相較，如有接近者，可試定二晶面指數，由結晶學晶面間角度公式算出夾角，與所得各夾角比較，一直到假設之各繞射向量長度比及夾角與繞射圖形上所量得者一致為止；最後再由二繞射向量 $\mathbf{g}_1$, $\mathbf{g}_2$ 之向量積 $\mathbf{g}_1 \times \mathbf{g}_2$ 求得電子束方向。

4-5　繞射球曲率效應─高次 Laue 區的出現

　　以上繞射點圖形之繪製與分析均假設繞射球之曲率很小，而繞射點即為一垂直電子束方向之倒晶格面上各點，繞射圖形則為這些繞射點的集合。

　　前章述及 100 kV 電子之繞射球半徑均為 27 Å^{-1}，雖較各繞射點之最接近距離大了很多，但對與電子束方向垂直之倒晶格面 (uvw) 仍可有相當之曲率，如圖 4.13，圖中假設各 (uvw) 面之距離為 1 Å^{-1}。由於此曲率效應，繞射點聚集於繞射球與各平行 (uvw) 面相交環附近之環帶區，這些環帶區通常稱為

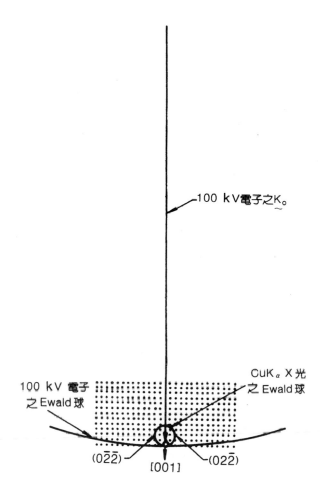

100 kV電子之K。

CuKₐ X光
之 Ewald 球

100 kV 電子
之 Ewald 球

(0$\bar{2}\bar{2}$)   [001]   (02$\bar{2}$)

圖 4.13
繞射球之曲率效應。

Laue 區 (Laue zone)，參考圖 4.14。

在實際應用時，中心第零層 (zero-order) Laue 區常佔據了繞射圖形面積之大部份，而在邊緣區隱約可見第一層 Laue 區之繞射點。但如 (uvw) 倒晶格面間距離較小，或電子束與 [uvw] 方向略有偏差，則較易觀察到高層 Laue 區；如電子束與 [uvw] 方向略有偏差，則繞射圖形中心區不會對稱，而高層 Laue 區主要出現於繞射圖形的一側。

4-6 繪出高層 Laue 區之繞射點

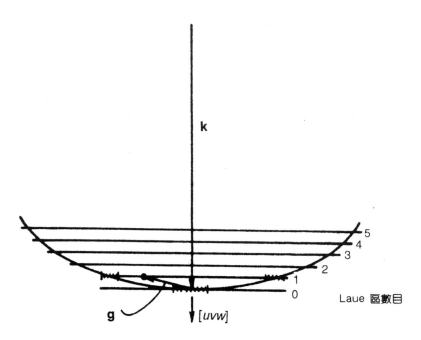

圖 4.14　Laue 區之位置。

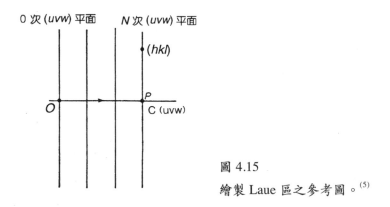

圖 4.15

繪製 Laue 區之參考圖。[5]

　　參考圖 4.15，假設 [*uvw*] 及 [*hkl*] 分別爲電子束方向正晶格向量及在 (*uvw*) 面倒晶格面上之向量，則：

$$hu+kv+lw=N=整數 \qquad (4\text{-}4)$$

對相連之平面，N 之大小循序增加。如對面心立方晶體，h、k、l 須滿足全爲奇數或全為偶數之選擇法則。

對 (111) 倒晶格面 $N=h+k+l=0,1,2,3,\cdots\cdots$

對 (211) 倒晶格面 $N=2h+k+l=0,2,4,6,\cdots\cdots$

　　非第零層 Laue 區繞射點圖形常參考命名好的第零層 Laue 區而繪成並命名。因各層 Laue 區之繞射圖形形式完全一樣，一般只需找出高層區之某點並加以命名，其餘點則由第零層 Laue 區中繞射點加適當向量而求得。而找出這第一點僅須選擇滿足 (4-4) 式之任一組 h、k、l。

　　在繞射圖形中第 n 層 Laue 區的繞射點可由對應之第 n 平面繞射向量沿 $[uvw]$ 方向投影於第零層 Laue 區之近似關係求得，而此近似重疊圖形可由兩重疊圖形之對應向量差作為該兩平面間之距離。以立方晶體為例，假設此倒晶格向量為 $c[uvw]$，則由 (4-4) 式求得

$$c(u^2+v^2+w^2)=N$$

$$\therefore c = \frac{N}{u^2+v^2+w^2} \tag{4-5}$$

所以在 N 平面點 hkl 投影於第零層 Laue 區平面之位置為

$$[hkl]-c\,[uvw]=[h-cu, k-cv, l-cw]。$$

[例] 繪出面心立方晶系第零層及第一層 Laue 區之重疊圖：

　　(211) 第一 Laue 區之 $N=2$，由 (4-4) 式，$2h+k+l=2$，$\therefore[002]$ 為其中一點；又由(4-5)式，$c=1/3$，所以 $[002]$ 投影在第零次 Laue 區之位置為 $[002]-1/3\,[211]=1/3\,[2\bar{1}5]$ 點。

　　找出第一點後，再依序繪出其餘點，參考圖 4.16。

4-7　繪出優向排列多晶體 (Textured Polycrystals) 之繞射圖形

　　假設多晶體許多晶粒某一方向與 $[uvw]$ 平行，而其餘方向隨意排列，則在繞射空間中，可將倒晶格對優選方向 $[uvw]$ 旋轉一圈，而使各倒晶格延伸為連續環。每個 (uvw) 倒晶格面上各包含一組同心圓，參考圖 4.17。這些倒晶格面上之 (hkl) 圓環滿足 (4-4) 式。

　　如電子束沿著 $[uvw]$ 方向，繞射圖形顯示第零層 Laue 區各環及部份遠離

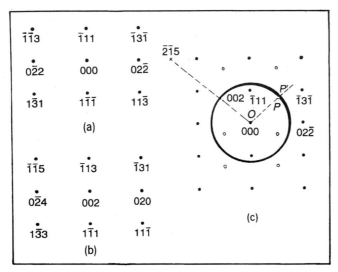

圖 4.16　繪出面心立方晶系：(a) 第零層 Laue 區，(b) 第一層 Laue 區，以及(c)
　　　　此二 Laue 區之重疊圖。[5]

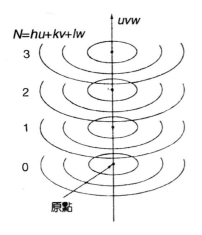

圖 4.17

多晶體之晶粒沿 $[uvw]$ 優選方向排列使倒
晶格延伸爲連續環。[5]

中心區之第一及第二 Laue 區繞射環。在中心區之環 (hkl) 須滿足 $hu+kv+lw=$
0 之關係，故與隨意排列多晶體環狀圖形不同。例如對一優選方向爲 [111] 之
面心立方晶體，沿 [111] 方向，可見之環滿足 $h+k+l=0$ 之關係，即 {2$\bar{2}$0}、
{4$\bar{2}\bar{2}$}、{4$\bar{4}$0}、……等環，但看不到 {111}、{200}、{311}、……等環。如試

片沿垂直 [uvw] 方向軸傾斜，則環狀圖形呈弧形；與傾斜軸平行之徑向之弧形與原環狀位置重合，但長度隨傾斜角增加而減短；而沿與傾斜軸垂直之方向原環消失。而因繞射球與高層平面倒晶格圓相交，可能有新弧出現。繞射球與倒晶格圓平面相交會產生弧形圖形，例見圖 4.18。

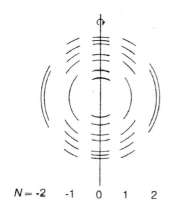

圖 4.18
面心立方晶體優選方向與電子束方向傾斜一角度時之繞射圖形。[5]

$N = -2 \quad -1 \quad 0 \quad 1 \quad 2$

4-8 雙重繞射效應

由前節，從結構因子導出選擇法則，決定倒晶格向量對應繞射點是否可在繞射圖形中出現，乃基於單次繞射理論之近似；在某些繞射條件下，由結構因子判定不會出現之繞射點顯現，則由電子多次散射而來。但要討論此種效應，並不一定要應用到多次散射理論，因為利用較簡單的雙重繞射之觀念，即可精確預測那些結構因子禁現點 (forbidden spot) 會出現。

如圖 4.19 所示，雙重繞射之成因乃因對晶面 1 繞射之電子束 A_1 在試片中對晶面 2 再作第二次繞射 (A_2) 而成，其對應繞射向量分別為 g_1、g_2，而雙重繞射造成在 $g_1 + g_2$ 為雙重繞射可能生成的繞射點。雙重繞射之必要條件為對應 g_1 之繞射電子束較強，而 g_1 及 g_2 均在繞射平面內。

在正晶格原始晶胞中只含一個原子的情況下，雙重繞射將不會生成任何新的繞射點。因原始晶胞僅含一個原子，則對所有電子束結構因子而言，$S_{hkl} = f$，故不會有任何禁現點。

此處要注意的是，繞射點的出現自然不會因選取單位晶胞的不同而有所改變。例如面心立方晶體，取原始晶胞，則 $\mathbf{a} = \dfrac{a}{2}[110]$，$\mathbf{b} = \dfrac{a}{2}[101]$，$\mathbf{c} = \dfrac{a}{2}$

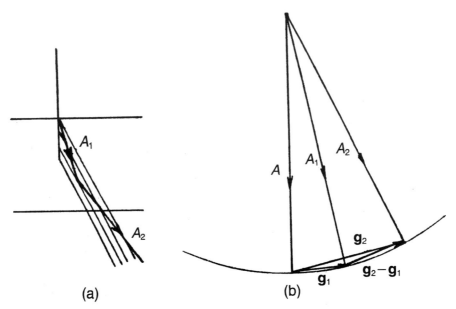

(a)　　　　　　　　　　　　(b)

圖 4.19　雙重繞射之形成：(a) 實際空間，(b) 對應繞射空間示意圖。

[011]，所以倒晶格中任一倒晶格向量

$$\mathbf{g}_{pqr} = p\mathbf{A} + q\mathbf{B} + r\mathbf{C} = \frac{p}{a}[11\bar{1}] + \frac{q}{a}[\bar{1}11] + \frac{r}{a}[1\bar{1}1]$$

$$= \frac{1}{a}[p-q+r,\ p+q-r,\ -p+q+r]$$

如取立方晶胞

$$\mathbf{a}' = a\,[100]\,,\ \mathbf{b}' = a\,[010]\,,\ \mathbf{c}' = a\,[001]$$

對應倒晶格方量

$$\mathbf{A}' = \frac{1}{a}[100],\ \mathbf{B}' = \frac{1}{a}[010],\ \mathbf{C}' = \frac{1}{a}[001],$$

$$\therefore \mathbf{g}_{hkl} = \frac{1}{a}[hkl]$$

如 $\mathbf{g}_{pqr}$ 與 $\mathbf{g}_{hkl}$ 代表同一倒晶格向量，則

$$[p-q+r, p+q-r, -p+q+r] = [hkl]$$

前節中導出 h、k、l 必須全為偶數或全為奇數，繞射向量 $\mathbf{g}_{pqr}$ 則不限 p、q、r 為特定整數。設 $p-q+r=u, p+q-r=v, -p+q+r=w$，

(1) 若 p、q、r 皆為偶數，則 u、v、w 皆為偶數；

(2) 若 p、q、r 皆為奇數，則 u、v、w 亦皆為奇數；

(3) 若 p、q、r 中二者為偶數，另一為奇數，則 u、v、w 全為奇數；

(4) 若 p、q、r 中二者為奇數，另一為偶數，則 u、v、w 全為偶數；

所以 p、q、r 雖為任意整數，u、v、w 則必須全為偶數或全為奇數。由以上可看出繞射選擇法則與所取之單位晶胞大小、形式無關。

　　如晶體原始單位晶胞中含有兩個或兩個以上原子，則雙重繞射可能生成額外繞射點 (extra spot)，例如六方緊密堆積結構 [100] 方向之 (001) 點及鑽石立方結構在 [011] 方向之 (200) 點，[112] 方向之 (222) 點，例見圖 4.20。

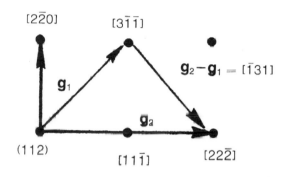

圖 4.20

鑽石立方晶體 [112] 繞射圖形中雙重繞射效應使 (222) 點顯現。

4-9　菊池圖形

　　在單晶體或單晶粒繞射圖形中除繞射點外，常包含一些明暗不一之線狀圖形。因這些線狀圖形最早為日人菊池氏發現，故習稱為菊池圖形 (Kikuchi pattern)，而明暗線則稱為菊池線 (Kikuchi line)。菊池線的成因是由電子與晶體原子碰撞喪失能量散射後，再與適當晶面作彈性繞射。要較透徹地了解菊池線的理論，須推展多次散射理論而包含電子喪失能量之漫射過程。而菊池線之幾何性質則可由菊池氏早在 1928 年即提出之機制進行了解。

4-9-1　菊池線的成因

菊池線乃是由電子與晶體原子作非彈性碰撞而喪失少許能量後，再與晶體

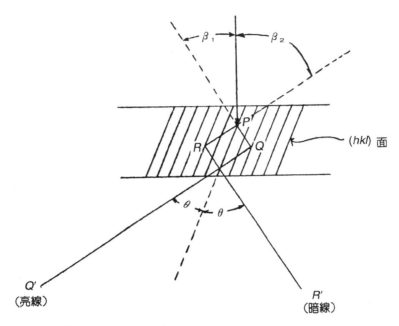

圖 4.21　菊池線之幾何性質。

作彈性繞射而生成。如圖 4.21，電子在晶體中 P 點作非彈性碰撞，而生成一
個以 P 為原點之球面波；繞射圖形背景電子強度主要由非彈性散射電子而
來。因自 P 點生成之球面波與某組晶面剛好交成 Bragg 角，而造成背景電子
強度在這些角度有局部變化。如圖 PQ 與 PR 方向電子束分別繞射到 QQ' 及
RR' 方向。因非彈性碰撞電子強度隨散射角度增加而減低 (參考圖 4.22)，所以
在 P 點 PQ 方向之非彈性散射電子強度要比 PR 方向高。經 Bragg 繞射後 QQ'
方向 (即 PR 方向) 之繞射電子束強度會比 RR' 方向 (即 PQ 方向) 者高，另外
PR 與 PQ 方向之繞射電子束強度分別比其附近之背景電子強度高及低。

　　如果考慮波長一定的電子對某一組晶面所有可能之繞射，則可見由上述比
背景電子強度要高及低之二方向的電子束可擴展爲兩個半角爲 $90°-\theta$ 之圓錐，
此二圓錐與繞射平面交線爲雙曲線；而因電子繞射之 θ 角甚小，故此二雙曲
線近似直線，這兩條直線即爲菊池線，例見圖 4.23。

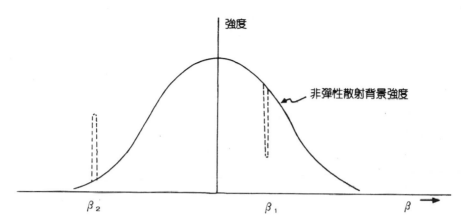

圖 4.22 非彈性碰撞電子強度隨散射角度之變化。

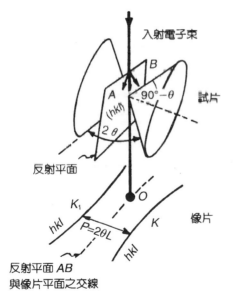

反射平面 AB
與像片平面之交線

圖 4.23
菊池線之成因示意圖。

4-9-2 菊池線的特性

　　菊池線如比附近背景亮則稱爲亮線 (excess line)，如較暗則稱爲暗線。亮線與暗線成對，因這些成對的菊池線可由晶體中任何一組可能之繞射晶面形成，所以常在繞射圖形中看到複雜的成對菊池線圖形。另外因菊池線先由電子與晶體原子作非彈性碰撞而來，非彈性碰撞機率隨試片厚度而增加，故自試片

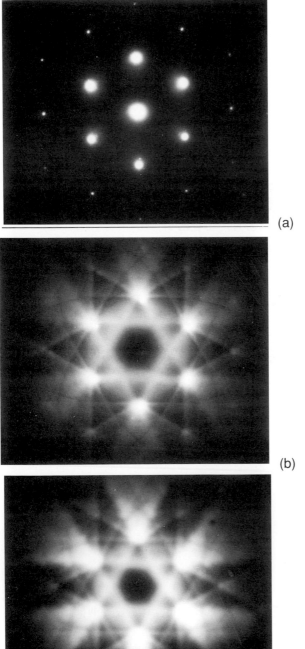

(a)

(b)

(c)

圖 4.24

[111] 矽晶片。

(a) 較薄處,

(b) 厚薄適中及

(c) 較厚處繞射圖形。[4]

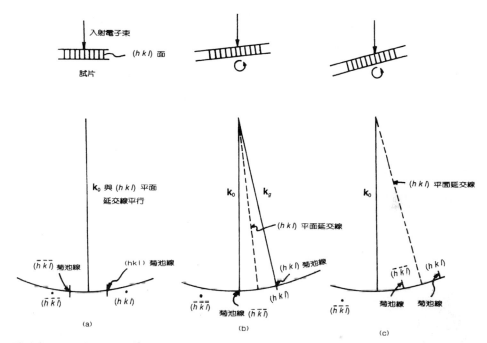

圖 4.25　倒晶格點、菊池線與反射球之相對位置圖：(a) $s<0$, (b) $s=0$, (c) $s>0$。

較薄處產生之繞射圖形僅見繞射點，較厚處則僅見菊池線。例見圖 4.24。

　　由圖 4.25 可看出，成對之菊池線夾角為 2θ，而與入射電子束方向夾角較小之菊池線為暗線，夾角較大者為亮線。另外在成對之菊池線正中與菊池線平行之線為與菊池線對應之繞射晶面和繞射平面之交線；所以在傾斜或旋轉試片小角度時，菊池線也跟著傾斜或轉動。另外，點圖形在試片方向改變小角度時，看不出改變，故常可藉菊池線之移動方向及大小精確地決定晶體的方向。

4-9-3　由菊池線與對應繞射點之相對位置決定繞射條件

　　由圖 4.25 (b) 可見，在合乎繞射條件 $\Delta\mathbf{k}=\mathbf{g}$，偏離參數 $s=0$ 之情形下，明暗菊池線剛好分別通過 (hkl) 繞射點與中心點 (000)。在圖 4.25 (c) 中，晶體作小角度之傾斜，菊池線明線移至 (hkl) 點外側，此時 $s>0$；同理，菊池線明線移至 (hkl) 點內時 $s<0$，例見圖 4.26 (a)。

　　s 之大小亦可由菊池線與繞射點相對位置求出，參考圖 4.27。如晶體對

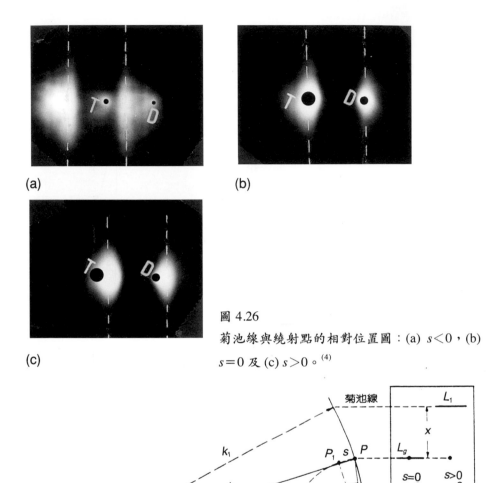

圖 4.26

菊池線與繞射點的相對位置圖：(a) $s<0$，(b) $s=0$ 及 (c) $s>0$。[4]

圖 4.27　由菊池線與繞射點相對位置計算偏離參數 s。[8]

Bragg 繞射位置傾斜一小角度 ε，則

$$\varepsilon \doteqdot \frac{x}{L} = \frac{x\lambda}{rd} \doteqdot \frac{s}{|\mathbf{g}|}$$

$$\therefore s = \frac{x\lambda}{rd^2}$$

4-9-4 由菊池線精確的決定晶體方向

由於兩成對菊池線所張之角爲 Bragg 角 θ 之兩倍,所以如設菊池線之距離爲 P,由圖 4.28,$P = L\,2\theta$,其中 L 爲攝影機長度。

如取較小之 L 值,則繞射圖形放大倍率也較小,在螢幕上所呈現之菊池圖形對直射電子束所張角可達 $10°$ 以上,而可以同時有三個菊池極點 (Kikuchi pole),即成對菊池線之交會中心點出現,如圖 4.29。則因

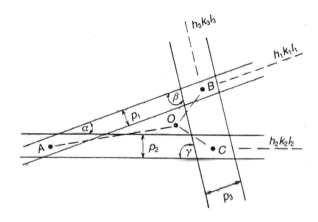

圖 4.28 菊池圖形示意圖。[8]

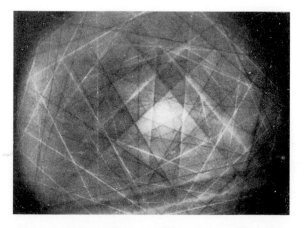

圖 4.29 攝影機長度小時所攝的菊池圖形。[8]

$$P_1 = L_2\theta_1, \quad P_2 = L_2\theta_2, \quad P_3 = L_2\theta_3$$

可由與繞射點圖形同樣解法，解得各成對菊池線之指數分別為 $(h_1k_1l_1)$、$(h_2k_2l_2)$ 及 $(h_3k_3l_3)$。

在檢驗指數是否正確時，可利用成對菊池線間夾角恰為各相對平面之夾角 α、β、γ 是否相合來檢驗。

在求出各成對菊池線指數後，其交會極點 A、B、C 之指數可由各向量之外積求得，例如 A 之指數 $[p_1\,q_1\,r_1] = [h_1\,k_1\,l_1] \times [h_2\,k_2\,l_2]$。

取菊池圖形中心 O 即直射電子束形成亮區之對稱中心為原點，連結 OA，OB 及 OC，設 O 之指數為 $[uvw]$，利用各交會極點 A、B、C 間之夾角與 AB、BC 及 CA 長度之關係推算 OA、OB 及 OC 之夾角 Θ_A、Θ_B 及 Θ_B

$$\text{則} \quad \cos\Theta_A = \frac{up_1 + vq_1 + wr_1}{\sqrt{u^2 + v^2 + w^2}\sqrt{p_1^2 + q_1^2 + r_1^2}}$$

$$\cos\Theta_B = \frac{up_2 + vq_2 + wr_2}{\sqrt{u^2 + v^2 + w^2}\sqrt{p_2^2 + q_2^2 + r_2^2}}$$

$$\cos\Theta_C = \frac{up_3 + vq_3 + wr_3}{\sqrt{u^2 + v^2 + w^2}\sqrt{p_3^2 + q_3^2 + r_3^2}}$$

由此三聯立方程式求出

$$\frac{u}{\sqrt{u^2 + v^2 + w^2}}, \quad \frac{v}{\sqrt{u^2 + v^2 + w^2}}, \quad \frac{w}{\sqrt{u^2 + v^2 + w^2}}$$

其比值與 $u:v:w$ 相同，可精確地決定晶體之方向。

4-9-5　由菊池線相對位置指引傾斜試片方向

利用成對菊池線之平行中分線為繞射晶面與繞射平面交線之關係，在傾斜試片時，如維持此中分線在一定位置，而其餘部份作相對移動時，即表示試片仍沿繞射晶面之垂線旋轉。以此為指標，可將試片傾斜到預定的方向，例見圖 4.30。

4-9-6　由菊池圖形決定相鄰次晶粒間之夾角

　　因繞射點圖形對晶體方向改變較不敏感，菊池圖形常可用來決定相鄰次晶粒之夾角。如圖 4.31 (b) 至 (e) 為圖 4.31 (a) 中 A、a、B、b 各晶粒相對應之菊

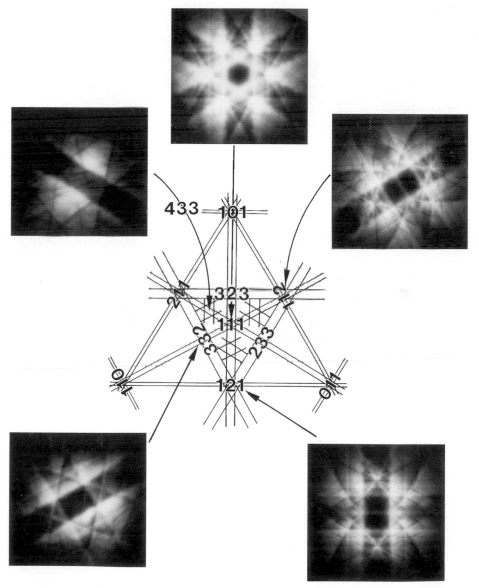

圖 4.30　利用菊池線特性而將矽晶自 [111] 方向傾斜試片至 [332], [433], [101], [112] 及 [121] 方向。[4]

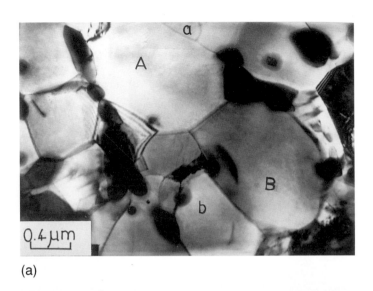

(a)

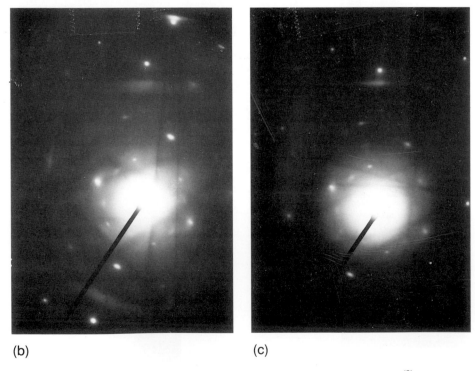

(b)   (c)

圖 4.31　顯示可由菊池圖形及繞射點相對位置決定兩次晶粒夾角。[9]

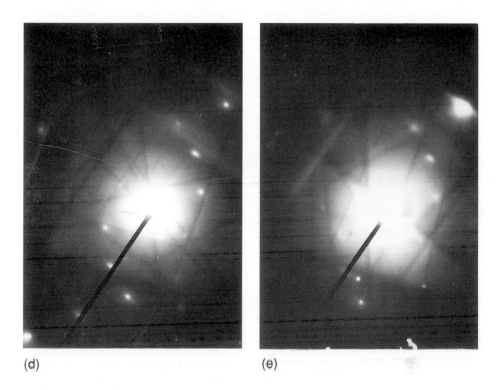

(d)   (e)

池圖形。由此可見 A 與 B 角度差雖達 35°，A, a 與 B, b 晶粒角度差則在 1° 以內。圖 4.31 (b) 及 (c) 與 4.31 (d) 及 (e) 間之點圖形各點位置不變，強度則有變化，而角度差則必須由菊池圖形決定。

4-9-7 菊池線的應用

菊池線的應用除前述之：

1. 確定晶體的方向。

2. 可由菊池線與對應繞射點之相對位置調整繞射條件。

3. 可作為調整試片方向之參考指標。

4. 精確決定兩相鄰晶粒方位關係。

亦有下列應用：

1. 可據以量測攝影機之長度 L，電子波長 λ。

2. 可作為攝取立體顯微像之參考。

3. 精確決定兩不同相間方位關係。

可參閱參考資料。

參考資料

1.　J. W. Edington, *Practical Electron Microscopy in Materials Science*, New York: Van Nostrand Rheinhold (1976).

2.　J. F. Chen, unpublished work.

3.　L. J. Chen, L. S. Hung and J. W. Mayer, *Appl. Surf. Sci.*, **11/12**, 201 (1981).

4.　T. L. Lee, unpublished work.

5.　P. B. Hirsch, A. Howie, R. B. Nicholson, D. W. Pashley and M. J. Whelan, *Electron Microscopy of Thin Crystals*, Revised Edition, New York: Krieger, Huntington (1977).

6.　B. D. Cullity, *Elements of X-Ray Diffraction*, Massachusetts: Addision-Wesley, Reading (1978).

7.　L. V. Azaroff, *Elements of X-Ray Crystallography*, New York: McGraw-Hill (1968).

8.　G. Thomas and M. J. Goringe, *Transmission Electron Microscopy of Materials*, New York: John Wiley and Sons (1979).

9.　L. J. Chen, T. W. Wu and H. C. Cheng, *Met. Trans.*, **14**A, 365 (1983).

習　題

4.1　說明結構因子限制的物理意義。

4.2　$NiSi_2$ 晶體為立方 CaF_2 結構，單位晶胞之原子位置分別為
　　　Ni : [000], [1/2 1/2 0], [1/2 0 1/2], [0 1/2 1/2]
　　　Si : [1/4 1/4 1/4], [3/4 1/4 1/4], [1/4 3/4 1/4], [1/4 1/4 3/4], [3/4 3/4 1/4], [3/4 1/4 3/4], [1/4 3/4 3/4], [3/4 3/4 3/4]
　　　試求出其繞射選擇法則。

4.3　$Y_1Ba_2Cu_3O_7$ 晶體為三層鈣鈦礦結構，其金屬原子位置分別為
　　　Cu : [000], [0 0 1/3], [0 0 2/3]

Ba : [1/2 1/2 1/6], [1/2 1/2 5/6]

Y : [1/2 1/2 1/2]

試求出其繞射選擇法則。

4.4　如電子能量為 200 keV，攝影機長度為 80 cm，試求出矽晶 [111] 繞射向量在底片上之長度。

4.5　繪出下列各繞射圖形：

(1) 面心立方晶體

(001), (011), (111), (112), (123)

(2) 體心立方晶體

(001), (011), (111), (112), (123)

(3) 緊密堆積六方晶體

$(0001), (10\bar{1}0), (01\bar{1}1), (12\bar{3}0), (02\bar{2}1)$

4.6　證明六方晶體平面四指標系統 $(hkil)$ 中 $i=-(h+k)$ 之關係，並說明採用四指標系統之原因。

4.7　找出六方晶體倒晶格四指標系統保留 $(hkl)^* \rightarrow (hkil)^*$ 轉換 $h+k+i=0$ 關係之基本向量。

4.8　證明六方晶體中與 $[uvtw]$ 方向垂直之平面 $(hkil)$ 滿足下列關係 $(hkil) = (uvt\ \lambda^2 w)$，其中 $\lambda^2 = \frac{2}{3}(\frac{c}{a})^2$。

4.9　證明六方晶體倒晶格向量 $\mathbf{g} = [hkil]^*$ 與正晶格向量 $\mathbf{r} = [uvwt]$ 之內積 $\mathbf{g} \cdot \mathbf{r} = hu+kv+it+lw$。

4.10　求出六方晶體四指標系統正晶格及反晶格向量之內積。

4.11　求出六方晶體四指標系統平面間距離與平面間夾角。

4.12　試繪出面心立方晶體包含第零次及第一次高層 Laue 區之 [011] 繞射圖形。

4.13　試繪出體心立方晶體包含第零次及第二次高層 Laue 區之 [112] 繞射圖形。

4.14　導出立方晶體之雙晶轉換矩陣。

4.15　面心立方晶體之雙晶平面為 {111}，假設雙晶生成於各平面上，試繪出並標明 (011) 繞射圖形中各雙晶繞射點。

4.16　導出立方晶體中二次雙晶之轉換矩陣。

4.17　證明在面心立方晶體繞射圖形中，雙晶繞射點與基底繞射點重合，或位於 ⟨111⟩ 方向三分點的位置。

4.18　繪圖說明菊池線之成因。

4.19　試從菊池線與繞射點相對位置求出偏離參數之正負值與其大小。

4.20　試從菊池線圖形說明如何精確測定晶體之方向。

4.21　試說明如何由菊池圖形求得攝影機長度 L，電子波長 λ。

4.22　試說明如何利用菊池圖形攝取立體顯微像。

4.23　列舉並說明菊池線之應用。

第五章

單次散射近似範圍內之像對比理論

討論像對比須計算在晶體試片下表面之電子強度分佈。依成像對比機制的差異 (繞射或相對比) 而分別計算。

5-1 暗視野像

欲求得試片下表面之繞射振幅可先將試片晶體分成與表面平行的平面,如圖 5.1 所示,沿繞射電子束方向計算下表面上 P 點之繞射振幅。首先對各面以

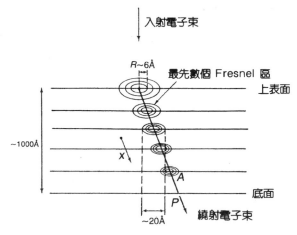

圖 5.1 須用「圓柱體近似法」的根據,各平面對繞射振幅主要由前幾個 Fresnel 區而來。[1]

繞射電子束與各面之交點爲中心，對 P 點繪造 Fresnel 區。由於自各 Fresnel 區而得之繞射振幅隨其與中心點之距離增加而漸減，一般可只考慮前幾個 Fresnel 區所產生之繞射振幅。如放寬而考慮前 10 個 Fresnel 區，則其與中心點之距離約爲第一 Fresnel 區半徑 R 之三倍。由附錄 A-2，$R=\sqrt{\lambda x}$，故離 P 點較近之平面其相關面積極小；在離 P 點較遠之平面，如在一厚約 1000 Å 之試片上表面，$R\sim6$Å。另外在應用振幅—相角圖求出繞射振幅時，假設繞射區域面積內各部份散射強度一樣，但實際上各平面是由獨立之原子組成，所以考慮繞射面積時，應包含有足夠多的原子求其平均效應。

基於以上兩點考慮，各平面之繞射面積平均尺寸約爲數個原子距離之長度，因此對 P 點之繞射振幅主要是由沿著繞射電子束方向之一的截面半徑約 20 Å 的圓柱體區域散射而來。在 P 點之波乃由與繞射波平行之狹長圓柱體中各點繞射振幅相加而成，參考圖 5.2，這種近似法稱爲圓柱體近似法 (column approximation)。

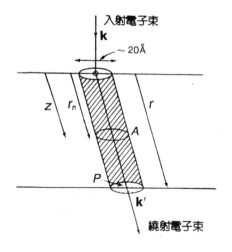

圖 5.2
沿繞射電子束方向圓柱體之幾何參數。[1]

假設繞射面與試片表面垂直，則在 $\mathbf{r}_n$ 處 A 點對 P 點之繞射振幅爲：

$$\frac{in\lambda S_g}{\cos\theta}e^{-2\pi i\Delta\mathbf{k}\cdot\mathbf{r}_n}e^{2\pi i\Delta\mathbf{k}'\cdot\mathbf{r}}$$

其中 $\mathbf{r}_n=\mathbf{OA}$, $\mathbf{r}=\mathbf{OP}$, $e^{2\pi i\Delta\mathbf{k}'\cdot\mathbf{r}}$ 爲常數，故在以下討論中予以省略。

因 $\Delta\mathbf{k}=\mathbf{g}+\mathbf{s}$ (參考圖 5.3)

故 $e^{-2\pi i \Delta \mathbf{k} \cdot \mathbf{r}_n} = e^{-2\pi i} (\mathbf{g} + \mathbf{s}) \cdot \mathbf{r}_n = e^{-2\pi i \mathbf{s} \cdot \mathbf{r}_n}$

$\sim e^{-2\pi i s_z z} \sim e^{-2\pi i s z}$

(因 $\mathbf{s}$ 約與 z 平行，故 $s_z \sim s$。)

如設 a 為平面間距離

則 $\quad d\phi_g = \dfrac{in\lambda S_g}{\cos\theta} e^{-2\pi i s z} \dfrac{dz}{a}$

$\qquad = \dfrac{i\lambda S_g}{V_c \cos\theta} e^{-2\pi i s z} dz$

$\qquad = \dfrac{\pi i}{\xi_g} e^{-2\pi i s z} dz$

所以在 P 點之總振幅為

$$\phi_g = \frac{\pi i}{\xi_g} \int_0^t e^{-2\pi i s z} dz = \frac{\pi i}{\xi_g} \frac{\sin \pi t s}{\pi s} e^{-\pi i s t} \tag{5-1}$$

其中 t 為試片厚度。

電子束強度分佈情形為：

$$I_g = \left| \phi_g \right|^2 = \frac{\sin^2(\pi t s)}{(s\xi_g)^2} \tag{5-2}$$

所以 I_g 隨 t 與 s 變化。

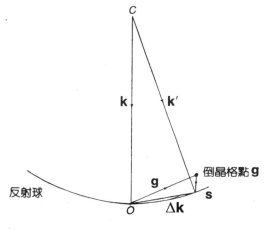

圖 5.3

偏離參數 s 示意圖。

5-1-1 厚度條紋 (Thickness Fringe)

由 (5-2) 式，I_g 隨試片厚度而變化，其週期爲 $1/s$，在影像中成條紋狀對比，稱爲厚度條紋 (thickness fringe)，見圖 5.4 及 5.5。s 愈大，厚度條紋顯得

直射波 繞射波

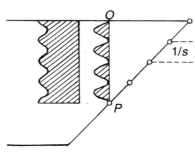

圖 5.4
由繞射波與直射波之振動顯示楔形試片厚度條紋產生之情形。[1]

(a)

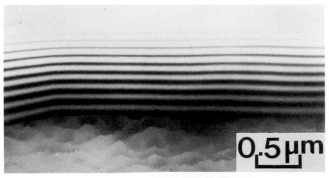

(b)

圖 5.5 矽晶中 (a) s 較小，(b) s 較大時厚度條紋像。[2]

愈緊密，但明暗極端值之相差也越小，此可由 $I_{max} = 1/(s\xi_g)^2$，$I_{min} = 0$，$\Delta I = I_{max} - I_{min} = 1/(s\xi_g)^2$ 等關係看出，參考圖 5.6。

　　如由菊池線與相對繞射點之距離，求得 s 之大小，再利用厚度條紋週期為 $1/s$ 的關係，由條紋數可估計楔形試片各部份之厚度。

　　如 $s \to 0$，則 $I_g \to (\pi t /\xi_g)^2$。若 $t > \xi_g / \pi$，則導致 $I_g > 1$ 的不合理結果。這是因為 s 接近 Bragg 條件，繞射電子束很強而單次散射近似理論不再適用。

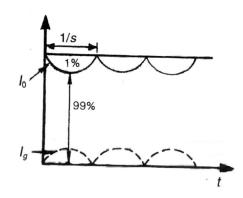

圖 5.6
I_0 與 I_g 為隨厚度變化之強度分佈。

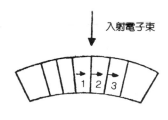

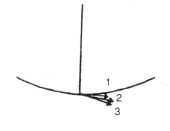

圖 5.7
由於試片彎曲，晶面方向改變，使繞射條件改變而產生彎曲條紋。

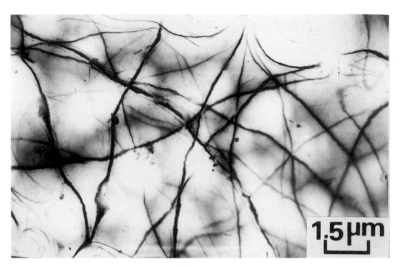

圖 5.8　矽晶中彎曲條紋像。[2]

5-1-2　彎曲軌跡 (Bend Contour)

　　如試片厚度固定而 s 改變，所呈現之條紋稱為彎曲軌跡；其週期大致為 $1/t$。彎曲軌跡成因常由試片薄膜彎曲而來，例見圖 5.7 及 5.8。

　　因 $I_{max}=1/(s\xi_g)^2$，$I_{min}=0$，可見 s 越大──亦即越遠離 Bragg 繞射條件時，明暗差值越小。

5-2　明視野像

　　由單次散射近似理論不考慮吸收效應，而明暗視野電子束強度 I_0 及 I_g 之和不變，得 $I_0=1-I_g$。所以明視野像強度分佈可由繞射電子束強度之值再利用明、暗視野像互補關係求得。

　　此處須注意的是，電子繞射單次散射近似理論中，在導出繞射振幅時，曾一再利用繞射振幅絕對值 $|\phi_g|$ 較入射電子束振幅絕對值小很多之關係，據以假設 $|\phi_0|=1$，這也是此近似理論不夠嚴密的原因之一。

5-3　兩電子束成像

　　如入射電子束與一繞射電子束同時抵達成像平面，如圖 5.9 所示，則總振幅

$$\psi = e^{2\pi i k \cdot r} + \phi_g\, e^{2\pi i k' \cdot r}$$

上式假設入射電子束振幅大小爲 1，k 及 k' 各爲入射及繞射波波向量。

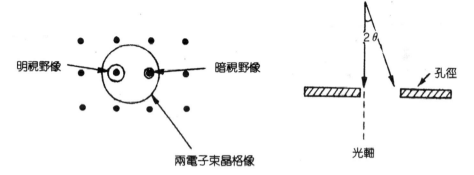

圖 5.9　明暗視野及兩電子束成像示意圖：(a) 繞射平面，(b) 電子束通過物鏡
　　　　孔徑。

又設 $k'=k+g+s$，則 $\psi = e^{2\pi i k \cdot r}[\phi_g e^{2\pi i (g+s) \cdot r} +1]$，

假設 $\phi_g = Re^{i\delta}$

則　　$I = |\psi|^2 = 1 + R^2 + 2R\cos[2\pi(g+s)\cdot r + \delta]$

由 (5-1) 式，$R = \dfrac{\pi}{\xi_g}\dfrac{\sin \pi t s}{\pi s}$，$\delta = \dfrac{\pi}{2} - \pi t s$，

而 g 通常垂直於入射電子束，令 g 指向 x 方向，$|g| = 1/d$，

則　　$I = 1 + R^2 - 2R\sin\left(\dfrac{2\pi x}{d} - \pi t s\right)$　　　　　　　　　　　(5-3)

　　由 (5-3) 式可見兩電子束成像的一些特性：

1. 如 t 及 s 固定，則 (5-3) 式顯示 I 沿 x 方向作週期性改變，其週期恰爲平面間
　　距離 d。在電子顯微鏡分辨率許可範圍內，可觀察到晶格像。

2. $I_{max} = (1+R)^2$, $I_{min} = (1-R)^2$

$$\therefore C = \frac{I_{max} - I_{min}}{I_{max} + I_{min}} = \frac{4R}{2(1+R^2)} \sim 2R$$

故 R 愈大，對比愈好，但 $R = \frac{\pi}{\xi_g} \frac{\sin(\pi t s)}{\pi s}$ 為 t 與 s 之函數，故對比與 t 及 s 值大小有關。

3. 若 t 改變，而 s 固定，設 $t = x\theta$，
   由 (5-3) 式

$$I = 1 + R^2 - 2R\sin(2\pi \frac{x}{d} - \pi s x\theta)$$

$$= 1 + R^2 - 2R\sin[2\pi(\frac{1}{d} - \frac{s\theta}{2})x]$$

則 I 變化之週期為

$$d' = \frac{1}{\frac{1}{d} - \frac{s\theta}{2}}$$

4. 若 t 改變，但不隨 x 變化，則由 (5-3) 式，相角改變，R 亦改變；明暗線週期 d 不變，但明暗程度及位置有變化；晶格條紋呈現扭曲現象，晶格像之

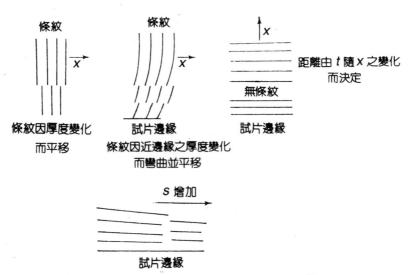

圖 5.10　由厚度與方向改變引致晶格條紋之改變。[1]

範例見圖 5.10 及 5.11。

5. 若 s 改變，而 t 固定，則亦產生如前所述之相似現象。

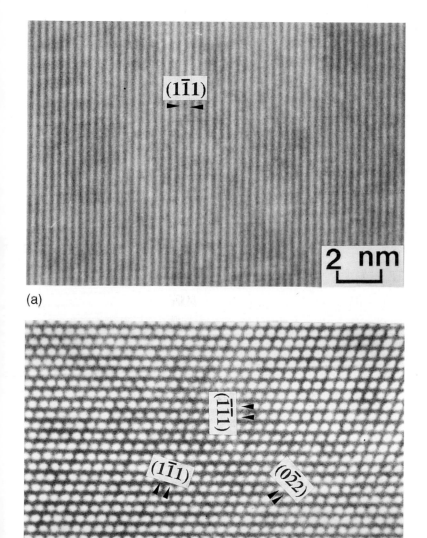

(a)

(b)

圖 5.11 矽晶中 (a) 兩電子束晶格條紋，(b) 多電子束晶格像。

5-4　不完整晶體呈現之對比

由前章，不完整晶體之繞射振幅：

$$\phi_g = \frac{\pi i}{\xi_g} \int_0^t e^{-2\pi i g \cdot \mathbf{R}} e^{-2\pi i s z} dz \tag{5-4}$$

與完整晶體繞射振幅形式比較，多了一個相因子 (phase factor) $e^{-i\alpha}$，而相角 α $= 2\pi g \cdot \mathbf{R}$。在某些應用上 (如討論 Moire 條紋)，常將此相因子以另一種形式表示。

在 (5-4) 式中，$\mathbf{g}$ 為完整晶體之倒晶格向量，$\mathbf{s}$ 則為對應之偏離參數。晶格偏移造成倒晶格方向及距離局部改變。偏移晶體之局部倒晶格向量 $\mathbf{g}'$ 可定義為：

$$\mathbf{g}' \cdot \mathbf{r}_n' = \mathbf{g} \cdot \mathbf{r}_n \tag{5-5}$$

(5-5) 式中定義 $\mathbf{g}'$，使 $\mathbf{g}'$ 與 $\mathbf{r}_n'$ 之夾角和 $\mathbf{g}$ 與 $\mathbf{r}_n$ 之夾角相等，且與 $\mathbf{r}_n$ 之大小有成反比之關係。

令　　$\mathbf{g}' = \mathbf{g} + \Delta\mathbf{g}$

則　　$(\mathbf{g} + \Delta\mathbf{g}) \cdot (\mathbf{r}_n + \mathbf{R}) = \mathbf{g} \cdot \mathbf{r}_n$

$$\therefore \mathbf{g} \cdot \mathbf{R} + \Delta\mathbf{g} \cdot \mathbf{r}_n = 0 \tag{5-6}$$

(5-6) 式中作了忽略一般較小項 $\Delta\mathbf{g} \cdot \mathbf{R}$ 之近似。

所以相角　$\alpha = 2\pi\mathbf{g} \cdot \mathbf{R} = -2\pi\Delta\mathbf{g} \cdot \mathbf{r}_n \tag{5-7}$

5-5　平面缺陷對比

5-5-1　疊差 (Stacking Fault)

疊差為形式最簡單的平面缺陷，在疊差下之晶體其方向及原子間距離仍相同，只是相對平移了一固定向量 $\mathbf{R}$。

如圖 5.12 所示，假設疊差之位置在表面下 t_1 處，定義 $\mathbf{R}' = 0$，如 $z < t_1$ 而 $\mathbf{R}' = R$，如 $t_1 \leq z \leq t_0$，則由 (5-4) 式，繞射振幅：

$$\phi_g = \frac{\pi i}{\xi_g} \int_0^t e^{-2\pi i g \cdot \mathbf{R}'} e^{-2\pi i s z} dz$$

$$= \frac{\pi i}{\xi_g} \left[\int_0^{t_1} e^{-2\pi i s z} dz + \int_{t_1}^t e^{-2\pi i g \cdot \mathbf{R}} e^{-2\pi i s z} dz \right]$$

$$= \frac{\pi i}{\xi_g}\left[\int_0^{t_1} e^{-2\pi i s z}dz + \int_{t_1}^t e^{-i\alpha}e^{-2\pi i s z}dz\right] \tag{5-8}$$

$$\phi_g = \frac{-1}{2s\xi_g}\left[(e^{-2\pi i s t_1}-1)+e^{-i\alpha}(e^{-2\pi i s t}-e^{-2\pi i s t_1})\right]$$

$$= \frac{i}{s\xi_g}e^{-\pi i s t_1}\left[\sin\pi s t_1 + e^{-i\alpha}e^{-\pi i s t}\sin\pi(t-t_1)s\right]$$

$$= \frac{i}{s\xi_g}e^{-i\alpha/2}e^{-\pi i s t}\left[\sin\left(\pi s t_1 + \frac{\alpha}{2}\right)-\sin\frac{\alpha}{2}e^{2\pi i s\left(\frac{t}{2}-t_1\right)}\right]$$

$$I_g = \frac{i}{(s\xi_g)^2}\left[\sin^2\left(\pi t s + \frac{\alpha}{2}\right)+\sin^2\frac{\alpha}{2}-2\sin\frac{\alpha}{2}\sin\left(\pi t s + \frac{\alpha}{2}\right)\cos 2\pi s z\right] \tag{5-9}$$

(5-9) 式中 $z = 1/2\, t - t_1$。

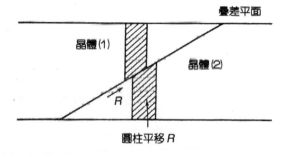

圖 5.12

穿越試片之疊差引致上下晶體之相對移動。[1]

疊差之特性：

1. 由 (5-8) 式，如 **g** · **R**＝整數，則疊差顯不出對比。一般利用此性質來決定 **R**。

2. 如 **g** · **R** 很接近整數，疊差對比也會很差。Booker 與 Howie 估計：**g** · **R** 與整數之差在 0.02 以內，則看不到疊差。

3. (5-9) 式中，$\cos 2\pi s z$ 為隨疊差位置 t_1 改變之項，週期為 $1/s$，而疊差條紋則和疊差與試片表面之交線平行。

4. (5-9) 式中 $\cos 2\pi s z = \cos[2\pi s(t/2 - t_1]$，對試片中心位置 $t/2$ 對稱，故疊差條紋對比亦對試片中心位置對稱。疊差像例見圖 5.13。

　　疊差之成因由滑動變形 (shear deformation) 或點缺陷凝聚 (point defect

condensation)。前者分為本質型 (intrinsic type) 及外插型 (extrinsic typy)，分別對應於後者之空穴型 (vacancy type) 及填隙原子型 (interstitial type)。分辨這兩型疊差須用到多次散射繞射理論，但許多其他效應可以單次散射近似理論來討論。

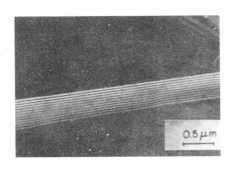

圖 5.13
矽晶中之疊差。[3]

[例 1] 在面心立方晶體中，如 $\mathbf{R} = \pm 1/3$ [111]，$\mathbf{g} = [hkl]$

則　　$\alpha = \pm \dfrac{2\pi}{3}(h+k+l) = \dfrac{2n}{3}\pi$

因此在 $\mathbf{g} = [2\bar{2}0]$、$[3\bar{1}\bar{1}]$ 時 α 為 2π 之倍數，疊差無對比，但如 $\mathbf{g} = \langle 200 \rangle$，則呈現明顯條紋。

[例 2] 如圖 5.14 矽晶中之疊差，(a) 中 $\mathbf{g} = [20\bar{2}]$ 時條紋可見，(b) 中 $\mathbf{g} = [2\bar{2}0]$ 時條紋仍可見，但 (c)，(d) 中 $\mathbf{g}$ 分別為 $[0\bar{2}2]$ 及 $[11\bar{3}]$，條紋均消失，由此推斷 $\mathbf{R} = 1/6$ $[1\bar{1}2]$。

5-5-2　Moire 條紋 (Moire Fringe)

電子束照射於兩晶格參數或方向有小偏差之重疊晶體時，常呈現 Moire 圖形。在繞射理論中，對此由相角 α 改變而來。對比計算與疊差對比一樣，但相角 $\alpha = -2\pi \Delta \mathbf{g} \cdot \mathbf{r}_n$ (參考 (5-7) 式)。

$$\phi_g = \frac{i}{s\xi_g} e^{-\pi i s t_1} \left[\sin \pi t_1 s + e^{2\pi i (\Delta \mathbf{g} \cdot \mathbf{r}_n)} e^{-\pi i s t} \sin \pi (t - t_1) s \right] \tag{5-10}$$

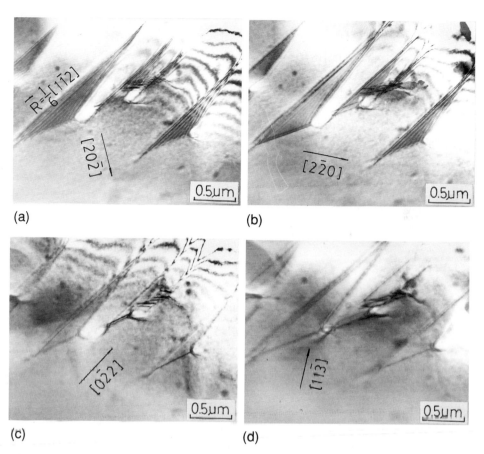

圖 5.14 矽晶中之疊差，(a) **g**＝[202] 時，條紋可見。(b) **g**＝[2̄20] 時，條紋仍可見。(c) **g**＝[02̄2] 時，條紋不可見。(d) **g**＝[113̄] 時，條紋消失，知 **R**＝1/6 [11̄2]。[4]

$$I_g = \frac{i}{(s\xi_g)^2}[\sin^2 \pi t_1 s + \sin^2 \pi(t-t_1)s$$

$$+2\sin(\pi t_1 s)\sin(\pi(t-t_1)s)\cos 2\pi(\Delta\mathbf{g}\cdot\mathbf{r}_n + \frac{st}{2})] \tag{5-11}$$

如 t、t_1 及 s 皆不變，則 Moire 圖形爲隨 $e^{-i\alpha}$ 項變化之條紋圖形，又有以下三種情形：

1. 如兩晶體間差異僅在晶面間距離

則 $\alpha = -2\pi \Delta g_g X_g$

$$|\Delta\mathbf{g}| = |\Delta\mathbf{g} - \mathbf{g}'| = \left|\frac{1}{d} - \frac{1}{d'}\right|$$

條紋週期 $\lambda = \dfrac{1}{\left|\dfrac{1}{d} - \dfrac{1}{d'}\right|}$ ，且條紋方向與 $\mathbf{g}$ 垂直。

2. 如兩晶體間的差異僅爲對入射電子束旋轉一小角度 η，$|\Delta\mathbf{g}| = |\mathbf{g}|\eta = \eta/d$，

則條紋週期 $\lambda = \dfrac{1}{|\Delta g|} = \dfrac{d}{\eta}$ ，且條紋方向與 $\mathbf{g}$ 平行。

　　1. 及 2. 之示意範例見圖 5.15。

3. 一般情形 $\Delta\mathbf{g}\cdot\mathbf{r} = |\Delta g|r$，$\mathbf{r}$ 爲沿 $\Delta\mathbf{g}$ 方向之向量，則條紋週期 λ 爲

$$
\begin{aligned}
|\Delta\mathbf{g}|^{-1} &= |\mathbf{g}' - \mathbf{g}|^{-1} \\
&= [(\mathbf{g} - \mathbf{g}')\cdot(\mathbf{g} - \mathbf{g}')]^{-1/2} \\
&= (|\mathbf{g}|^2 + |\mathbf{g}'|^2 - 2\mathbf{g}\cdot\mathbf{g}')^{-1/2} \\
&= (|\mathbf{g}|^2 + |\mathbf{g}'|^2 - 2|\mathbf{g}||\mathbf{g}'|\cos\eta)^{-1/2} \\
&= (\frac{1}{d^2} + \frac{1}{d'^2} - \frac{1}{dd'}\cos\eta)^{-1/2} \\
&= \frac{dd'}{(d^2 + d'^2 - dd'\cos\eta)^{-1/2}}
\end{aligned}
$$

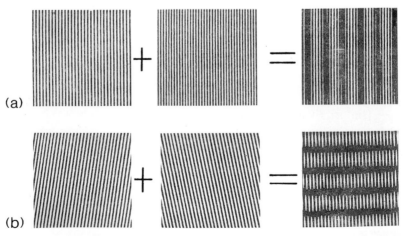

圖 5.15　Moire 圖形之形成，(a) 平行 Moir 水圖形 (b) 旋轉 Moire 圖形。[1]

例見圖 5.16

由 (5-11) 式，I_g 為 t_1、t、s 及 α 之函數，

(1) 如 $t_1 s =$ 整數，$I_g = \dfrac{1}{(s\xi_g)^2} \sin^2 \pi t s$，顯現不出 Moire 條紋。

(2) 如 t 與 s 改變，Moire 條紋之距離、明暗程度可能改變或呈現扭曲。

(3) 如兩晶體晶界面並不與表面平行，即 t_1 非常數，Moire 圖形將更複雜。

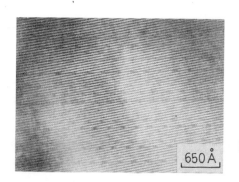

圖 5.16

ReSi$_2$/Si 之 Moire 條紋，$d_1 = 1.92$ Å，$d_2 = 1.97$ Å，$\eta = 2.5°$。[5]

5-6　差排對比

差排 (dislocation) 中之位移向量 $\mathbf{R}$ 隨 z 連續變化，故通常無法以解析形式將 (5-4) 式積分；而計算對比須利用數值分析的方法。

5-6-1　螺旋型差排

假設螺旋型差排與試片表面平行，各座標如圖 5.17 所示，

$$\mathbf{R} = \mathbf{b} \frac{\phi}{2\pi} = \frac{\mathbf{b}}{2\pi} \tan^{-1}(\frac{z-y}{x})$$

$$\therefore \alpha = 2\pi \mathbf{g} \cdot \mathbf{R} = \mathbf{g} \cdot \mathbf{b} \tan^{-1}(\frac{z-y}{x}) = n \tan^{-1}(\frac{z-y}{x})$$

由 (5-4) 式

$$\phi_g = \frac{\pi i}{\xi_g} \int_0^t e^{-in\tan^{-1}[(z-y)/x]} e^{-2\pi i s z} dz \qquad (5-12)$$

1. 如 $\mathbf{g} \cdot \mathbf{b} = 0$，則 $\mathbf{b}$ 在繞射平面內，螺旋型差排呈顯不出對比，例見圖 5.18。

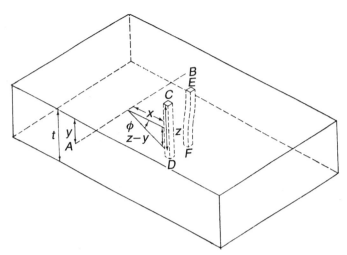

圖 5.17　與表面平行而位於表面下 y 處之螺旋型差排，在完整晶體中圓柱 CD
變形爲 EF 形狀。x、y、ϕ 皆可由圖中見其定義。[1]

2. 如 s 固定，則 α 值在差排之一側 (如 $x>0$) 爲正，在另一側 ($x<0$) 爲負。可
看作差排之一側繞射晶面漸趨近繞射條件，另一側漸偏離繞射條件。因此差
排之對比在差排位置之一側較強，另一側則較弱。

3. 由 (5-12) 式

$$
\begin{aligned}
\phi_g(x) &= \frac{\pi i}{\xi_g} \int_0^t e^{-in\tan^{-1}\left[\frac{2\pi s(z-y)}{2\pi sx}\right]} e^{-2\pi isz}\,dz \\
&= \frac{\pi i}{\xi_g} \int_{-y}^{t-y} e^{-in\tan^{-1}\left(\frac{2\pi sz'}{2\pi sx}\right)} e^{-2\pi is(z'+y)}\,dz' \\
&= \frac{\pi i}{\xi_g} e^{-2\pi isy} \int_{-y}^{t-y} e^{-in\tan^{-1}\left(\frac{2\pi sz'}{2\pi sx}\right)} e^{-2\pi isz'}\,dz' \\
&= \frac{\pi i}{s\xi_g} e^{-2\pi isy} \int_{-ys}^{(t-y)s} e^{-in\tan^{-1}\left(\frac{2\pi z''}{2\pi sx}\right)} e^{-2\pi iz''}\,dz''
\end{aligned}
\tag{5-13}
$$

所以 ϕ_g 絕對值大小約與 s 成反比。I_g 隨 s 減少而增加，對比也較強。假設 ε 爲
差排附近的晶面偏離 $s=0$ 角度，由 $s\sim\varepsilon|\mathbf{g}|$ 之關係，對同樣大小之 s，$|\mathbf{g}|$ 越
小，ε 須越大。因此在觀察差排時用較小之繞射向量，則對比明顯之範圍較
大。

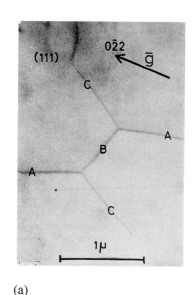
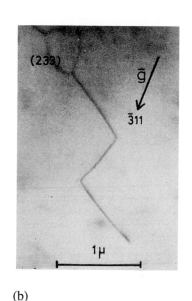

(a)   (b)

圖 5.18　矽晶中接近純螺旋型差排網路。(a) **g** = [0$\bar{2}$2]，(b) **g** = [$\bar{3}$11]，差排 A
之 Burgers 向量為 1/2 [0$\bar{1}$1]。[1]

4. Hirsch、Howie 及 Whelan 利用 (5-13) 式，$\beta = 2\pi s x$ 作為 $I_g = |\phi_g|^2$ 變數來計算
   $|\phi_g|^2$。如令 s 為定值，則 ϕ_g 對 β 之函數可看作 I_g 對 x 之函數；I_g 對 β 作
   圖，如圖 5.19，即可視為差排影像隨 x 變化圖。

   由圖 5.19，可明顯看出：

   (1) 影像對比對差排位置不對稱，**g·b** > 0 時，影像偏於 $sx < 0$ 之一側。

   (2) 差排影像對比在離差排位置較遠方向變化較慢，而在接近差排位置方向
       變化較快。

   (3) 差排影像寬度隨 n 值增加而增加，此亦因 |**g**| 增加，d 減少，同樣之偏
       離度對影像對比影響範圍較大。

5. 在差排中心點位置 ($x = 0$)，像對比與疊差類似，因

$$\alpha = n \tan^{-1} \left[\frac{z - y}{x} \right]$$

   $x \to 0$，差排位置以上及以下晶體電子繞射振幅相角差 $\alpha = n\pi$，故 n 為奇數時
   可觀察到差排，n 為偶數時則無對比。因此差排影像在橫越 $s = 0$ 區時 (即由

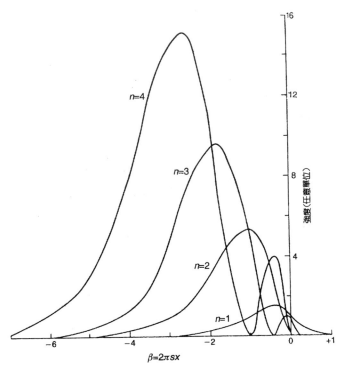

圖 5.19　不同 n 值螺旋型差排影像強度分佈圖，差排位置在 $\beta=0$ 處。注意差排影像偏離於差排位置之一側。[1]

$s>0$ 或 $s<0$ 區域至 $s<0$ 或 $s>0$ 區)，如 $n=1$，則自差排一側位置漸轉到另一側，而 $n=2$ 時，影像則自差排位置一側急遽轉到另一側，例見圖 5. 20。這也是一種協助測定 n 值之辦法。另外由圖 5.20 中可見差排對比隨 s 值增加而減弱。

6. 如差排與薄膜試片表面傾斜一角度 ψ，見圖 5.21，則位移向量

$$\mathbf{R}=\frac{\mathbf{b}}{2\pi}\tan^{-1}\left[\frac{(z-y)\cos\psi}{x}\right] \tag{5-14}$$

繞射振幅變化與平行於表面之差排相似，僅以 $x/\cos\psi$ 取代 x，所以如原平行於表面之差排影像寬度爲 W，則與表面傾斜某一角度 ψ 之差排寬度爲 $W\cos\psi$。

[證] 設 x_1，x_2 值使 (5-8) 式中 ϕ_g 達一定值，$W=x_2-x_1$，則由 (5-14) 式 $\dfrac{x_1'}{\cos\psi}$

, $\dfrac{x_2'}{\cos\psi}$ 可使 ϕ_g 達到同樣值，$\dfrac{x_2'}{\cos\psi}-\dfrac{x_1'}{\cos\psi}=W$，此時影像寬度 $x_2'-x_1'=$

$W\cos\psi$。

同時由類似導出 (5-13) 式之過程，可看出 ϕ_g 大致與 $\cos^2\psi$ 成正比，ψ 越大，影像強度越弱，例見圖 5.22。

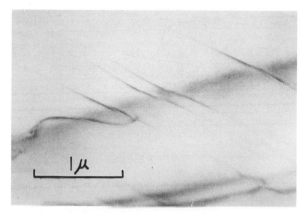

圖 5.20　鋁試片之差排，$n=2$ 而在 $s=0$ 處呈現分叉像。[1]

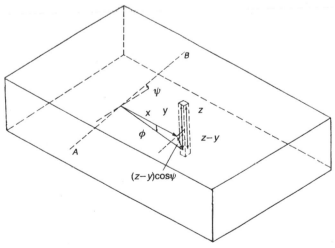

圖 5.21　與表面傾斜 ψ 角之螺旋型差排 AB。[1]

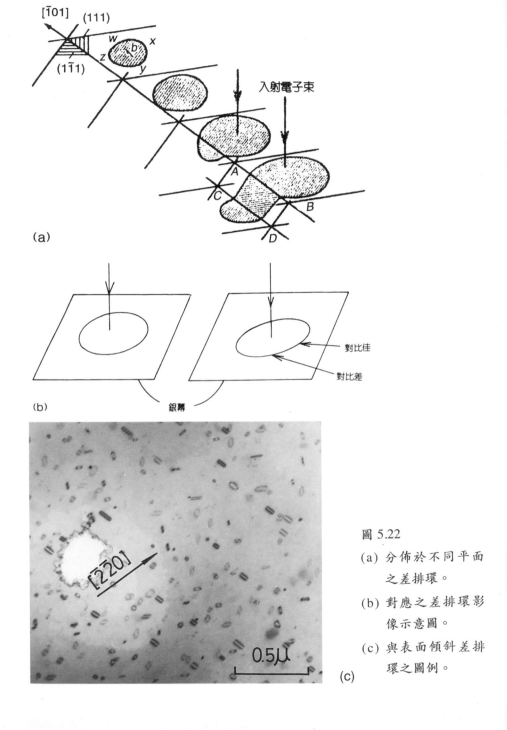

圖 5.22

(a) 分佈於不同平面
　　之差排環。

(b) 對應之差排環影
　　像示意圖。

(c) 與表面傾斜差排
　　環之圖例。

7. 由於差排與表面傾斜，y 為變數，所以差排影像強度隨其在試片中之位置 y 而變。其強度變化要應用比較嚴密之多次散射理論才能完滿的解釋。

5-6-2　一般型差排

邊緣型差排之位移向量可分成與 **b** 平行及與滑移平面 (slip plane) 垂直的兩個分量 R_1 及 R_2，如圖 5.23。在距離 r 處，ϕ 角在與差排垂直之平面時，

$$R_1 = \frac{b}{2\pi}\left[\phi + \frac{\sin 2\phi}{4(1-v)}\right] \tag{5-15}$$

$$R_2 = -\frac{b}{2\pi}\left[\frac{1-2v}{2(1-v)}\ln|\,\mathbf{r}\,| + \frac{\cos 2\phi}{4(1-v)}\right] \tag{5-16}$$

上式中 v 為 Poisson 比值，而令 ϕ 在 **b** 方向為零值。

如將這些位移向量與螺旋型差排之位移向量共同考慮，則一般型差排之位移向量 **R** 可以下式表式：

$$\mathbf{R} = \frac{1}{2\pi}\left\{\mathbf{b}\phi + \mathbf{b}_e\frac{\sin 2\phi}{4(1-v)} + \mathbf{b}\times\mathbf{u}\left[\frac{1-2v}{2(1-v)}\ln|\,\mathbf{r}\,| + \frac{\cos 2\phi}{4(1-v)}\right]\right\} \tag{5-17}$$

(5-17) 式中 $\mathbf{b}_e$ 為 **b** 在邊緣向量方向之分量，**u** 為差排正方向之單位向量，ϕ 為自滑移平面量起而在與差排垂直之平面內的角度。

1. 一般型差排在 $\mathbf{g}\cdot\mathbf{b}=0$ 時，$\mathbf{g}\cdot\mathbf{R}$ 不見得為零，故可能呈現影像。

2. 如差排之滑移平面與電子束方向垂直，則 $\mathbf{b}\times\mathbf{u}$ 與電子束方向平行，而 $\mathbf{g}\cdot\mathbf{b}\times\mathbf{u}=0$，則影像對比由 (5-17) 式中前兩項影響產生。

對純粹之邊緣差排，設 $v=1/3$，則 $\alpha=2\pi\,\mathbf{g}\cdot\mathbf{R}_1=n\,(\phi+3/8\sin 2\phi)$

如作一簡單估計：

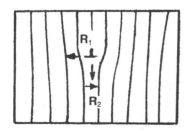

圖 5.23
定義邊緣型差排 R_1 及 R_2。

$$\alpha \sim n \tan^{-1}[\frac{2(z-y)}{x}]$$

由此可估計邊緣差排像之寬度比同一方向之螺旋型差排像寬約兩倍。

3. 對純粹邊緣差排，如 $\mathbf{g} \cdot \mathbf{b}_e = 0$，而 $\mathbf{g} \cdot \mathbf{b} \times \mathbf{u} \neq 0$，則

$$\alpha = \mathbf{g} \cdot \mathbf{b} \times \mathbf{u} \left[\frac{1-2v}{2(1-v)} \ln|\mathbf{r}| + \frac{\cos 2\phi}{4(1-v)} \right]$$

差排影像對比與 x 及 ϕ 之正負值無關，亦即對 $x=0$ 之中心點對稱。

另根據多次散射繞射理論計算 $\mathbf{g} \cdot \mathbf{b} = 0$，要在 $\mathbf{g} \cdot \mathbf{b} \times \mathbf{u} \leq 0.64$ 時，差排對比才弱到幾乎看不見，例見圖 5.24。

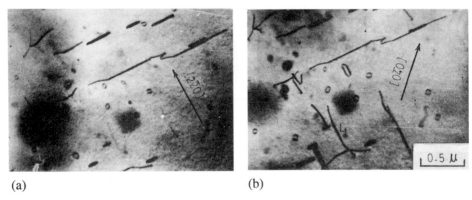

(a)   (b)

圖 5.24　退火後磷離子植入矽中差排，(a)、(b) 顯示 " 看不見 " 準則。[6]

5-6-3　部份差排

　　根據定義，部份差排之 Burgers 向量一定不是晶格轉移向量，而且必與疊差相鄰，所以對比受疊差影響而較為複雜。例見圖 5.25。在對比分析時，如疊差不呈現對比則分析較為方便。

　　在面心立方晶體中主要兩型部份差排分別是 Burgers 向量為 1/6⟨112⟩ 形式的 Shockley 部份差排及 1/3⟨111⟩ 形式之 Frank 部份差排。Frank 部份差排必為邊緣型，有時須藉此性質與 Shockley 部份差排作一分辨。

　　對於 $\mathbf{b} = 1/6 ⟨112⟩$ 或 $1/3 ⟨111⟩$ 之部份差排，$\mathbf{g} \cdot \mathbf{b}$ 之可能值為 0，±1/3，±2/3，±4/3，……等。由單次散射以及多次散射繞射理論計算，如 s_g 值小時 (w

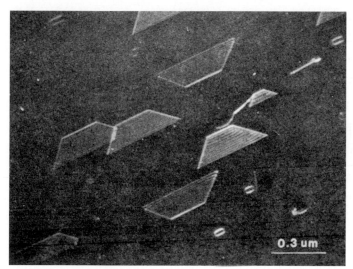

圖 5.25   離子佈植矽中部份差排環及其中疊差影像。[7]

$=s_g \xi_g \leqq 0.2)$，則 **g**·**b**$=0$ 或 $\pm 1/3$ 時螺旋型差排無對比，但 **g**·**b**$= \pm 2/3$ 時則差排可見。而 **g**·**b**$=0$ 時，相鄰疊差無對比。由此可與 **g**·**b**$= \pm 1/3$ 情形分辨。

另在某些繞射條件 (包括 s_g 值較大之條件) 下，由多次散射理論計算推斷，Shockley 部份差排在 **g**·**b**$=-2/3$ 時亦無對比。

如部份差排非僅與簡單平面缺陷如疊差相鄰，則分析較為複雜。例如兩不同平面疊差在 (110) 方向相交時，由差排理論，如兩疊差皆為空穴型，則介於交線之階梯棒型(stairrod) 部份差排之 Burgers 向量為 1/6[110] 或 1/3[110]。要分辨這兩種差排，則必須利用影像對比模擬法協助。

5-6-4 差排 Burgers 向量之確定

確定差排之 Burgers 向量，常利用差排在某些繞射條件下無對比或對比很弱的性質：

1. 螺旋型差排

   選擇二繞射向量 $\mathbf{g}_1$ 及 $\mathbf{g}_2$ 使差排影像完全消失。此時 $\mathbf{g}_1 \cdot \mathbf{b} = \mathbf{g}_2 \cdot \mathbf{b} = 0$，

   $\therefore$ **b** // $\mathbf{g}_1 \times \mathbf{g}_2$

2. 邊緣型及混合型差排

因 **g** · **b**＝0 時，差排影像不一定會消失，情況較複雜。可利用殘餘對比及影像對稱之特性協助分析。

[例] 在面心立方晶體接近 (111) 面方向之試片，在 (111) 面上之差排 Burgers 向量可能為 1/2⟨110⟩ 型式。

　　將試片傾斜到距 [111] 方向約 20° 之 [112]，[121] 及 [211] 方向，分別選擇 **g**＝[$1\bar{1}1$]，[$\bar{1}11$]，[$11\bar{1}$]，則可能之 **g** · **b** 乘積如表 5.1。

b	**g** · **b**		
g	$1\bar{1}1$	$\bar{1}11$	$11\bar{1}$
1/2 [110]	0	0	1
1/2 [101]	1	0	0
1/2 [011]	0	1	0
1/2 [$1\bar{1}0$]	1	$\bar{1}$	0
1/2 [$10\bar{1}$]	0	$\bar{1}$	1
1/2 [$01\bar{1}$]	1	0	$\bar{1}$

表 5.1
在面心立方體中決定 Burgers 向量之 **g** · **b** 值。

　　從表 5.1 可見，經過三種繞射條件試驗應可決定 **b**，因如差排在 **g**＝[$\bar{1}11$] 及 [111] 時可見，而在 **g**＝[$1\bar{1}1$] 時無對比，**b** 必為 1/2 [101]；在這情形下，即使差排為純邊緣型，**g** · **b**＝0 時，**g** · **b**×**u** 之值其小而殘餘對比很弱。

　　又如差排沿 [$\bar{1}10$] 方向，而 Burgers 向量為 1/2 [110]，在 **g**＝[$1\bar{1}1$] 及 [$\bar{1}11$] 時，**g** · **b**×**u**～0.72，差排對比相似而不強。

5-6-5　差排對與雙重影像

　　差排常成對出現。成對差排與由多於兩電子束所產生單一差排之雙重影像，可由改變繞射條件使雙重影像效應消失而加以分辨。

1. 差排偶極對 (dislocation dipole)

　　差排偶極對為在平行滑移平面上，Burgers 向量符號相反的差排對。常在試片加工變形時生成。

辨識差排偶極對最直接的方法是改變繞射向量的符號 (自 **g** 換成 –**g**)，而使 s 值不變。如差排對影像距離明顯改變 (由接近而遠離或由遠離而接近)，則很可能是差排偶極對。

2. 超晶格中的超差排 (superdislocation in superlattice)

超差排爲在平行滑移平面 Burgers 向量相同的差排對。如改變繞射向量符號 (自 **g** 換成 –**g**)，而使 s 爲定值，則超差排之差排對間距離不變。

3. 分解差排對 (dissociated dislocations)

分解差排對之 Burgers 向量通常不同，而在分解差排間常有疊差條紋，所以，改變繞射向量使其中一差排像消失或呈現疊差條紋，爲判別差排對是否爲分解差排對的方法。

5-7 介在物與契合性應變

析出物附近契合性應變常呈現特定的對比效應。

在等向性的晶體中，球形介在物之位移向量沿著徑向，而其大小爲：

$$R = \frac{\varepsilon r_0^3}{r^2} \quad r \geq r_0$$
$$= \varepsilon r \quad r \geq r_0 \tag{5-18}$$

其中 r_0 爲介在物半徑，ε 爲不受應力的本底 (matrix) 與介在物晶格之不匹配程度有關而表彈性應變場強度的參數。圖 5.26 顯示接近介在物晶格平面的偏離，而晶格平面之彎曲適足以產生影像對比。球形對稱介在物與 **g** 垂直方向之位移呈現不出對比，此無對比之直線即稱爲無對比直線 (line of no contrast)，例見圖 5.27。

介在物與螺旋形差排位移向量的差別是：前者附近圓柱體上之點對 z 座標之斜率 $\partial R/\partial z$ 在通過介在物位置時改變符號，因此在繞射振幅較小時，對比效應較弱。一般須在符合多次散射條件—亦即繞射振幅較強時，才可能顯現較強對比。

利用振幅—相角圖可看出小介在物之可見程度。如圖 5.28 所示，接近介在物表面之圓柱體中晶面偏離較大，而可能有較強之對比。

相角

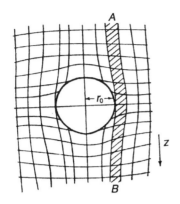

圖 5.26
球形介在物使附近晶格平面彎曲偏折。[1]

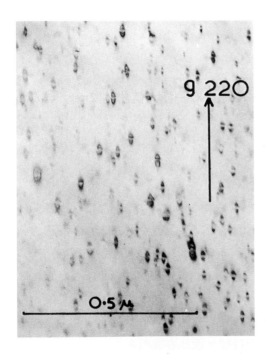

圖 5.27
小 $\gamma - Al_2O_3$ 球形析出物呈現無對
比直線。[1]

$$\alpha = 2\pi \mathbf{g} \cdot \mathbf{R} = \frac{2\pi \varepsilon g r_0^4}{(r_0^2 + z^2)^{3/2}} \tag{5-19}$$

其中 r_0 為介在物之半徑，z 為圓柱體接觸介在物之位置。對完整晶體而
言，圓柱體接觸介在物之振幅—相角圖為一半徑為 $(2\pi s)^{-1}$ 之圓。若與此圓之

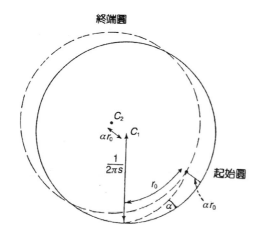

圖 5.28　在圖 5.24 中接近介在物之 AB 圓柱振幅—相角圖，二圓 C_1、C_2 之偏離約為 $\alpha r_0 \sim 2\pi\varepsilon g r_0^2$ 。[1]

圓周相比，r_0 甚小，則可慮 α 在 $z \sim r_0$ 處，有一極大值約為 $2\pi\varepsilon g r_0 \times r_0 = 2\pi\varepsilon g r_0^2$，所以振幅之改變大約相當於兩圓距離與圓直徑之比，即

$$\frac{\Delta\psi_s}{\psi_s} \sim \frac{2\pi\varepsilon g r_0^2}{(\pi s)^{-1}} = 2\pi^2 \varepsilon g r_0^2 s$$

強度變化比例為

$$\frac{\Delta I}{I} \sim 2\frac{\Delta\psi_s}{\psi_s} = 4\pi^2 \varepsilon g r_0^2 s$$

但因 I 與 $(s\xi_g)^{-2}$ 成比例，

$$\Delta I \propto \frac{4\pi^2 \varepsilon g r_0^2}{s\xi_g^2}$$

所以 s 愈小，ΔI 愈大，對比也愈好。s 愈小時，亦即繞射較強，屬於多次散射範圍，振幅—相角圓之直徑以 ξ_g/π 表示，所以

$$\frac{\Delta I}{I} \sim \frac{4\pi\varepsilon g r_0^2}{\xi_g/\pi} = \frac{4\pi^2 \varepsilon g r_0^2}{\xi_g}$$

由多次散射理論計算，$\dfrac{\varepsilon g r_0^2}{\xi_g} \geq 10^{-2}$ 時，小介在物之對比最佳。因一般 ξ_g

隨 **g** 增加之速率較快，亦即 $|\Delta \xi_g| > |\Delta g|$，所以一般用低次繞射向量 **g**，小介在物之對比情形較好。

參考資料

1. P. B. Hirsch, A. Howie, R. B. Nicholson, D. W. Pashley and M. J. Whelan, *Electron Microscopy of Thin Crystals*, Revised Edition, Huntington, New York : Krieger (1977).

2. T. L. Lee, unpublished work.

3. L. J. Chen and G. Thomas, *Phy. Stat. Sol.*, (a) **28**, 309 (1975).

4. T. R. Yew, unpublished work.

5. J. J. Chu, L. J. Chen and K. N. Tu, *J. Appl. Phys.*, **62**, 461 (1987).

6. L. J. Chen and J. J. Wang, Proc. 1982, EDMS, Tainan, Taiwan (1982).

7. L. J. Chen, Y. J. Wu and I. W. Wu, *J. Appl. Phys*, **52**, 3520 (1981).

8. G. Thomas and M. J. Goringe, *Transmission Electron Microscopy of Materials*, New York : John Wiley and Sone (1979).

9. J. W. Edington, *Practical Electron Microscopy in Materials Science*, New York : Van Nostrand Rheinhold (1976).

習　題

5.1　利用紙板或壓克力片製作 Thomson 四面體，並註明各平面及方向。

5.2　說明在單次散射近似適用情況下，如何辨明：

(1) 厚度條紋，

(2) 彎曲條紋，

(3) 疊差條紋，

(4) Moire 條紋，

(5) 晶格條紋。

5.3　列舉並說明在單次散射近似適用情形下，決定差排 Burgers 向量的對比法則。

5.4 說明在單次散射近似適用情況下，如何辨明：

(1) 差排偶極對，

(2) 超差排，

(3) 分離差排，

(4) 差排雙重影像，

5.5 說明在單次散射近似適用情況下，如何辨明均顯示黑白點對比之

(1) 小差排環，

(2) 小介在物，

(3) 與觀察方向平行的螺旋型差排。

5.6 討論小析出物之可見度。

5.7 在 (111) 平面上差排環其 Burgers 向量為 1/3[111]，試求出在 $\mathbf{g} = [2\bar{2}0]$ 時，殘留對比可見之差排環部份百分比。

第六章

電子繞射對比多次散射理論

6-1 電子單次散射近似理論的問題

電子繞射理論對單次散射近似作了許多假設，即 (1) $|\phi_g| << |\phi_0|$，(2) 單次散射，(3) 無吸收現象。但在 $s \to 0$ 情形下，假設 (1) 及 (2) 均不成立，而吸收效應常很強烈，所以往往須考慮電子束之重複散射與交互作用及其吸收效應。

6-2 推導完整晶體之電子多次散射理論

本章假設除直射電子束外，僅有一繞射電子束較強，這種近似稱為兩電子束近似。

在兩電子束近似範圍，如圖 6.1 所示，在晶體圓柱中傳播電子之波函數

$$\psi(\mathbf{r}) = \phi_0(z)e^{2\pi i \mathbf{K} \cdot \mathbf{r}} + \phi_g(z)e^{2\pi i \mathbf{K}' \cdot \mathbf{r}} \tag{6-1}$$

其中 $\mathbf{K}$ 為能量 eE 之電子在真空中之波向量，$\mathbf{K}'$ 為散射波之波向量，其大小與 $\mathbf{K}$ 相同。與在單次散射理論中一樣，$\mathbf{K}'$ 可表成

$$\mathbf{K}' = \mathbf{K} + \mathbf{g} + \mathbf{s} \tag{6-2}$$

$\mathbf{s}$ 為偏離 Bragg 繞射位置之偏離向量，參考圖 6.2。在單次散射理論中，$|\phi_0| = 1$，而在多次散射理論中，ϕ_0 及 ϕ_g 均隨 z 而變化。

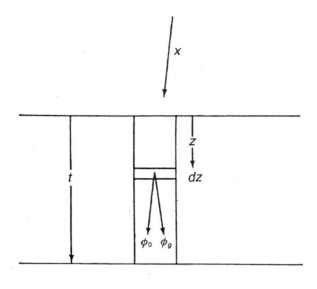

圖 6.1

在晶體圓柱中通過 dz 區
域電子之直射波 ϕ_0 與繞
射波 ϕ_g。[1]

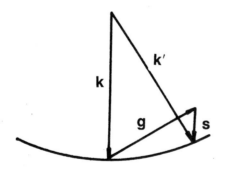

圖 6.2

向量 $\mathbf{K}'$ 與 $\mathbf{K}$ 之相互關係。

　　如圖 6.1 所示，電子與圓柱體中厚度為 dz 區域之原子作用，電子波在前
進方向為 $\mathbf{K} \to \mathbf{K}$ 或 $\mathbf{K}' \to \mathbf{K}'$ 時，波相角差為零，但若經繞射或 $\mathbf{K} \to \mathbf{K}'$ 或 $\mathbf{K}' \to \mathbf{K}$
，則相角差視 $\mathbf{s}$ 而定；所以繞射波在通過 dz 區域之增量 $d\phi_g$ 可表示為

$$d\phi_g = \left[\frac{\pi i}{\xi_0} \phi_g + \frac{\pi i}{\xi_g} \phi_0 e^{2\pi i (\mathbf{K} - \mathbf{K}') \cdot \mathbf{r}} \right] dz \tag{6-3}$$

同理

$$d\phi_0 = \left[\frac{\pi i}{\xi_0} \phi_0 + \frac{\pi i}{\xi_g} \phi_g e^{2\pi i (\mathbf{K}' - \mathbf{K}) \cdot \mathbf{r}} \right] dz \tag{6-4}$$

整理 (6-3) 及 (6-4) 式，**s** 爲 z 方向向量，則

$$\frac{d\phi_g}{dz} = \frac{\pi i}{\xi_o}\phi_g + \frac{\pi i}{\xi_g}\phi_0 e^{-2\pi i s z} \tag{6-5}$$

$$\frac{d\phi_0}{dz} = \frac{\pi i}{\xi_o}\phi_0 + \frac{\pi i}{\xi_g}\phi_g e^{2\pi i s z} \tag{6-6}$$

6-3　導出不完整晶體之電子繞射方程式

如不完整晶體中位移向量爲 **R**，即 $\mathbf{r}_n' = \mathbf{r}_n + \mathbf{R}$，而 $\mathbf{K}' = \mathbf{K} + \mathbf{g} + \mathbf{s}$，$(\mathbf{K}' - \mathbf{K})$ $\cdot \mathbf{r}_n' = (\mathbf{g} + \mathbf{s}) \cdot (\mathbf{r}_n + \mathbf{R})$，則

$$e^{2\pi i(\mathbf{K}-\mathbf{K}')\cdot\mathbf{r}_n'} \sim e^{-2\pi i \mathbf{g}\cdot\mathbf{R}} e^{-2\pi i s z}$$

上式中省略了較小項 $\mathbf{s}\cdot\mathbf{R}$。由 (6-3) 及 (6-4) 式

$$\frac{d\phi_0}{dz} = \frac{\pi i}{\xi_0}\phi_0 + \frac{\pi i}{\xi_g}\phi_g e^{2\pi i s z + 2\pi i \mathbf{g}\cdot\mathbf{R}} \tag{6-7}$$

$$\frac{d\phi_g}{dz} = \frac{\pi i}{\xi_0}\phi_g + \frac{\pi i}{\xi_g}\phi_0 e^{-2\pi i s z - 2\pi i \mathbf{g}\cdot\mathbf{R}} \tag{6-8}$$

作變數變換以簡化 (6-7) 及 (6-8) 式，令

$$\phi_0'(z) = \phi_0 e^{-\pi i z/\xi_0}, \phi_g'(z) = \phi_g e^{2\pi i s z - \pi i z/\xi_0},$$

則 　$$\frac{d\phi_0'}{dz} = \frac{\pi i}{\xi_0}\phi_g' e^{2\pi i \mathbf{g}\cdot\mathbf{R}} \tag{6-9}$$

$$\frac{d\phi_g'}{dz} = \frac{\pi i}{\xi_g}\phi_0' e^{-2\pi i \mathbf{g}\cdot\mathbf{R}} + 2\pi i s \phi_g' \tag{6-10}$$

或令 　$\phi_0''(z) = \phi_0 e^{-\pi i z/\xi_0}, \phi_g''(z) = \phi_g e^{2\pi i s z - \pi i z/\xi_0 + 2\pi i \mathbf{g}\cdot\mathbf{R}}$

則 　$$\frac{d\phi_0''}{dz} = \frac{\pi i}{\xi_g}\phi_g'' \tag{6-11}$$

$$\frac{d\phi_g''}{dz} = \frac{\pi i}{\xi_g}\phi_0'' + \left(2\pi i s + 2\pi i \mathbf{g}\cdot\frac{d\mathbf{R}}{dz}\right)\phi_g'' \tag{6-12}$$

(6-11) 及 (6-12) 式中，應變項 $\mathbf{g}\cdot d\mathbf{R}/dz$ 可看作由 Bragg 平面的局部旋轉而改變 s 之有效值。

由導致 (6-9) 及 (6-10) 式之變數變換，(6-1) 式波函數可改爲

$$\psi(\mathbf{r}) = \phi_0 e^{2\pi i \mathbf{K} \cdot \mathbf{r}} + \phi_g e^{2\pi i \mathbf{K}' \cdot \mathbf{r}}$$

$$= \phi_0' e^{2\pi i \mathbf{K} \cdot \mathbf{r}} e^{\pi i z/\xi_0} + \phi_g' e^{2\pi i \mathbf{K}' \cdot \mathbf{r}} e^{\pi i z/\xi_0} e^{-2\pi i s z}$$

$$= \phi_0' e^{2\pi i \mathbf{K} \cdot \mathbf{r}} e^{\pi i \hat{\mathbf{k}} \cdot \mathbf{r}/\xi_0} + \phi_g' e^{2\pi i (\mathbf{K}+\mathbf{g}+\mathbf{s}) \cdot \mathbf{r}} e^{\pi i \hat{\mathbf{k}} \cdot \mathbf{r}/\xi_0} e^{-2\pi i s z}$$

$$= e^{2\pi i (\mathbf{K}+\hat{\mathbf{k}}/2\xi_0) \cdot \mathbf{r}} \left[\phi_o' + \phi_g' e^{2\pi i \mathbf{g} \cdot \mathbf{r}} \right]$$

$$= \phi_0' e^{2\pi i \mathbf{k} \cdot \mathbf{r}} + \phi_g' e^{2\pi i (\mathbf{k}+\mathbf{g}) \cdot \mathbf{r}} \qquad (6\text{-}13)$$

上式中 $\mathbf{k} = \mathbf{K} + \dfrac{\hat{\mathbf{k}}}{2\xi_0}$　　$\hat{\mathbf{k}}$ 爲沿 z 方向單立向量 .

由 (6-13) 式，可視電子波經折射而進入晶體。但對 100 kV 電子而言，其大小之改變約僅有萬分之一。另外，因一般量測者爲電子強度，故轉換變數之相因子可不考慮。

6-4　完整晶體多次散射理論方程式之解

　　由 (6-9) 及 (6-10) 式，$\mathbf{R} = 0$，
則

$$\begin{cases} \dfrac{d\phi_o'}{dz} = \dfrac{\pi i}{\xi_g} \phi_g' & (6\text{-}14) \\[4mm] \dfrac{d\phi_g'}{dz} = \dfrac{\pi i}{\xi_g} \phi_o' + 2\pi i s \phi_g' & (6\text{-}15) \end{cases}$$

解此聯立微分方程式，將 (6-14) 式對 z 微分，得

$$\frac{d^2 \phi_0'}{dz^2} = -\frac{\pi^2}{\xi_g^2} \phi_0' + 2\pi i s \frac{d\phi_0'}{dz}$$

令　$\phi_0' = A e^{2\pi i \gamma z}$
所以

$$-4\pi^2 \gamma^2 = -\frac{\pi^2}{\xi_g^2} - 4\pi^2 s \gamma$$

$$\therefore \gamma = \frac{s \pm \sqrt{s^2 + \dfrac{1}{\xi_g^2}}}{2} \tag{6-16}$$

令 $\quad \gamma^{(1)} = \dfrac{s - \sqrt{s^2 + \dfrac{1}{\xi_g^2}}}{2}$

$$\gamma^{(2)} = \frac{s + \sqrt{s^2 + \dfrac{1}{\xi_g^2}}}{2} \tag{6-17}$$

ϕ_0' 有對應兩個 γ 值之解。

又 $\quad \dfrac{d\phi_0'}{dz} = 2\pi i \gamma A e^{2\pi i \gamma z} = \dfrac{\pi i}{\xi_g} \phi_g'$

$\phi_g' = 2\gamma \xi_g \phi_0'$

由 (6-13) 式，二互相獨立之波函數解可表為

$$\psi^{(1)}(\mathbf{r}) = \phi_g'^{(1)} e^{2\pi i (\mathbf{k+g}) \cdot \mathbf{r}} + \phi_0'^{(1)} e^{2\pi i \mathbf{k} \cdot \mathbf{r}}$$
$$= A e^{2\pi i \gamma^{(1)} z} [e^{2\pi i \mathbf{k} \cdot \mathbf{r}} + 2\gamma^{(1)} \xi_g e^{2\pi i (\mathbf{k+g}) \cdot \mathbf{r}}] \tag{6-18}$$

$$\psi^{(2)}(\mathbf{r}) = B e^{2\pi i \gamma^{(2)} z} [e^{2\pi i \mathbf{k} \cdot \mathbf{r}} + 2\gamma^{(2)} \xi_g e^{2\pi i (\mathbf{k+g}) \cdot \mathbf{r}}] \tag{6-19}$$

此二波函數稱為 Bloch 波函數 (Bloch wave function)。

現令 $\omega = s \xi_g$ (s 表偏離參數)

則 $\quad \gamma^{(2)}_{(1)} = \dfrac{\omega \pm \sqrt{\omega^2 + 1}}{2\xi_g}$

次令 $\omega = \cot \beta$

$\gamma^{(2)} = \dfrac{1}{2\xi_g} [\cot \beta + \csc \beta] = \dfrac{1}{2\xi_g} \cot \dfrac{\beta}{2}$

$\gamma^{(1)} = \dfrac{1}{2\xi_g} [\cot \beta - \csc \beta] = -\dfrac{1}{2\xi_g} \tan \dfrac{\beta}{2}$

$\therefore \quad \psi^{(1)}(\mathbf{r}) = A e^{2\pi i \gamma^{(1)} z} \left[e^{2\pi i \mathbf{k} \cdot \mathbf{r}} - \tan \dfrac{\beta}{2} e^{2\pi i (\mathbf{k+g}) \cdot \mathbf{r}} \right]$

$$\psi^{(1)}(\mathbf{r}) = Ae^{2\pi i \gamma^{(1)}z}\left[e^{2\pi i \mathbf{k}\cdot\mathbf{r}} - \tan\frac{\beta}{2}e^{2\pi i(\mathbf{k+g})\cdot\mathbf{r}}\right]$$

再將 $\psi^{(1)}$，$\psi^{(2)}$ 正規化：

$$A^2\left(1 + \tan^2\frac{\beta}{2}\right) = 1 \qquad \therefore A = \cos\frac{\beta}{2}$$

$$B^2\left(1 + \cot^2\frac{\beta}{2}\right) = 1 \qquad \therefore B = \sin\frac{\beta}{2}$$

$$\psi^{(1)}(\mathbf{r}) = e^{2\pi i \gamma^{(1)}z}\left[\cos\frac{\beta}{2}e^{2\pi i \mathbf{k}\cdot\mathbf{r}} - \sin\frac{\beta}{2}e^{2\pi i(\mathbf{k+g})\cdot\mathbf{r}}\right]$$

$$\psi^{(2)}(\mathbf{r}) = e^{2\pi i \gamma^{(2)}z}\left[\sin\frac{\beta}{2}e^{2\pi i \mathbf{k}\cdot\mathbf{r}} + \cos\frac{\beta}{2}e^{2\pi i(\mathbf{k+g})\cdot\mathbf{r}}\right]$$

故一般解即可寫成

$$\psi(\mathbf{r}) = a\psi^{(1)}(\mathbf{r}) + b\psi^{(2)}(r)$$

$$= \left[a\cos\frac{\beta}{2}e^{2\pi i \gamma^{(1)}z} + b\sin\frac{\beta}{2}e^{2\pi i \gamma^{(2)}z}\right]e^{2\pi i \mathbf{k}\cdot\mathbf{r}} +$$

$$\left[-a\sin\frac{\beta}{2}e^{2\pi i \gamma^{(1)}z} + b\cos\frac{\beta}{2}e^{2\pi i \gamma^{(2)}z}\right]e^{2\pi i(\mathbf{k+g})\cdot\mathbf{r}} \qquad (6\text{-}20)$$

上式第一項之中括弧內表示明視野波振幅，以 ϕ_0 表之；第二項之中括弧內表示暗視野波振幅，以 ϕ_g 表之。

6-5　完整晶體中直射及繞射電子束之強度

由邊界條件：在 $z=0$ 處，$\phi_0 = 1$，$\phi_g(0) = 0$，則

$$a\cos\frac{\beta}{2} + b\sin\frac{\beta}{2} = 1$$

$$-a\sin\frac{\beta}{2} + b\cos\frac{\beta}{2} = 0$$

$$\therefore b = a\tan\frac{\beta}{2},\ \ a = \cos\frac{\beta}{2}, 故\ b = \sin\frac{\beta}{2}$$

$$\psi(\mathbf{r}) = \left[\cos^2\frac{\beta}{2}e^{2\pi i \gamma^{(1)}z} + \sin^2\frac{\beta}{2}e^{2\pi i \gamma^{(2)}z}\right]e^{2\pi i \mathbf{k}\cdot\mathbf{r}} +$$

$$\left[-\cos\frac{\beta}{2}\sin\frac{\beta}{2}e^{2\pi i\gamma^{(1)}z} + \sin\frac{\beta}{2}e^{2\pi i\gamma^{(2)}z} \right] e^{2\pi i(\mathbf{k+g})\cdot\mathbf{r}}$$

$$\therefore \phi_g = \cos\frac{\beta}{2}\sin\frac{\beta}{2}\left[-e^{2\pi i\gamma^{(1)}z} + e^{2\pi i\gamma^{(2)}}z \right]$$

$$= \frac{1}{2}\sin\beta\, e^{\pi i s z}\left[e^{\pi i z\sqrt{s^2+\frac{1}{\xi_g^2}}} - e^{-\pi i z\sqrt{s^2+\frac{1}{\xi_g^2}}} \right]$$

$$= \frac{1}{2}\sin\beta\, e^{\pi i s z}\left(2i\sin\pi z\sqrt{s^2+\frac{1}{\xi_g^2}} \right)$$

$$= i\sin\beta\, e^{\pi i s z}\sin\left(\pi z\sqrt{s^2+\frac{1}{\xi_g^2}} \right)$$

$$\therefore I_g = \left| \phi_g \right|^2 = \sin^2\beta\sin^2\left(\pi z\sqrt{s^2+\frac{1}{\xi_g^2}} \right)$$

由 $\omega = \cot\beta$ 及 $\omega = s\xi_g$

$$I_g = \frac{1}{1+\omega^2}\sin^2\left(\frac{\pi z}{\xi_g/\sqrt{1+\omega^2}} \right)$$

定義 $\xi_{g,\text{eff}} = \dfrac{\xi_g}{\sqrt{1+\omega^2}}$ ， $\xi_{g,\text{eff}}$ 為有效消散距離

則 $\quad I_g = \dfrac{1}{1+\omega^2}\sin^2\dfrac{\pi z}{\xi_{g,\text{eff}}}$ $\qquad\qquad\qquad\qquad$ (6-21)

同理 $\quad I_0 = \dfrac{1}{1+\omega^2}\left(\omega^2 + \cos^2\dfrac{\pi z}{\xi_{g,\text{eff}}} \right)$ $\qquad\qquad$ (6-22)

6-5-1 厚度條紋

由 (6-21) 及 (6-22) 式可見 I_g 及 I_0 均隨試片厚度 t 作週期性變化，其週期為 $\xi_{g,\text{eff}} = \xi_g/\sqrt{1+\omega^2}$ 。因厚度變化而造成之條紋影像稱為厚度條紋 (thickness fringe)，例見圖 6.3 (a)。

6-5-2 彎曲軌跡

由 (6-21) 及 (6-22) 式，亦可見 I_0 及 I_g 隨 s 變化。其變化情況可參考圖

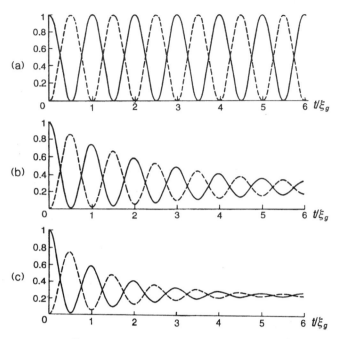

圖 6.3　計算出之厚度條紋隨厚度變化圖，$t = 4\xi_g$。(a) 無吸收情形，(b) ξ_g / ξ_g'
　　　　$= 0.05$，(c) $\xi_g / \xi_g' = 0.10$。注意 (c) 圖中厚度條紋在試片較厚區域可見
　　　　度減弱，明暗視野像分以連續及斷續線表示。[2]

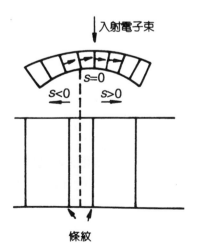

圖 6.4
由試片彎曲產生彎曲軌跡。

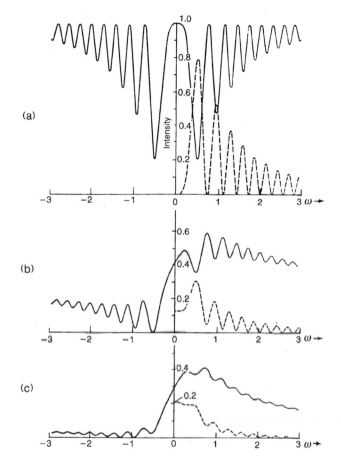

圖 6.5 　計算出之電子束隨繞射條件變化圖，$t=4\xi_g$。明、暗視野像分別以連續及斷續線表示，暗視野像對 $\omega=s\xi_g=0$ 對稱。(a) 無吸收情形，(b) $\xi_g/\xi_g{}'=0.05$，(c) $\xi_g/\xi_g{}'=0.1$。[2]

6.4，s 改變表示晶體局部彎曲情況改變，由於 s 改變而呈現之影像稱為彎曲軌跡 (bend contour)，例見圖 6.5 (a)。

　　由多次散射理論得出之直射及繞射電子束強度在 $s=0$ ($\omega=0$) 時，$I_0=\cos^2(\pi z/\xi_g)$，$I_g=\sin^2(\pi z/\xi_g)$。而在 $\omega=s\xi_g\gg1$ 時，$\xi_{g,\text{eff}}\sim1/s$，$I_g\sim1/(s\xi_g)^2\cdot\sin^2\pi z/s$，$I_0\sim1-1/(s\xi_g)^2\sin^2\pi z/s$。所以在 $\omega\gg1$ 時，結果與單次散射近似理論導出結果一樣，而在 $s\to0$ 時亦不會出現使 $I_g>1$ 之矛盾結果。

6-5-3 厚度條紋與彎曲軌跡之成因

由 (6-20) 式，可看作 ϕ_0 及 ϕ_g 均由波向量大小分別為 $\gamma^{(1)}$ 及 $\gamma^{(2)}$ 之兩 Bloch 波干涉生成。而由 (6-17) 式

$$\gamma^{(2)} - \gamma^{(1)} = \sqrt{s^2 + \frac{1}{\xi_g{}^2}} = \frac{1}{\xi_{g,\mathrm{eff}}}$$

所以厚度條紋及彎曲軌跡均可看作兩 Bloch 波干涉的結果。而厚度條紋更可看作由兩 Bloch 波頻差效應 (beating effect) 產生的影像。

6-6 異常吸收效應

由實驗觀察厚度條紋，發現其強度變化並不見得如 (6-21) 及 (6-22) 式及圖 6.3(a) 所表示者。如由圖 6.6 可見，厚度條紋之強度隨著試片厚度急劇減弱，而非均勻變化。在實驗中可見之清晰厚度條紋僅約 5 條，而電子束可穿透之晶體通常還要厚得多。另外，由圖 6.7 可見彎曲軌跡在試片較厚區域不對稱，也與 (6-21) 及 (6-22) 式結果不合，所以必須修正前節所討論之多次散射理論。由於這是不考慮吸收效應之理論所不能預測之異常效應，故稱為異常吸收效應 (anomalous absorption effect)。

6-7 考慮吸收效應之電子繞射理論

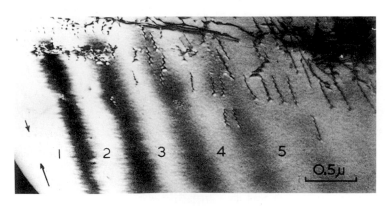

圖 6.6　Cu＋7% Al 合金明視野像厚度條紋。[1]

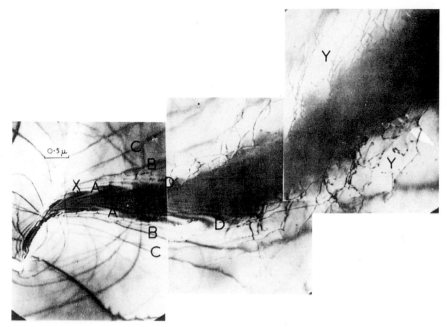

圖 6.7　鋁膜中不同厚度區域明視野像中之彎曲條紋。[1]

6-7-1　位能函數之修正

由 Schrödinger 方程式

$$-\frac{\hbar^2}{2m}\nabla^2\psi + V\psi = i\hbar\frac{\partial\psi}{\partial t}$$

1. 若 V 為實數：

$$-\frac{\hbar^2}{2m}\nabla^2\psi + V\psi = i\hbar\frac{\partial\psi}{\partial t} \tag{6-23}$$

$$-\frac{\hbar^2}{2m}\nabla^2\psi^* + V\psi^* = -i\hbar\frac{\partial\psi^*}{\partial t} \tag{6-24}$$

(6-23) 式× ψ^* — (6-24) 式× ψ，得

$$i\hbar(\psi\frac{\partial\psi^*}{\partial t} + \psi^*\frac{\partial\psi}{\partial t}) = -\frac{\hbar^2}{2m}[\psi^*\nabla^2\psi - \psi\nabla^2\psi^*]$$

$$= -\frac{\hbar^2}{2m}\nabla\cdot(\psi^*\nabla\psi - \psi\nabla\psi^*)$$

$$\psi\frac{\partial\psi^*}{\partial t}+\psi^*\frac{\partial\psi}{\partial t}=\frac{\partial(\psi^*\psi)}{\partial t}=\frac{\partial\rho}{\partial t}$$

由量子力學理論，ρ 表概率函數

$$\mathbf{J}=\frac{\hbar}{2mi}(\psi^*\nabla\psi-\psi\nabla\psi^*)\quad\text{表流量密度}$$

則　$\dfrac{\partial\rho}{\partial t}+\nabla\cdot\mathbf{J}=0$

可知如 V 為實函數，電子束沒有被吸收之現象，符合守恆定律 (law of conservation)。因 $\xi_g\propto 1/F_g$，而 $F_g=\int V(\mathbf{r}_i)e^{-2\pi i\Delta\mathbf{k}\cdot\mathbf{r}_i}dr_i$（見第三章），所以 ξ_g 為實數而對應於無吸收效應之情況。

2. 若 V 為複數：

令 $V=V_R+iV_I$，V_R 及 V_I 分別為複數之實數及虛數部份，

$$-\frac{\hbar^2}{2m}\nabla^2\psi+(V_R+iV_I)\psi=i\hbar\frac{\partial\psi}{\partial t}\tag{6-25}$$

$$-\frac{\hbar^2}{2m}\nabla^2\psi^*+(V_R-iV_I)\psi^*=-i\hbar\frac{\partial\psi^*}{\partial t}\tag{6-26}$$

(6-25) 式×ψ^*－ (6-26) 式×ψ，則依 1. 中之符號：

$$i\hbar\frac{\partial\rho}{\partial t}=-\frac{\hbar^2}{2m}\nabla\cdot(\psi^*\nabla\psi-\psi\nabla\psi^*)+\rho\cdot 2iV_I$$

$$\therefore\quad\frac{\partial\rho}{\partial t}+\nabla\cdot\mathbf{J}=\frac{2V_I}{\hbar}\rho\neq 0$$

可知如 V 為複函數，電子束有滯留在試片中之情形，所以有吸收之現象時可以 V 為複數表示之。而 ξ_g 亦為複數，因 $F_g=\int(V_R+iV_I)e^{-2\pi i\Delta\mathbf{k}\cdot\mathbf{r}_i}dr_i$，所以 $F_g=F_{gR}+iF_{gI}$。由 $1/\xi_g\propto F_g$，在此情況下，$1/\xi_g$ 可以 $1/\xi_g+i/\xi_g{}'$ 取代。

6-7-2　繞射方程式之修正

考慮吸收效應之繞射方程式，僅須將 (6-7) 及 (6-8) 式中之 $1/\xi_0$ 及 $1/\xi_g$ 分別以 $1/\xi_0+i/\xi_0{}'$ 及 $1/\xi_g+i/\xi_g{}'$ 取代，

$$\left\{ \frac{d\phi_0}{dz} = \pi i \left(\frac{1}{\xi_0} + \frac{1}{\xi_0'} \right) \phi_0 + \pi i \left(\frac{1}{\xi_g} + \frac{i}{\xi_g'} \right) \phi_g e^{2\pi i (\mathbf{g} \cdot \mathbf{R} + sz)} \right. \tag{6-27}$$

$$\left\{ \frac{d\phi_g}{dz} = \pi i \left(\frac{1}{\xi_g} + \frac{i}{\xi_g'} \right) \phi_0\, e^{-2\pi i (\mathbf{g} \cdot \mathbf{R} + sz)} + \pi i \left(\frac{1}{\xi_0} + \frac{i}{\xi_0'} \right) \phi_g \right. \tag{6-28}$$

令 $\phi_0' = \phi_0\, e^{-\frac{\pi i}{\xi_0} z}$

$\phi_g' = \phi_g\, e^{-\frac{\pi i}{\xi_0} z + 2\pi i s z}$

代入 (6-27) 及 (6-28) 式，
所以

$$\frac{d\phi_0'}{dz} = -\frac{\pi i}{\xi_0'} \phi_0' + \pi i \left(\frac{1}{\xi_g} + \frac{i}{\xi_g'} \right) \phi_g' e^{2\pi i \mathbf{g} \cdot \mathbf{R}} \tag{6-29}$$

$$\frac{d\phi_g'}{dz} = \left(2\pi i s - \frac{\pi i}{\xi_0'} \right) \phi_g' + \pi i \left(\frac{1}{\xi_g} + \frac{i}{\xi_g'} \right) \phi_0' e^{2\pi i \mathbf{g} \cdot \mathbf{R}} \tag{6-30}$$

6-8 考慮吸收效應電子繞射方程式之解

令 $R = 0$，解 (6-29) 及 (6-30) 式，將 ϕ_0'、ϕ_g' 以 ϕ_0、ϕ_g 表示以簡化之：

$$\frac{d^2\phi_0}{dz^2} = -\frac{\pi i}{\xi_0'} \frac{d\phi_0}{dz} + \left(2\pi i s - \frac{\pi i}{\xi_0'} \right) \left(\frac{d\phi_0}{dz} + \frac{\pi i}{\xi_0'} \phi_0 \right) - \pi^2 \left(\frac{1}{\xi_g} + \frac{i}{\xi_g'} \right)^2 \phi_0$$

令 $\phi_0 = A e^{2\pi i \gamma_a z}$

$\therefore$ $-4\pi^2 \gamma_a^2 = -\frac{2\pi^2 i \gamma_a}{\xi_o'} + \left(2\pi i s - \frac{\pi i}{\xi_0'} \right) \left(2\pi i \gamma_a + \frac{\pi i}{\xi_0'} \right) - \pi^2 \left(\frac{1}{\xi_g} + \frac{i}{\xi_g'} \right)^2$

可知 γ_a 通常爲複數。令 $\gamma_a = \gamma + iq$，

$$\gamma^2 - q^2 - s\gamma - \frac{1}{4\xi_g'^2} + \frac{q}{\xi_0'} = 0 \tag{6-31}$$

$$2\gamma q - \left(sq + \frac{\gamma}{\xi_0'} \right) - \frac{1}{2\xi_g \xi_g'} + \frac{s}{2\xi_0'} = 0 \tag{6-32}$$

因一般 ξ_0/ξ_0' 及 ξ_g/ξ_g' 值約爲 0.1，所以可作忽略 $1/\xi_0'^2$ 及 $1/\xi_g'^2$ 項之近似。因 $\gamma \gg q$，所以可由 (6-31) 式忽略 q 而得

$$\gamma^2 - s\gamma - \frac{1}{4\xi_g^2} = 0$$

與前部份所得 γ 之方程式相同。

$$\therefore \quad \gamma_{(1)}^{(2)} = \frac{1}{2\xi_g}(\omega \pm \sqrt{1+\omega^2}) \, , \omega = s\xi_g$$

由 (6-32) 式，將 $\gamma_{(1)}^{(2)}$ 代入

$$\therefore \quad q_{(1)}^{(2)} = \frac{1}{2\xi_0'} \mp \frac{1}{2\xi_g'\sqrt{1+\omega^2}}$$

由　　$\gamma_a = \gamma + iq$

故　　$\phi_0 = Ae^{2\pi i\gamma_a z}$

　　　　$= Ae^{2\pi i\gamma z}e^{-2\pi qz}$

$e^{-2\pi qz}$ 即為衰減因子，使強度隨著 z 之增加而減弱；$\quad I = \left|\phi_0\right|^2 = \left|Ae^{-2\pi qz}\right|^2$

$$\therefore \quad \phi_0^{(1)} = Ae^{2\pi i\gamma_a^{(1)}z}$$

$$= Ae^{2\pi i\gamma^{(1)}z}\, e^{-2\pi q^{(1)}z} \tag{6-33}$$

$$\phi_0^{(2)} = Be^{2\pi i\gamma^{(2)}z}\, e^{-2\pi q^{(2)}z} \tag{6-34}$$

由　$\dfrac{d\phi_0}{dz} = (2\pi i\gamma - 2\pi q)\phi_0 = -\dfrac{\pi i}{\xi_0'}\phi_0 + \pi i\left(\dfrac{1}{\xi_g} + \dfrac{i}{\xi_g'}\right)\phi_g$

$$\therefore \quad \phi_g = \frac{2\gamma + \left(2q - \dfrac{i}{\xi_0'}\right)i}{\dfrac{1}{\xi_g} + \dfrac{i}{\xi_g'}}\phi_0$$

$$\therefore \quad \phi_g^{(1)} = \frac{2\gamma^{(1)} + \left(2q^{(1)} - \dfrac{i}{\xi_0'}\right)i}{\dfrac{1}{\xi_g} + \dfrac{i}{\xi_g'}}\phi_0^{(1)} \tag{6-35}$$

$$\phi_g^{(2)} = \frac{2\gamma^{(2)} + \left(2q^{(2)} - \dfrac{i}{\xi_0'}\right)i}{\dfrac{1}{\xi_g} + \dfrac{i}{\xi_g}}\phi_0^{(2)} \tag{6-36}$$

所以波函數之基本波函數 $\psi^{(1)}$ 與 $\psi^{(2)}$ 可以下式表示：

$$\psi^{(1)}(\mathbf{r}) = \phi_0^{(1)} \left[e^{2\pi i \mathbf{k} \cdot \mathbf{r}} + \frac{2\gamma^{(1)} + \left(2q^{(1)} - \dfrac{i}{\xi_0}\right)i}{\dfrac{1}{\xi_g} + \dfrac{i}{\xi_g'}} e^{2\pi i (\mathbf{k+g}) \cdot \mathbf{r}} \right] \tag{6-37}$$

$$\psi^{(2)}(\mathbf{r}) = \phi_0^{(2)} \left[e^{2\pi i \mathbf{k} \cdot \mathbf{r}} + \frac{2\gamma^{(2)} + \left(2q^{(2)} - \dfrac{i}{\xi_0}\right)i}{\dfrac{1}{\xi_g} + \dfrac{i}{\xi_g'}} e^{2\pi i (\mathbf{k+g}) \cdot \mathbf{r}} \right] \tag{6-38}$$

$$\psi(\mathbf{r}) = a_i \psi^{(1)}(\mathbf{r}) + b_i \psi^{(2)}(\mathbf{r})$$

令 $\quad a = a_i A, \quad b = b_i B$

$$\therefore \ \psi(\mathbf{r}) = \left[a e^{2\pi i \gamma^{(1)} z} e^{-2\pi q^{(1)} z} + b e^{2\pi i \gamma^{(2)} z} e^{-2\pi q^{(2)} z} \right] e^{2\pi i \mathbf{k} \cdot \mathbf{r}}$$

$$+ \frac{1}{\dfrac{1}{\xi_g} + \dfrac{i}{\xi_g'}} \left\{ a \left[2\gamma^{(1)} + \left(2q^{(1)} - \frac{1}{\xi_0'}\right)i \right] e^{2\pi i \gamma^{(1)} z} e^{-2\pi q^{(1)} z} \right.$$

$$\left. + b \left[2\gamma^{(2)} + \left(2q^{(2)} - \frac{i}{\xi_0'}\right)i \right] e^{2\pi i \gamma^{(2)} z} e^{-2\pi q^{(2)} z} \right\} \cdot e^{2\pi i (\mathbf{k+g}) \cdot \mathbf{r}}$$

上式第一個中括弧內之項表示明視野的波振幅，以 ϕ_0 表之；第二個括弧 (大括弧) 內之項表示暗視野的波振幅，以 ϕ_g 表之。

而邊界條件是在 $z = 0$，$\phi_0(0) = 1$，$\phi_g(0) = 0$

$$a + b = 1 \tag{6-39}$$

$$a \left[2\gamma^{(1)} + \left(2q^{(1)} - \frac{1}{\xi_0'}\right)i \right] + b \left[2\gamma^{(2)} + \left(2q^{(2)} - \frac{1}{\xi_0'}\right)i \right] = 0 \tag{6-40}$$

因為 $q^{(1)} \cdot q^{(2)}$ 與 $1/\xi_0'$ 均甚小，可以忽略，

將 (6-39) 式代入 (6-40) 式：

$$a[2\gamma^{(1)}] + (1-a)[2\gamma^{(2)}] = 0$$

$$\therefore \ (\gamma^{(1)} - \gamma^{(2)}) a = -\gamma^{(2)}$$

$$\frac{1}{2\xi_g}\left(-2\sqrt{1+\omega^2}\right) a = -\frac{1}{2\xi_g}\left(\omega + \sqrt{1+\omega^2}\right)$$

$$\therefore \quad a = \frac{\omega + \sqrt{1+\omega^2}}{2\sqrt{1+\omega^2}} = \frac{\cot\beta + \csc\beta}{2\csc\beta} = \frac{1+\cos\beta}{2} = \cos^2\frac{\beta}{2}$$

$$b = 1 - a = 1 - \cos^2\frac{\beta}{2} = \sin^2\frac{\beta}{2}$$

$$\therefore \quad \phi_0 = \cos^2\frac{\beta}{2}\exp\left[\pi i z\left(s - \sqrt{s^2 + \frac{1}{\xi_g^2}}\right)\right]\exp\left[-\pi z\left(\frac{1}{\xi_0'} - \frac{1}{\xi_g'\sqrt{1+\omega^2}}\right)\right]$$

$$+\sin^2\frac{\beta}{2}\left[\exp\left(\pi i z\sqrt{s^2 + \frac{1}{\xi_g^2}} - \frac{\pi z}{\xi_g'\sqrt{1+\omega^2}}\right)\right]$$

$$= e^{-\frac{\pi z}{\xi_0'}}e^{\pi i s z}\left[\cos^2\frac{\beta}{2}\exp\left(-\pi i z\sqrt{s^2 + \frac{1}{\xi_g^2}} + \frac{\pi z}{\xi_g'\sqrt{1+\omega^2}}\right)\right.$$

$$\left.+\sin^2\frac{\beta}{2}\exp\left(\pi i z\sqrt{s^2 + \frac{1}{\xi_g^2}} - \frac{\pi z}{\xi_g'\sqrt{1+\omega^2}}\right)\right] \tag{6-41}$$

令 $\quad X = \dfrac{\pi\sqrt{1+\omega^2}}{\xi_g} + \dfrac{\pi i}{\xi_g'\sqrt{1+\omega^2}} = \pi\sqrt{s^2 + \dfrac{1}{\xi_g^2}} + \dfrac{\pi i}{\xi_g'\sqrt{1+\omega^2}}$

$$\therefore \quad \phi_0 = e^{-\frac{\pi z}{\xi_0'}}e^{\pi i s z}\left[\cos^2\frac{\beta}{2}e^{-iXz} + \sin^2\frac{\beta}{2}e^{iXz}\right] \tag{6-42}$$

同理

$$\phi_g = \frac{1}{\dfrac{1}{\xi_g} + \dfrac{i}{\xi_g'}}\left[\left(\cos^2\frac{\beta}{2}\right)2\gamma^{(1)}e^{\pi i z\left(s - \sqrt{s^2 + \frac{1}{\xi_g^2}}\right)}e^{-\pi z\left(\frac{1}{\xi_0'} + \frac{1}{\xi_g'\sqrt{1+\omega^2}}\right)}\right.$$

$$\left.+\left(\sin^2\frac{\beta}{2}\right)2\gamma^{(2)}e^{\pi i z\left(s + \sqrt{s^2 + \frac{1}{\xi_g^2}}\right)}e^{-\pi z\left(\frac{1}{\xi_0'} + \frac{1}{\xi_g'\sqrt{1+\omega^2}}\right)}\right] \tag{6-43}$$

$$\therefore \quad \phi_g = \frac{1}{1 + \dfrac{\xi_g i}{\xi_g'}}\sin\frac{\beta}{2}\cos\frac{\beta}{2}e^{\pi i s z}e^{-\pi z/\xi_0'}\{-e^{-iXz} + e^{iXz}\} \tag{6-44}$$

在不考慮吸收效應情況下，

$$\frac{1}{\xi_0'}, \frac{1}{\xi_g'} \to 0$$

$$\phi_0 = e^{\pi i s z}\left(\cos^2\frac{\beta}{2}e^{-\pi i z\sqrt{s^2+\frac{1}{\xi_g^2}}} + \sin^2\frac{\beta}{2}e^{\pi i z\sqrt{s^2+\frac{1}{\xi_g^2}}}\right)$$

$$\phi_g = \sin\frac{\beta}{2}\cos\frac{\beta}{2}e^{\pi i s z}\left(-e^{-\pi i z\sqrt{s^2+\frac{1}{\xi_g^2}}} + e^{\pi i z\sqrt{s^2+\frac{1}{\xi_g^2}}}\right)$$

與前節結果一致。

1. 因為 $q_2 > q_1$，由前節可知 $\psi^{(2)}(\mathbf{r})$ 的強度衰減得較快，所以 e^{iXz} 項也衰減得較快，故當 z (即 z 方向之厚度) 夠大時，$e^{iXz} \to 0$，則 $\psi^{(1)}$ 與 $\psi^{(2)}$ 兩個 Bloch 波互相干涉效應不顯著，因而不論明視野或暗視野像均看不到厚度條紋；而由明視野或暗視野所見的厚度均以 $\xi_{g,eff} = \dfrac{\xi_g}{\sqrt{1+\omega^2}}$ 為週期，所以繞射強度之週期為 $\xi_{g,eff}$。

$$\left(註 : \left| ae^{-\pi i z/\xi_{g,eff}} + be^{\pi i z/\xi_{g,eff}} \right|^2 = a^2 + b^2 + 2ab\cos\frac{2\pi z}{\xi_{g,eff}}\right)$$

2. 振動曲線 (Rocking Curve)

當 $s>0$，則 $\omega>0$，$\cot\beta>0$，$\beta<\pi/2$，亦即 $\cos\beta/2>\sin\beta/2$，因為 Bloch 波 $\psi^{(1)}$ 比 Bloch 波 $\psi^{(2)}$ 對 $\psi(\mathbf{r})$ 的貢獻大 (此乃因為 $q_2>q_1$，Bloch 波 $\psi^{(2)}$ 之衰減較快)，所以若要直射電子束強度較大，則必須 $\psi(\mathbf{r})$ 中的 $\psi^{(1)}$ 的係數較 $\psi^{(2)}$ 的係數為大。所以在明視野時，因為有關 $\psi^{(1)}$ 的係數為 $\cos^2\beta/2$，有關 $\psi^{(2)}$ 的係數為 $\sin^2\beta/2$，此時 $s>0$，$\cos\beta/2>\sin\beta/2$，所以在明視野像中 $\psi^{(1)}$ 之強度較大。

當 $s>0$，則 $\beta>\pi/2$，$\cos\beta/2>\sin\beta/2$，所以 $\psi^{(1)}$ 的係數 $\cos^2\beta/2$ 便較小，與 $s>0$ 之情形相比之下，$s<0$ 之明視野強度較弱，所以考慮異常吸收效應的多次散射理論中，明視野像對 $s=0$ 不對稱，參考圖 6.5 (b) 及 (c)。

在暗視野像中，因為 Bloch 波 $\psi^{(1)}$ 與 $\psi^{(2)}$ 之係數均為 $\cos\beta/2\sin\beta/2$，所以不論 $s>0$ 或 $s<0$ (即不論 $\sin\beta/2<\cos\beta/2$ 或 $\sin\beta/2>\cos\beta/2$) 均不致造成強度之不同，亦即對於 $s=0$，暗視野像強度為對稱的。

3. 吸收之程度隨 $1/\xi_g'$ 不同而不同，所以造成衰減程度亦不同 (可由 X 與 $1/\xi_g'$ 有關看出)，$1/\xi_g'$ 越大表異常吸收越強，衰減就越大。所以通常我們以 $\dfrac{1/\xi_g}{1/\xi_g'} = \dfrac{\xi_g'}{\xi_g}$ 的大小表示衰減程度 (即異常吸收程度)。

(註： $i/\xi_g' \propto iF_g' \propto iV_I$，所以 V_I 越大，異常吸收效應越大，則 $1/\xi_g'$ 也越大。)

參考資料

1. P. B. Hirsch, A. Howie, R. B. Nicholson, D. W. Pashley, and M. J. Whelan, *Electron Microscopy of Thin Crystals*, Revised Edition, Krieger, Huntington, New York: Kriger (1977).

2. H. Hashimoto, A. Howie, and M. J. Whelan, *Proc. Royal Soc*, A **269**, 80 (1962).

3. G. Thomas and M. J. Goringe, *Transmission Electron Microscopy of Materials*, New York: John Wiley and Sons (1979).

習 題

6.1 導出不考慮吸收效應完整晶體兩電子束多次繞射方程式。

6.2 說明考慮吸收效應時，兩電子束多次繞射方程式應如何修正。

6.3 導出包含缺陷晶體兩電子束多次繞射方程式。

6.4 討論異常吸收效應。

6.5 導出三電子束多次繞射方程式。

第七章

應用多次散射理論研究缺陷

7-1 完整晶體矩陣方程式

由 (6-13)、(6-18) 及 (6-19) 式

$$\psi(\mathbf{r}) = \psi^{(1)}[C_0^{(1)}e^{2\pi i\mathbf{k}^{(1)}\cdot\mathbf{r}} + C_g^{(1)}e^{2\pi i(\mathbf{k}^{(1)}+\mathbf{g})\cdot\mathbf{r}}]$$
$$+ \psi^{(2)}[C_0^{(2)}e^{2\pi i\mathbf{k}^{(2)}\cdot\mathbf{r}} + C_g^{(2)}e^{2\pi i(\mathbf{k}^{(2)}+\mathbf{g})\cdot\mathbf{r}}] \tag{7-1}$$

$$\mathbf{k}^{(i)} = \mathbf{k} + \gamma^{(i)}\hat{k}$$

整理上式得

$$\psi(\mathbf{r}) = [\phi_0]e^{2\pi i\mathbf{k}\cdot\mathbf{r}} + [\phi_g]e^{2\pi i(\mathbf{k}+\mathbf{g})\cdot\mathbf{r}}$$

$$\phi_0(z) = C_0^{(1)}\psi^{(1)}e^{2\pi i\gamma^{(1)}z} + C_0^{(2)}\psi^{(2)}e^{2\pi i\gamma^{(2)}z} \tag{7-2}$$

$$\phi_g(z) = C_g^{(1)}\psi^{(1)}e^{2\pi i\gamma^{(1)}z} + C_g^{(2)}\psi^{(2)}e^{2\pi i\gamma^{(2)}z} \tag{7-3}$$

以矩陣形式表示：

$$\begin{pmatrix} \phi_0(z) \\ \phi_g(z) \end{pmatrix} = \begin{pmatrix} C_0^{(1)} & C_0^{(2)} \\ C_g^{(1)} & C_g^{(2)} \end{pmatrix} \begin{pmatrix} e^{2\pi i\gamma^{(1)}z} & 0 \\ 0 & e^{2\pi i\gamma^{(2)}z} \end{pmatrix} \begin{pmatrix} \psi^{(1)} \\ \psi^{(2)} \end{pmatrix} \tag{7-4}$$

設 $\quad C = \begin{pmatrix} C_0^{(1)} & C_0^{(2)} \\ C_g^{(1)} & C_g^{(2)} \end{pmatrix}$ \tag{7-5}

則 $\quad \begin{pmatrix} \phi_0(z) \\ \phi_g(z) \end{pmatrix} = C \begin{pmatrix} e^{2\pi i\gamma^{(1)}z} & 0 \\ 0 & e^{2\pi i\gamma^{(2)}z} \end{pmatrix} \begin{pmatrix} \psi^{(1)} \\ \psi^{(2)} \end{pmatrix}$ \tag{7-6}

由邊界條件 $\phi_0(0)=1$，$\phi_g(0)=0$

$$\begin{pmatrix} \phi_0(0) \\ \phi_g(0) \end{pmatrix} = \begin{pmatrix} 1 \\ 0 \end{pmatrix} = C \begin{pmatrix} \psi^{(1)} \\ \psi^{(2)} \end{pmatrix} \tag{7-7}$$

$$\begin{pmatrix} \psi^{(1)} \\ \psi^{(2)} \end{pmatrix} = C^{-1} \begin{pmatrix} \phi_0(0) \\ \phi_g(0) \end{pmatrix} \tag{7-8}$$

代入 (7-6) 式

$$\begin{pmatrix} \phi_0(z) \\ \phi_g(z) \end{pmatrix} = C \begin{pmatrix} e^{2\pi i \gamma^{(1)}z} & 0 \\ 0 & e^{2\pi i \gamma^{(2)}z} \end{pmatrix} C^{-1} \begin{pmatrix} \phi_0(0) \\ \phi_g(0) \end{pmatrix} \tag{7-9}$$

由 (6-17) 式，設 $\omega = s\xi_g$

$$\gamma^{(1)} = \frac{\omega - \sqrt{\omega^2+1}}{2\xi_g} \quad , \quad \gamma^{(2)} = \frac{\omega + \sqrt{\omega^2+1}}{2\xi_g} \tag{7-10}$$

另由 (6-20) 式

$$\begin{pmatrix} C_0^{(1)} & C_0^{(2)} \\ C_g^{(1)} & C_g^{(2)} \end{pmatrix} = \begin{pmatrix} \cos\dfrac{\beta}{2} & \sin\dfrac{\beta}{2} \\ -\sin\dfrac{\beta}{2} & \cos\dfrac{\beta}{2} \end{pmatrix} \quad \text{其中 } \cot\beta = \omega \tag{7-11}$$

因此由 (7-9) 式，如知 $\phi_0(0)$、$\phi_g(0)$ 及繞射條件 $(\mathbf{g}, \mathbf{s})$，則可求得 $\phi_0(z)$ 及 $\phi_g(z)$。
定義散射矩陣 (scattering matrix) $P(z)$ 為

$$P(z) = C \begin{pmatrix} e^{2\pi i \gamma^{(1)}z} & 0 \\ 0 & e^{2\pi i \gamma^{(2)}z} \end{pmatrix} C^{-1} \tag{7-12}$$

由 (7-9) 式

$$\begin{pmatrix} \phi_0(z) \\ \phi_g(z) \end{pmatrix} = P(z) \begin{pmatrix} \phi_0(0) \\ \phi_g(0) \end{pmatrix} \tag{7-13}$$

　　如將一完整晶體分成兩平行晶體，如圖 7.1，因 C 及 $\gamma^{(1)}$、$\gamma^{(2)}$ 僅與 $s\xi_g$ 有
關，所以在此上下兩平行晶體中 C 矩陣及 $\gamma^{(1)}$、$\gamma^{(2)}$ 不變。
　　參考圖 7.1，由 7-9 式：

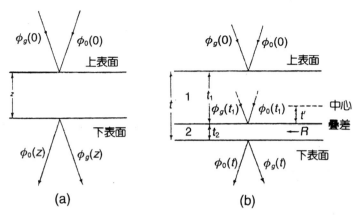

圖 7.1　在 (a) 單晶體 (b) 組合晶體傳播之波。[1]

$$\begin{pmatrix} \phi_0(t_1) \\ \phi_g(t_1) \end{pmatrix} = C \begin{pmatrix} e^{2\pi i \gamma^{(1)} t_1} & 0 \\ 0 & e^{2\pi i \gamma^{(2)} t_1} \end{pmatrix} C^{-1} \begin{pmatrix} \phi_0(0) \\ \phi_g(0) \end{pmatrix} \tag{7-14}$$

$$\begin{pmatrix} \phi_0(t_2+t_1) \\ \phi_g(t_2+t_1) \end{pmatrix} = C \begin{pmatrix} e^{2\pi i \gamma^{(1)} t_2} & 0 \\ 0 & e^{2\pi i \gamma^{(2)} t_2} \end{pmatrix} C^{-1} \begin{pmatrix} \phi_0(t_1) \\ \phi_g(t_1) \end{pmatrix} \tag{7-15}$$

將 (7-14) 式代入 (7-15) 式

$$\begin{pmatrix} \phi_0(t_2+t_1) \\ \phi_g(t_2+t_1) \end{pmatrix} = C \begin{pmatrix} e^{2\pi i \gamma^{(1)} t_2} & 0 \\ 0 & e^{2\pi i \gamma^{(2)} t_2} \end{pmatrix} \begin{pmatrix} e^{2\pi i \gamma^{(1)} t_1} & 0 \\ 0 & e^{2\pi i \gamma^{(2)} t_1} \end{pmatrix} C^{-1} \begin{pmatrix} \phi_0(0) \\ \phi_g(0) \end{pmatrix}$$

$$= C \begin{pmatrix} e^{2\pi i \gamma^{(1)} (t_1+t_2)} & 0 \\ 0 & e^{2\pi i \gamma^{(2)} (t_1+t_2)} \end{pmatrix} C^{-1} \begin{pmatrix} \phi_0(0) \\ \phi_g(0) \end{pmatrix}$$

$$= C \begin{pmatrix} e^{2\pi i \gamma^{(1)} t} & 0 \\ 0 & e^{2\pi i \gamma^{(2)} t} \end{pmatrix} C^{-1} \begin{pmatrix} \phi_0(0) \\ \phi_g(0) \end{pmatrix} \tag{7-16}$$

(7-16) 式亦可由 (7-9) 式，$z=t$ 直接求得

故　$$\begin{pmatrix} \phi_0(t) \\ \phi_g(t) \end{pmatrix} = P(t) \begin{pmatrix} \phi_0(0) \\ \phi_g(0) \end{pmatrix} = P(t_2) P(t_1) \begin{pmatrix} \phi_0(0) \\ \phi_g(0) \end{pmatrix} \tag{7-17}$$

$$P(t_1+t_2) = P(t_2) P(t_1) \tag{7-18}$$

7-2　含平面缺陷晶體矩陣方程式

如果晶體中含平面缺陷，而晶體 2 對晶體 1 有 **R** 之位移，則由第六章假

設之無吸收情況來看：

由 (6-9) 式及 (6-10) 式

$$\frac{d\phi'_0}{dz} = \frac{i\pi}{\xi_g}\phi'_g e^{2\pi i g \cdot \mathbf{R}} \qquad\qquad (7\text{-}19)$$

$$\frac{d\phi'_g}{dz} = \frac{i\pi}{\xi_g}\phi'_0 e^{-2\pi i g \cdot \mathbf{R}} + 2\pi i s\phi'_g \qquad\qquad (7\text{-}20)$$

利用 $e^{-2\pi i g \cdot \mathbf{R}}$ 爲常數項之關係，將 (7-19) 式及 (7-20) 式改寫成：

$$\frac{d\phi'_0}{dz} = \frac{i\pi}{\xi_g{}'}(\phi'_g e^{2\pi i g \cdot \mathbf{R}}) \qquad\qquad (7\text{-}21)$$

$$\frac{d(\phi'_0 e^{2\pi i g \cdot \mathbf{R}})}{dz} = \frac{i\pi}{\xi_g}\phi'_0 + 2\pi i s(\phi'_g e^{2\pi i g \cdot \mathbf{R}}) \qquad\qquad (7\text{-}22)$$

解此二式，與 (6-9) 式及 (6-10) 式相較，$\phi_0{}'$、$\phi_g{}'$ 分別與 (6-9) 式及 (6-10) 式中之 $\phi_0{}'$ 及 $\phi_g{}'$ 相對應。

由 (7-4) 式對晶體 2 作用：

$$\begin{pmatrix}\phi_0(z)\\\phi_g(z)\end{pmatrix} = \begin{pmatrix} C_0^{(1)} & C_0^{(2)} \\ C_g^{(1)}e^{-i\alpha} & C_g^{(2)}e^{-i\alpha} \end{pmatrix}\begin{pmatrix} e^{2\pi i \gamma^{(1)}z} & 0 \\ 0 & e^{2\pi i \gamma^{(2)}z} \end{pmatrix}\begin{pmatrix}\psi^{(1)}\\\psi^{(2)}\end{pmatrix} \qquad (7\text{-}23)$$

定義：

$$C_R = \begin{pmatrix} C_0^{(1)} & C_0^{(2)} \\ C_g^{(1)}e^{-i\alpha} & C_g^{(2)}e^{-i\alpha} \end{pmatrix} \qquad\qquad (7\text{-}24)$$

代入邊界條件，導出

$$\begin{aligned}\begin{pmatrix}\phi_0(z)\\\phi_g(z)\end{pmatrix} &= \begin{pmatrix} C_0^{(1)} & C_0^{(2)} \\ C_g^{(1)}e^{-i\alpha} & C_g^{(2)}e^{-i\alpha} \end{pmatrix}\begin{pmatrix} e^{2\pi i \gamma^{(1)}z} & 0 \\ 0 & e^{2\pi i \gamma^{(2)}z} \end{pmatrix}\\[2mm] &\quad \begin{pmatrix} C_0^{(1)} & C_0^{(2)} \\ C_g^{(1)}e^{-i\alpha} & C_g^{(2)}e^{-i\alpha} \end{pmatrix}^{-1}\begin{pmatrix}\phi_0(0)\\\phi_g(0)\end{pmatrix}\\[2mm] &= C_R\begin{pmatrix} e^{2\pi i \gamma^{(1)}z} & 0 \\ 0 & e^{2\pi i \gamma^{(2)}z} \end{pmatrix}C_R{}^{-1}\begin{pmatrix}\phi_0(0)\\\phi_g(0)\end{pmatrix}\end{aligned} \qquad (7\text{-}25)$$

對晶體 1：

$$\begin{pmatrix} \phi_0(t_1) \\ \phi_g(t_1) \end{pmatrix} = C \begin{pmatrix} e^{2\pi i \gamma^{(1)} t_1} & 0 \\ 0 & e^{2\pi i \gamma^{(2)} t_1} \end{pmatrix} C^{-1} \begin{pmatrix} \phi_0(0) \\ \phi_g(0) \end{pmatrix} \tag{7-26}$$

對晶體 2：

$$\begin{pmatrix} \phi_0(t_2 + t_1) \\ \phi_g(t_2 + t_1) \end{pmatrix} = C_R \begin{pmatrix} e^{2\pi i \gamma^{(1)} t_2} & 0 \\ 0 & e^{2\pi i \gamma^{(2)} t_2} \end{pmatrix} C_R^{-1} \begin{pmatrix} \phi_0(t_1) \\ \phi_g(t_1) \end{pmatrix} \tag{7-27}$$

定義

$$P_R(z) = C_R \begin{pmatrix} e^{2\pi i \gamma^{(1)} z} & 0 \\ 0 & e^{2\pi i \gamma^{(2)} z} \end{pmatrix} C_R^{-1} \tag{7-28}$$

$$\begin{pmatrix} \phi_0(t_2 + t_1) \\ \phi_g(t_2 + t_1) \end{pmatrix} = C_R \begin{pmatrix} e^{2\pi i \gamma^{(1)} t_2} & 0 \\ 0 & e^{2\pi i \gamma^{(2)} t_2} \end{pmatrix} C_R^{-1} C \begin{pmatrix} e^{2\pi i \gamma^{(1)} t_1} & 0 \\ 0 & e^{2\pi i \gamma^{(2)} t_1} \end{pmatrix} C^{-1} \begin{pmatrix} \phi_0(0) \\ \phi_g(0) \end{pmatrix}$$

$$= P_R(t_2) P(t_1) \begin{pmatrix} \phi_0(0) \\ \phi_g(0) \end{pmatrix} \tag{7-29}$$

7-3 解出含平面缺陷晶體之矩陣方程式

由式 (7-10)、(7-11) 及邊界條件 $\phi_0(0) = 1$、$\phi_g(0) = 0$ 代入 (7-29) 式，乘開並略去對強度無影響的 $e^{\pi i (\gamma^{(1)} + \gamma^{(2)}) t}$ 項：

$$\phi_0(t) = [\cos(\pi \Delta k t) - i \cos \beta \sin(\pi \Delta k t)]$$

$$+ \frac{1}{2} \sin^2 \beta (e^{i\alpha} - 1) \cos(\pi \Delta k t)$$

$$- \frac{1}{2} \sin^2 \beta (e^{i\alpha} - 1) \cos(2\pi \Delta k t') \tag{7-30}$$

$$\phi_g(t) = i \sin \beta \sin(\pi \Delta k t)$$

$$+ \frac{1}{2} \sin \beta (1 - e^{-i\alpha}) [\cos \beta \cos(\pi \Delta k t) - i \sin(\pi \Delta k t)]$$

$$- \frac{1}{2} \sin \beta (1 - e^{-i\alpha}) [\cos \beta \cos(2\pi \Delta k t') - i \sin(2\pi \Delta k t')] \tag{7-31}$$

(註：此處假設無吸收現象)

由此可證明：

$$I_g = |\phi_g|^2 = 1 - |\phi_0|^2 = 1 - I_0 \tag{7-32}$$

(7-30) 式及 (7-31) 式雖然由兩個平行晶體具有與表面平行之相對位移 **R** 的關係導出，但亦可推廣之。考慮如圖 7.2 所示情形，即 **R** 不必與表面平行，此情形下，$t' = t_1 - t/2$ 成為一個變數。在此二式中第一項即完整晶體之解，第二項雖由平面缺陷而來，但不影響條紋像，第三項表平面缺陷造成對影像條紋對比之影響。

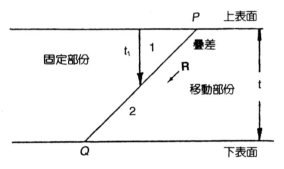

圖 7.2
一傾斜疊差 PQ，**R** 為疊差下晶體 2 對其上晶體 1 之位移。[2]

7-4　疊差條紋的特性

7-4-1　疊差條紋之週期

1. 當 $s = 0$，即 $\omega = 0$

則 $s\xi_g = \omega = \cot\beta = 0, \beta = \pi/2, \therefore \sin\beta = 1, \cos\beta = 0$

且 $\quad \Delta k = \dfrac{\sqrt{1+\omega^2}}{\xi_g} = \dfrac{1}{\xi_g}$

代入 (7-30) 式

$$\phi_0(t) = \cos\frac{\pi t}{\xi_g} + \frac{1}{2}(e^{i\alpha}-1)\cos\frac{\pi t}{\xi_g} - \frac{1}{2}(e^{i\alpha}-1)\cos\frac{2\pi t'}{\xi_g}$$

$$= \left[\left(\frac{1}{2}+\frac{1}{2}\cos\alpha\right)\cos\frac{\pi t}{\xi_g} - \frac{1}{2}(\cos\alpha-1)\cos\frac{2\pi t'}{\xi_g}\right]$$

$$+i\left[\frac{1}{2}\sin\alpha\cos\frac{\pi t}{\xi_g}-\frac{1}{2}\sin\alpha\cos\frac{2\pi t'}{\xi_g}\right] \tag{7-33}$$

$$I_0=\left|\phi_0(t)\right|^2$$

$$=\frac{1}{4}(1+\cos\alpha)^2\cos^2\frac{\pi t}{\xi_g}$$

$$-(\cos\alpha-1)\cos\frac{2\pi t'}{\xi_g}\left[\frac{1}{2}(1+\cos\alpha)\cos\frac{\pi t}{\xi_g}\right]$$

$$+\frac{1}{4}\sin^2\alpha\cos^2\frac{\pi t}{\xi_g}+\frac{1}{4}(\cos\alpha-1)^2\cos^2\frac{2\pi t'}{\xi_g}$$

$$-\frac{1}{2}\sin^2\alpha\cos\frac{\pi t}{\xi_g}\cos\frac{2\pi t'}{\xi_g}+\frac{1}{4}\sin^2\alpha\cos^2\frac{2\pi t'}{\xi_g}$$

$$=A-(\cos\alpha-1)\cos\frac{2\pi t'}{\xi_g}\left[\frac{1}{2}(\cos\alpha+1)\cos\frac{\pi t}{\xi_g}\right]$$

$$-\frac{1}{2}\sin^2\alpha\cos\frac{\pi t}{\xi_g}\cos\frac{2\pi t'}{\xi_g}+\frac{1}{4}\sin^2\alpha\cos^2\frac{2\pi t'}{\xi_g}$$

$$+\frac{1}{4}(\cos\alpha-1)^2\cos^2\frac{2\pi t'}{\xi_g}$$

$$=A+\frac{1}{4}\cos^2\frac{2\pi t'}{\xi_g}(2-2\cos\alpha)$$

$$=A+\frac{1}{4}(1-\cos\alpha)+\frac{1}{4}(1-\cos\alpha)\cos\frac{4\pi t'}{\xi_g} \tag{7-34}$$

可見條紋週期為　$\tau=\dfrac{\xi_g}{2}$ $\tag{7-35}$

2. 當 $s\neq0$，即 $\omega\neq0$

　　整理 (7-30) 式得：

$$\phi_0(t)=[\cos(\pi\Delta kt)+\frac{1}{2}\sin^2\beta(\cos\alpha-1)\cos(\pi\Delta kt)$$

$$+\frac{1}{2}\sin^2\beta(\cos\alpha-1)\cos(2\pi\Delta kt')]$$

$$+i\left[\cos\beta\sin(\pi\Delta kt)+\frac{1}{2}\sin^2\beta(\cos\alpha-1)\cos(\pi\Delta kt)\right.$$

$$\left.-\frac{1}{2}\sin^2\beta\sin\alpha\cos(2\pi\Delta kt')\right]$$

$$I_0 = \left| \phi_0(t) \right|^2$$

$$= [\cos(\pi\Delta kt) + \frac{1}{2}\sin^2\beta(\cos\alpha - 1)\cos(\pi\Delta kt)]^2$$

$$- \frac{1}{2}\sin^2\beta(\cos\alpha - 1)\cos(2\pi\Delta kt')[\cos(\pi\Delta kt)$$

$$+ \frac{1}{2}\sin^2\beta(\cos\alpha - 1)\cos(\pi\Delta kt)]$$

$$+ \frac{1}{4}\sin^4\beta(\cos\alpha - 1)^2\cos^2(2\pi\Delta kt')$$

$$+ [\cos\beta\sin(\pi\Delta kt) + \frac{1}{2}\sin^2\beta(\cos\alpha - 1)\cos(\pi\Delta kt)]^2$$

$$- \sin^2\beta\sin\alpha\cos(2\pi\Delta kt')[\cos\beta\sin(\pi\Delta kt)$$

$$+ \frac{1}{2}\sin^2\beta(\cos\alpha - 1)\cos(\pi\Delta kt)]^2$$

$$+ \frac{1}{4}\sin^4\beta\sin^2\alpha\cos^2(2\pi\Delta kt') \tag{7-36}$$

週期　　$$t = \frac{1}{\Delta k} = \xi_{g,\text{eff}} = \frac{\xi_g}{\sqrt{1 + \omega^2}} \tag{7-37}$$

3. 當 $s \gg 1/\xi_g$

　　由 (7-37) 式

$$t = \frac{\xi_g}{\sqrt{1 + \omega^2}} = \frac{\xi_g}{\sqrt{1 + s^2\xi_g^2}} \sim \frac{\xi_g}{s\xi_g} = \frac{1}{s}$$

此處 $s \gg 1/\xi_g$，合乎單次散射近似條件，結果與第五章直接由單次散射理論導出之結果相符，週期均為 $1/s$。

7-4-2　疊差條紋週期變化之原因

　　如圖 7.2，電子束經晶體 1 (完整晶體)，由 (7-31) 式：

$$\phi_g(t_1) = i\sin\beta\sin(\pi\Delta kt_1) \tag{7-38}$$

$$I_g = \sin^2\beta\sin^2(\pi\Delta kt_1) = \frac{1}{1 + \omega^2}\sin^2(\pi\Delta kt_1) \tag{7-39}$$

其週期為

$$\frac{1}{\Delta k}=\xi_{g,\text{eff}} \tag{7-40}$$

當 $\omega \rightarrow 0$，則 $I_g=\sin^2(\pi \Delta k \, t_1)$

$$I_0=1-I_g=\cos^2(\pi \Delta k \, t_1)$$

所以 I_0, I_g 互補而僅差 $\xi_g/2$ 的相位，故再對晶體 2 作繞射時，則形成 $\xi_g/2$ 之週期的暗視野像或 $\xi_g/2$ 之週期的明視野像，如圖 7.3 (b) 所示。由於直射及繞射電子束交互作用，形成週期為 $\xi_g/2$ 之條紋。

當 $\omega \neq 0$，則 ϕ_g 較 ϕ_0 弱，干涉效果大減，所以週期仍為 $\xi_{g,\text{eff}}$，參考圖 7.3 (a)。

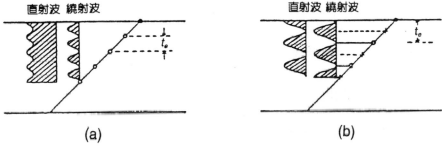

圖 7.3　(a) $s \gg 0$ (b) $s=0$，直射及繞射電子束強度隨試片厚度變化示意圖。[1]

7-4-3　疊差強度變化之對稱性

疊差條紋強度對晶體中間位置呈對稱變化，且疊差條紋的邊為暗或亮紋與 α 角有關，而同為亮紋或同為暗紋 (如圖 7.4，假設同為亮紋)。

[證明]

由 (7-30) 式

$$\phi_0 = \phi_{0_1} + \phi_{0_2} + \phi_{0_3}$$

$$\phi_{0_1} = \cos \pi \Delta k t - i \cos \beta \sin(\pi \Delta k t) \tag{7-41}$$

$$\phi_{0_2} = \frac{1}{2}\sin^2 \beta (e^{i\alpha}-1)\cos(\pi \Delta k t) \tag{7-42}$$

$$\phi_{0_3} = -\frac{1}{2}\sin^2 \beta (e^{i\alpha}-1)\cos(2\pi \Delta k t') \tag{7-43}$$

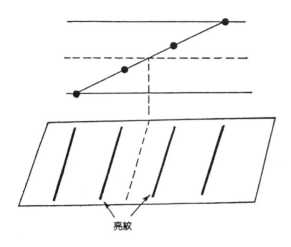

圖 7.4

疊差條紋對試片中心呈對稱性
分佈。

當 $t_1 = \dfrac{t}{2} \pm \delta$ (即 $t' = \pm \delta$) 時，ϕ_0 不變。

另在 $t_1 = t$ 與 $t_1 = 0$ (即 $\delta = \pm \dfrac{t}{2}$) 時，$\phi_0(t) = \phi_0(0)$。

7-4-4　疊差影像強度之連續性

1.暗視野像

　　在暗視野像中，對應疊差下邊緣的對比與旁鄰的完整晶體之強度為連續
的，但對應上邊緣者則有相位差。

[證明]

① 對應下邊緣： $t_1 = t,\ t' = t - \dfrac{t}{2} = \dfrac{t}{2}$

　　對完整晶體，由 (7-31) 式：

$$\phi_g(t) = i \sin \beta \sin(\pi \Delta k t) \tag{7-44}$$

　　含疊差晶體，對應之 ϕ_g 為

$$
\begin{aligned}
\phi_g(t) =\ & i \sin \beta \sin(\pi \Delta k t) \\
& + \frac{1}{2} \sin \beta (1 - e^{-i\alpha})[\cos\alpha \cos(\pi \Delta k t) - i \sin(\pi \Delta k t)] \\
& - \frac{1}{2} \sin \beta (1 - e^{-i\alpha})[\cos\alpha \cos(\pi \Delta k t) - i \sin(\pi \Delta k t)] \\
=\ & i \sin \beta \sin(\pi \Delta k t) \tag{7-31}
\end{aligned}
$$

與完整晶體的 $\phi_g(t)$ 一樣，所以下邊緣強度變化為連續。

② 對應上邊緣： $t_1 = t,\ t' = t_1 - \dfrac{t}{2} = -\dfrac{t}{2}$

對完整晶體

$$\phi_g(t) = i \sin \beta \sin(\pi \Delta kt) \tag{7-45}$$

含疊差晶體

$$\phi_g(t) = i \sin \beta \sin(\pi \Delta kt)$$

$$+ \frac{1}{2} \sin \beta (1 - e^{-i\alpha})[\cos \beta \cos(\pi \Delta kt) - i \sin(\pi \Delta kt)]$$

$$- \frac{1}{2} \sin \beta (1 - e^{-i\alpha})[\cos \beta \cos(\pi \Delta kt) + i \sin(\pi \Delta kt)]$$

$$= i \sin \beta \sin(\pi \Delta kt) e^{-i\alpha} \tag{7-46}$$

與完整晶體之 $\phi_g(t)$ 不同。

2. 明視野像

同理可證明視野像上、下邊緣對比變化均呈連續性。

7-4-5 疊差條紋之其他性質

1. 疊差條紋平行於疊差平面與表面之交線。

2. $\left| \phi_0(\alpha,\ -\omega) \right|^2 = \left| \phi_0(-\alpha,\ \omega) \right|^2$

即 $\left| \phi_0(-\alpha,\ -\omega) \right|^2 = \left| \phi_0(\alpha,\ \omega) \right|^2$ $\tag{7-47}$

[證明]

令 $\phi_0(\alpha,\ \omega) = X(\alpha,\ \omega) + iY(\alpha,\ \omega)$

由 (7-30) 式

$$X(\alpha,\ \omega) = \cos(\pi \Delta kt) + \frac{1}{2}\sin^2 \beta (\cos \alpha - 1)\cos(\pi \Delta kt)$$

$$- \frac{1}{2}\sin^2 \beta (\cos \alpha - 1)\cos(2\pi \Delta kt') \tag{7-48}$$

$$Y(\alpha,\ \omega) = -\cos \beta \sin(\pi \Delta kt) + \frac{1}{2}\sin^2 \beta \sin \alpha \cos(\pi \Delta kt)$$

$$- \frac{1}{2}\sin^2 \beta \sin \alpha \cos(2\pi \Delta kt') \tag{7-49}$$

其中 $\cot \beta = \omega,\ \sin \beta = \dfrac{1}{\sqrt{1+\omega^2}},\ \cos \beta = \dfrac{\omega}{\sqrt{1+\omega^2}}$

$$X(\alpha, -\omega) = X(-\alpha, \omega), \ Y(\alpha, -\omega) = -Y(-\alpha, -\omega)$$

$$X^2(\alpha, -\omega) + Y^2(\alpha, -\omega) = X^2(-\alpha, \omega) + Y^2(-\alpha, \omega)$$

$$\left| \phi_0(\alpha, -\omega) \right|^2 = \left| \phi_0(-\alpha, \omega) \right|^2$$

7-5　考慮吸收效應之疊差對比

　　將 ϕ_0, ϕ_g 中之 Δk 以 $\dfrac{\sqrt{1+\omega^2}}{\xi_g} + \dfrac{i}{\xi_g{}'\sqrt{1+\omega^2}}$ 代入時，疊差影像之變化如下：

1. 近試片中心處條紋之對比變弱，如圖 7.5。

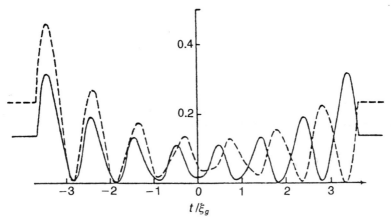

圖 7.5　$\alpha = +2\pi/3$，計算出疊差條紋強度變化圖。$t/\xi_g = 7.25$，$\xi_0{}' = \xi_g{}'$，$\xi_g/\xi_g{}'$
　　　　$= 0.075$，$w = -0.2$；實線與虛線分別表示明視野及暗視野像。[1]

2. 週期為 $\xi_{g,\mathrm{eff}} = \dfrac{\xi_g}{\sqrt{1+\omega^2}}$ ，包括 $\omega = 0$ 情形。因為吸收抑制中心處之強度。

　　疊差的次要條紋因吸收效應而變弱，而越接近疊差邊緣此效應越顯著。

3. 對稱性

　　ϕ_0 (明視野像) 對中央對稱，ϕ_g (暗視野像) 對中央不對稱。

4. 邊緣強度

　　$\alpha = 2\pi \ \mathbf{g \cdot R} = 2\pi/3$，則明視野的邊緣為亮紋，$\alpha = -2\pi/3$，則明視野的邊緣為暗紋。

5.明視野與暗視野像的邊緣對應於試片的上表面有相似強度。

7-6　決定疊差的性質

7-6-1　明視野像與繞射圖形比對法

1.由直接成像與繞射圖形比對，決定 **g** 在明視野像上之指向，參考圖 7.6。

2.決定疊差平面的傾斜度，如圖 7.7。

3.決定 **R**。

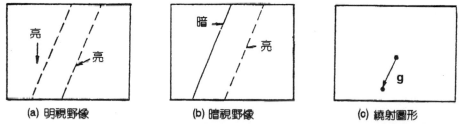

圖 7.6　疊差之 (a) 明視野 (b) 暗視野 (c) 繞射圖形對應圖。

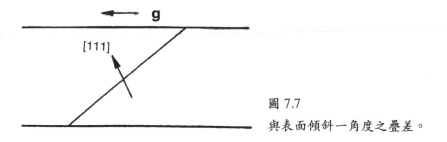

圖 7.7
與表面傾斜一角度之疊差。

　　由明視野的兩邊均為亮紋，可見 $\alpha = 2\pi\,\mathbf{g}\cdot\mathbf{R} = 2\pi/3$，現 **g** 已定，則可依此求取 **R**。若 $\mathbf{R} = \frac{1}{3}$ [111] (向上)，則為本質的 (intrinsic) 疊差，若 $\mathbf{R} = -\frac{1}{3}$ [111] (向下)，則為外插的 (extrinsic) 疊差，例見圖 7.8。

7-6-2　暗視野像與繞射圖形比對法

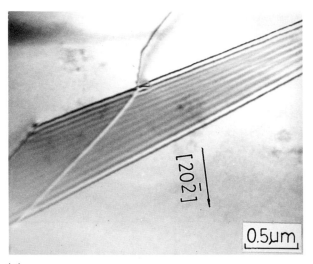

(a)

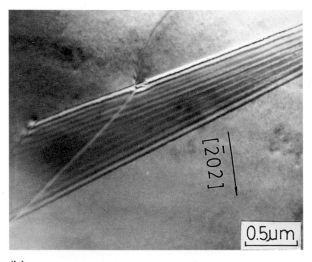

(b)

圖 7.8　矽晶中 $\alpha = -2\pi/3$ 之疊差，(a) 明視野像，(b) 暗視野像。[3]

　　對同一性質之疊差，無論其對表面如何傾斜 (即 α 角為正或負)，其暗視野像均不變，如圖 7.9 所示。

　　由圖 7.9 中可看出 **g** 在圖 7.9 (a) 及 7.9 (b) 中皆指向暗邊，而如圖 7.10 所示，$\alpha = \pm 2\pi/3$ 的疊差邊緣條紋之明暗與 **g** 之指向有一定關係；由此整理出一套法則，不需考慮疊差對表面如何傾斜。

例如 **g**＝[111]、**R**＝$\frac{1}{3}$[111]，α＝＋$\frac{2\pi}{3}$，將 **g** 置於本質疊差暗視野像中

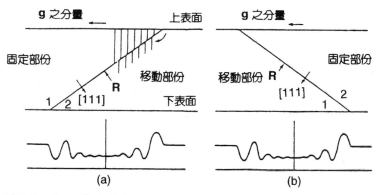

圖 7.9　顯示疊差對表面之兩種傾斜形式與對應之暗視野像對比分佈。(a) α＝
＋$2\pi/3$，(b) α＝$-2\pi/3$。[1]

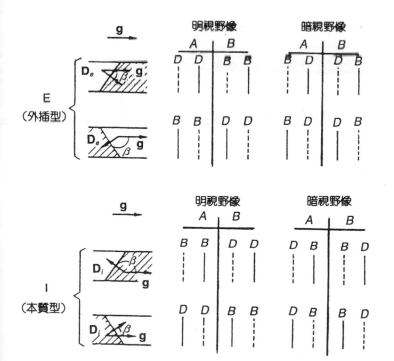

圖 7.10　α＝±$2\pi/3$ 的疊差邊緣條紋之明暗示意圖。*B, D* 分別代表明、暗線。[4]

央，**g** 指向暗邊；而對所有 **g**＝〈111〉、**R**＝$\frac{1}{3}$〈111〉之組合，α＝＋$\frac{2\pi}{3}$＋$2n\pi$，故有同樣結果；如 **g**＝[220]，對 **R**＝$\frac{1}{3}$[11̄1] 之本質疊差，α＝＋$\frac{8\pi}{3}$＝＋$\frac{2\pi}{3}$＋2π，所以 **g** 在暗視野像亦指向疊差條紋暗邊。

　　同理可將 **g** 分成兩類：

B 類：**g**＝〈111〉、〈220〉、〈400〉、……等；

　　α＝±$\frac{2\pi}{3}$ $(\pm h \pm k \pm l)$＝＋$\frac{2\pi}{3}$ $(+n\cdot2\pi)$

A 類：**g**＝〈200〉、〈222〉、〈440〉、……等；

　　α＝±$\frac{2\pi}{3}$ $(\pm 2h)$＝－$\frac{2\pi}{3}$ $(+n\cdot2\pi)$

其中 B 類以 **g**＝〈111〉為例，其餘之〈220〉與〈400〉……等亦均有 α＝＋$2\pi/3$（$+n$ $\cdot2\pi$）之相角。若為 B 類則在暗視野像中，將 **g** 放在疊差條紋中央，若 **g** 指離亮邊則為本質的，指向亮邊則為外插的。若為 A 類，當 **g** 置於疊差條紋中央時，指離亮邊為外插的，反之則為本質的，例見圖 7.11。

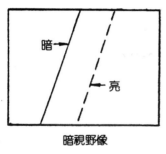
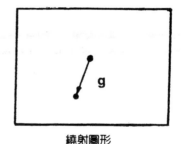

圖 7.11　疊差暗視野像及繞射圖形對應圖。

7-6-3　多電子束法取滿足±2g 的 **Bragg** 條件

　　由計算顯示若滿足某一個 2g Bragg 條件下之暗視野像有較佳之對比，則其 α＝$-2\pi/3$。由 α＝2π **g·R**＝$-2\pi/3$ 可求出 **R**，例見圖 7.12。此結果由實驗證實，例見圖 7.13。若已知疊差平面(或差排環 dislocation loop) 的傾向，則可知疊差之性質 (或差排環之性質)。此法之優點即在可分辨疊差性差排環之性質。

7-7　考慮吸收效應疊差對比之討論

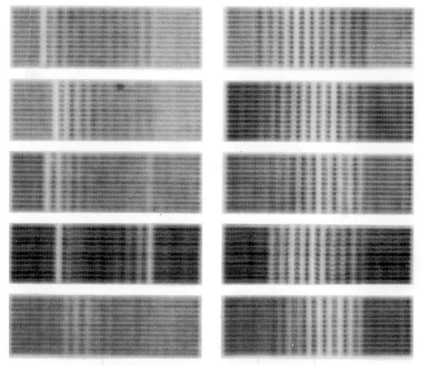

圖 7.12 由計算而得不同厚度試片中疊差影像在 $\alpha = -2\pi/3$ (左圖) 要比 $\alpha = +2\pi/3$ (右圖) 時對比較好。

由 (7-1) 式

$$\psi(\mathbf{r}) = \psi^{(1)} b^{(1)}(\mathbf{k}^{(1)},\ \mathbf{r}) + \psi^{(2)} b^{(2)}(\mathbf{k}^{(2)},\ \mathbf{r}) \tag{7-50}$$

整理得 (7-6) 式：

$$\begin{pmatrix} \phi_0(z) \\ \phi_g(z) \end{pmatrix} = C \begin{pmatrix} e^{2\pi i \gamma^{(1)} z} & 0 \\ 0 & e^{2\pi i \gamma^{(2)} z} \end{pmatrix} \begin{pmatrix} \psi^{(1)} \\ \psi^{(2)} \end{pmatrix}$$

$$\begin{pmatrix} \psi^{(1)} \\ \psi^{(2)} \end{pmatrix} = C \begin{pmatrix} e^{2\pi i \gamma^{(1)} z} & 0 \\ 0 & e^{2\pi i \gamma^{(2)} z} \end{pmatrix} C^{-1} \begin{pmatrix} \phi_0(z) \\ \phi_g(z) \end{pmatrix} \tag{7-51}$$

在疊差平面下：

$$\psi'(\mathbf{r}) = \psi^{(1)'} b^{(1)'}(\mathbf{k}^{(1)},\ \mathbf{r}) + \psi^{(2)'} b^{(2)'}(\mathbf{k}^{(2)},\ \mathbf{r}) \tag{7-52}$$

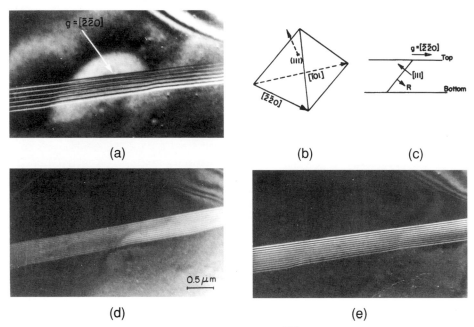

圖 7.13　多電子束像：(a) 1g 暗視野像，1g＝[$\bar{2}\bar{2}$0]；(b) 疊差之方位圖；(c) 疊
　　　　　差之方位投影圖；(d) 2g 暗視野像，α ＝+$2\pi/3$；(e) –2g 暗視野像，
　　　　　α ＝–$2\pi/3$。[5]

$$\begin{pmatrix} \phi_0(t_1+t_2) \\ \phi_g(t_1+t_2) \end{pmatrix} = C_R \begin{pmatrix} e^{2\pi i \gamma^{(1)}(t_1+t_2)} & 0 \\ 0 & e^{2\pi i \gamma^{(2)}(t_1+t_2)} \end{pmatrix} \begin{pmatrix} \psi^{(1)'} \\ \psi^{(2)'} \end{pmatrix} \tag{7-53}$$

$$\begin{pmatrix} \psi^{(1)'} \\ \psi^{(2)'} \end{pmatrix} = \begin{pmatrix} e^{-2\pi i \gamma^{(1)}(t_1+t_2)} & 0 \\ 0 & e^{-2\pi i \gamma^{(2)}(t_1+t_2)} \end{pmatrix} C_R^{-1} \begin{pmatrix} \phi_0(t_1+t_2) \\ \phi_g(t_1+t_2) \end{pmatrix} \tag{7-54}$$

代入 (7-29) 式：

$$\begin{pmatrix} \psi^{(1)'} \\ \psi^{(2)'} \end{pmatrix} = \begin{pmatrix} e^{-2\pi i \gamma^{(1)} t_1} & 0 \\ 0 & e^{-2\pi i \gamma^{(2)} t_1} \end{pmatrix} C_R^{-1} C \begin{pmatrix} e^{2\pi i \gamma^{(1)} t_1} & 0 \\ 0 & e^{2\pi i \gamma^{(2)} t_1} \end{pmatrix} \begin{pmatrix} \psi^{(1)} \\ \psi^{(2)} \end{pmatrix} \tag{7-55}$$

將　$C_R = \begin{pmatrix} \cos\dfrac{\beta}{2} & \sin\dfrac{\beta}{2} \\ -\sin\dfrac{\beta}{2} e^{-i\alpha} & \cos\dfrac{\beta}{2} e^{-i\alpha} \end{pmatrix}$　與 C 代入：

$$
\begin{pmatrix} \psi^{(1)'} \\ \psi^{(2)'} \end{pmatrix} = \begin{pmatrix} \cos^2\dfrac{\beta}{2} + \sin^2\dfrac{\beta}{2}e^{i\alpha} & \cos\dfrac{\beta}{2}\sin\dfrac{\beta}{2}e^{2\pi i\Delta k t_1}(1-e^{i\alpha}) \\ \sin\dfrac{\beta}{2}\cos\dfrac{\beta}{2}(1-e^{i\alpha})e^{-2\pi i\Delta k t_1} & \sin^2\dfrac{\beta}{2} + \cos^2\dfrac{\beta}{2}e^{i\alpha} \end{pmatrix} \begin{pmatrix} \psi^{(1)} \\ \psi^{(2)} \end{pmatrix}
$$

$$(7\text{-}56)$$

其中 $\Delta k = \gamma^{(2)} - \gamma^{(1)} = \dfrac{\sqrt{1+\omega^2}}{\xi_g}$, $\omega = s\xi_g = \cot\beta$

　　若考慮有吸收之情形，則 Δk 以 $\Delta k + \dfrac{i}{\xi_g'\sqrt{1+\omega^2}}$ 取代，(7-56) 式中的 $\psi^{(1)'}$、$\psi^{(2)'}$ 亦隨之改變。

　　由 $\psi'(\mathbf{r}) = \psi^{(1)'}\mathbf{b}^{(1)'} + \psi^{(2)'}\mathbf{b}^{(2)'}$ 及第六章，可知 $\mathbf{b}^{(2)'}$ 之吸收效應遠較 $\mathbf{b}^{(1)'}$ 爲大。考慮疊差時，可分成下列四部份討論，參考圖 7.14。

1. 對應試片下表面之部份

$D_1 = \psi^{(1)}\mathbf{b}^{(1)}$

$D_2 = \psi^{(2)}\mathbf{b}^{(2)}$

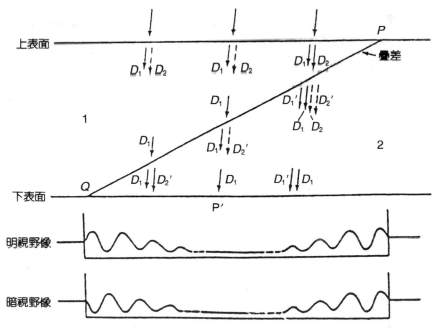

圖 7.14　疊差附近電子波吸收效應。[1]

因爲經過晶體 1 很長的距離，所以 D_2 消失，僅剩 D_1；而 D_1 經過晶體 2 很短的距離，所以造成 Q 點的明視野與暗視野像爲準互補 (pseudo-complementary) 之情形。

2. 對應試片中央之部份

因爲經過晶體 1 很長的距離，所以 D_2 消失，僅剩 D_1；而 D_1 經過晶體 2 很長的距離，造成在 P' 點的影像干涉效應很弱，所以在 P' 點無條紋像。

3. 對應試片上表面之部份

因爲經過晶體 1 很短的距離，所以 D_1、D_2 均未消失，但因經過晶體 2 很長的距離，所以僅剩下 D_1 與 D_1' 不被吸收。明視野與暗視野像在 P 有相似亮或暗之條紋。

4. $\alpha = 2\pi/3$ 時，明視野疊差條紋兩邊均爲亮紋。

由 (7-52) 式

$$\psi(\mathbf{r}) = \psi^{(1)'}b^{(1)'} + \psi^{(2)'}b^{(2)'}$$

因 $\mathbf{b}^{(1)'}$ 含有 $C_0^{(1)}$ 之係數可影響明視野像，所以須討論 $C_0^{(1)}\psi^{(1)'}$；又因經過晶體 2 很長的距離，故 $b^{(2)'}$ 幾乎全部被吸收，所以僅須由 $C_0^{(1)}\psi^{(1)'}$ 之變化討論明視野像。

設在 $\omega = s\xi_g = 0 = \cot\beta$ 之條件下，

$$\beta = \frac{\pi}{2}, \ \sin\frac{\beta}{2} = \frac{1}{\sqrt{2}}, \ \cos\frac{\beta}{2} = \frac{1}{\sqrt{2}}, \ \psi^{(1)} = \psi^{(2)} = \frac{1}{\sqrt{2}}$$

則由 (7-55) 式，可得

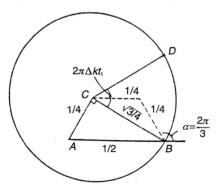

圖 7.15

$\alpha = 2\pi/3$ 含疊差厚晶體之振幅—相角圖。[1]

$$\psi^{(1)'} = \frac{\sqrt{2}}{2}\left[\frac{1}{2} + \frac{1}{2}e^{i\alpha} + \frac{1}{2}e^{2\pi i\Delta kt_1}(1-e^{i\alpha})e^{-2\pi t_1/\xi_g'}\right] \tag{7-57}$$

$$\begin{aligned}
C_0^{(1)}\psi^{(1)'} &= \frac{1}{4} + \frac{1}{4}e^{i\alpha} + \frac{1}{4}(1-e^{i\alpha})e^{2\pi i\Delta kt_1}e^{-2\pi t_1/\xi_g}\\
&= \frac{1}{2} + \frac{1}{4}(e^{i\alpha}-1) + \frac{1}{4}(1-e^{i\alpha})e^{2\pi i\Delta kt_1}e^{-2\pi t_1/\xi_g'}
\end{aligned}$$

$$\tag{7-58}$$

(1) 若 $\alpha = 2\pi/3$

則可如圖 7.15 製成相角—振幅圖。AD 表波振幅大小，而 AD 隨著 t_1 增加，因此在對應上表面處波振幅較大，故爲亮紋。

(2) 若 $\alpha = -2\pi/3$

則如圖 7.16，AD 表總波振幅大小，可見 AD 隨著 t_1 減小，因此在對應上表面處波振幅較小而爲暗紋。

(3) 在接近中央處 (對應 P') 時，因 t_1 很大，$-\frac{1}{4}(e^{i\alpha}-1)\cdot e^{2\pi i\Delta kt_1}e^{\frac{-2\pi t_1}{\xi_g}} \to 0$，所以無疊差條紋。

(4) 若 $\alpha = \pi$，例如反相區邊界 (antiphase domain boundary, ADB)，則因 $\frac{1}{2} + \frac{1}{4}(e^{i\alpha}-1) = 0$，$C_0^{(1)}\psi^{(1)'}$ 爲漸減函數，故無疊差條紋。

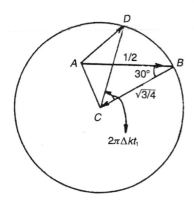

圖 7.16

$\alpha = -2\pi/3$ 含疊差厚晶體之振幅—相角圖。[1]

7-8 連續變形晶體繞射方程式

由 $\mathbf{R} = \mathbf{R}(z)$, $\alpha = 2\pi\mathbf{g}\cdot\mathbf{R}$, α 作連續性變化。

$$\delta\alpha = 2\pi \frac{d}{dz}(\mathbf{g} \cdot \mathbf{R})\delta z$$

$$d\psi^{(1)'} = \psi^{(1)'} - \psi^{(1)}, \quad d\psi^{(2)'} = \psi^{(2)'} - \psi^{(2)},$$

$$e^{i\alpha} \to 1 + i\delta\alpha$$

由 7-56 式

$$\begin{cases} \delta\psi^{(1)} = i\delta\alpha \left(\sin^2\frac{\beta}{2}\psi^{(1)} - \sin\frac{\beta}{2}\cos\frac{\beta}{2}e^{2\pi i \Delta k t_1}\psi^{(2)} \right) \\[2em] \delta\psi^{(2)} = i\delta\alpha \left(-\sin\frac{\beta}{2}\cos\frac{\beta}{2}e^{-2\pi i \Delta k t_1}\psi^{(1)} + \cos^2\frac{\beta}{2}\psi^{(2)} \right) \end{cases}$$

$$\begin{cases} \dfrac{d\psi^{(1)}}{dz} = 2\pi i \dfrac{d}{dz}(\mathbf{g} \cdot \mathbf{R}) \left(\sin^2\frac{\beta}{2}\psi^{(1)} - \sin\frac{\beta}{2}\cos\frac{\beta}{2}e^{2\pi i \Delta k z}\psi^{(2)} \right) \qquad (7\text{-}59) \\[2em] \dfrac{d\psi^{(2)}}{dz} = 2\pi i \dfrac{d}{dz}(\mathbf{g} \cdot \mathbf{R}) \left(-\sin\frac{\beta}{2}\cos\frac{\beta}{2}e^{-2\pi i \Delta k z}\psi^{(1)} + \cos^2\frac{\beta}{2}\psi^{(2)} \right) \qquad (7\text{-}60) \end{cases}$$

此可視爲 Bloch 波在晶體中消長之方程式。

7-9　重疊疊差影像

　　假設兩個疊差 $\mathbf{R}$ 同向而 $\alpha = 2\pi/3$，則重疊後造成之相位差爲 $4\pi/3 = -2\pi/3 + 2\pi$。所以若一個疊差爲本質型，則重疊之結果看起來爲外挿型。此外，單一疊差 $\alpha = 2\pi/3$ 時，明視野疊差影像爲兩邊均是亮紋之對稱影像。但兩疊差重疊則出現不對稱的影像，如圖 7.17。

　　有一個疊差 $\mathbf{R}_1$ 對應 $\alpha = 2\pi/3$，另一個疊差 $\mathbf{R}_2$ 對應 $\alpha = -2\pi/3$，則 $\mathbf{R}_1$ 造成的明視野像兩邊條紋均爲亮紋，$\mathbf{R}_2$ 造成的明視野像兩邊條紋均爲暗紋，所以整個看起來，明暗野像不是對稱的。

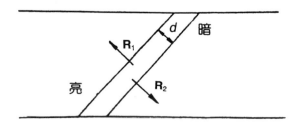

圖 7.17
兩重疊之疊差像。

一般而言 $\xi_{g,\text{eff}}$ 約 200 Å 至 300 Å，兩個疊差之距離若小於 $\xi_{g,\text{eff}}/10$ (即約 20 Å 至 30 Å)，則無法分辨疊差之性質。

若三個疊差重疊，由 **R** = 1/3 [111]，則 **R**$_1$＋**R**$_2$＋**R**$_3$＝[111] 為晶格向量，例見圖 7.18。

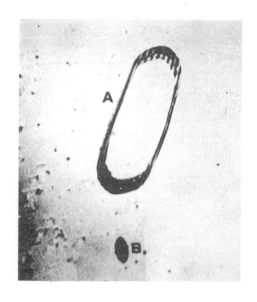

圖 7.18
三層疊差型差排環像。[8]

7-10 空洞影像

假設空洞 (void) 表面無應變，參考圖 7.19。

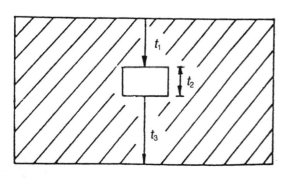

圖 7.19
晶體中含空洞示意圖。

則　$\begin{pmatrix} \phi_0(t_3 + t_2 + t_1) \\ \phi_g(t_3 + t_2 + t_1) \end{pmatrix} = P(t_3)P'(t_2)P(t_1)\begin{pmatrix} \phi_0(0) \\ \phi_g(0) \end{pmatrix}$

其中 P 表散射矩陣，$P(t_1)$ 與 $P(t_3)$ 為完整晶體中散射矩陣，$P'(t_2)$ 為空洞散射矩陣。

由第六章：

$$\frac{d\phi_0}{dz} = \frac{\pi i}{\xi_g}\phi_g$$

$$\frac{d\phi_g}{dz} = \frac{\pi i}{\xi_g}\phi_0 + 2\pi i s\phi_g$$

而　$\xi_g = \dfrac{\pi V_c \cos\theta}{\lambda S_g}$

在空洞內，$S_g \to 0$，故 $\xi_g \to \infty$。

$$\frac{d\phi_0}{dz} = 0 \tag{7-61}$$

$$\frac{d\phi_g}{dz} = 2\pi i s\phi_g \tag{7-62}$$

解得

$\phi_0 = 常數$ \hfill (7-63)

$\phi_g = Ae^{2\pi i s z}$，A 表 ϕ_g 的初始值 \hfill (7-64)

$\phi_0(t_1 + t_2) = \phi_0(t_1)$

$\phi_g(t_1 + t_2) = \phi_g(t_1)e^{2\pi i s t_2}$

$\therefore \begin{pmatrix} \phi_0(t_1 + t_2) \\ \phi_g(t_1 + t_2) \end{pmatrix} = \begin{pmatrix} 1 & 0 \\ 0 & e^{2\pi i s t_2} \end{pmatrix}\begin{pmatrix} \phi_0(t_1) \\ \phi_g(t_1) \end{pmatrix}$

$\therefore P'(t_2) = \begin{pmatrix} 1 & 0 \\ 0 & e^{2\pi i s t_2} \end{pmatrix}$

而　$P(t_1) = C\begin{pmatrix} e^{2\pi i \gamma^{(1)} t_1} & 0 \\ 0 & e^{2\pi i \gamma^{(2)} t_1} \end{pmatrix}C^{-1}$

$P(t_3) = C\begin{pmatrix} e^{2\pi i \gamma^{(1)} t_3} & 0 \\ 0 & e^{2\pi i \gamma^{(2)} t_3} \end{pmatrix}C^{-1}$

所以若取 $s=0$ 之情形，

則　$P'(t_2) = \begin{pmatrix} 1 & 0 \\ 0 & 1 \end{pmatrix} = I$（單位矩陣）

$$P(t_3)P'(t_2)P(t_1) = C \begin{pmatrix} e^{2\pi i \gamma^{(1)}(t_1+t_3)} & 0 \\ 0 & e^{2\pi i \gamma^{(2)}(t_1+t_3)} \end{pmatrix} C^{-1} = P(t_1 + t_3)$$

相當於一完整晶體變薄，其厚度為 $t_1 + t_3$ 而非 $t_1 + t_2 + t_3$。空洞之例可見圖 7.20。

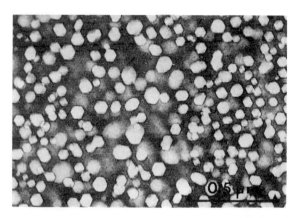

圖 7.20
鎳-鋁合金中之空洞。[7]

7-11　包含差排之繞射方程式

由 (6-7) 及 (6-8) 式

$$\frac{d\phi_0}{dz} = \frac{\pi i}{\xi_0} \phi_0 + \frac{\pi i}{\xi_g} \phi_g e^{2\pi i s z + 2\pi i \mathbf{g} \cdot \mathbf{R}} \qquad (6-7)$$

$$\frac{d\phi_g}{dz} = \frac{\pi i}{\xi_0} \phi_g + \frac{\pi i}{\xi_g} \phi_0 e^{-2\pi i s z - 2\pi i \mathbf{g} \cdot \mathbf{R}} \qquad (6-8)$$

由第六章，如考慮吸收效應，$\dfrac{1}{\xi_0} \to \dfrac{1}{\xi_0} + \dfrac{i}{\xi_0'}$，$\dfrac{1}{\xi_g} \to \dfrac{1}{\xi_g} + \dfrac{i}{\xi_g'}$

經變數變換

$$\phi_0' = \phi_0 e^{-\pi i z / \xi_0}, \ \ \phi_g' = \phi_g e^{-\pi i z / \xi_0 + 2\pi i s z + 2\pi i \mathbf{g} \cdot \mathbf{R}}$$

再除去撇號 " ' " 得

$$\frac{d\phi_0}{dz} = -\frac{\pi}{\xi_0'}\phi_0 + \pi\left(\frac{i}{\xi_g} - \frac{\pi}{\xi_g'}\right)\phi_g \qquad (7\text{-}65)$$

$$\frac{d\phi_g}{dz} = \pi\left(\frac{i}{\xi_g} - \frac{1}{\xi_g'}\right)\phi_0 + \left[-\frac{\pi}{\xi_0'} + 2\pi i\left(s + \mathbf{g}\cdot\frac{d\mathbf{R}}{dz}\right)\right]\phi_g \qquad (7\text{-}66)$$

其中 $2\pi i(\mathbf{g}\cdot d\mathbf{R})/dz$ 項可看作由於缺陷之存在使原子偏離完整晶格位置而顯現於倒晶格點位置之改變。如 $\mathbf{g}\cdot d\mathbf{R}/dz = 0$，則缺陷無對比。另外，$s$ 值趨大時，$\mathbf{g}\cdot d\mathbf{R}/dz$ 值亦須趨大，才能展現明顯對比。

對差排而言，解 (7-65) 及 (7-66) 式必須要利用計算機作數值分析，以下僅討論計算出的主要結果。

7-12　完整差排之鑑定

完整差排的 Burgers 向量爲晶格轉移向量，因此 $\mathbf{g}\cdot\mathbf{b}$ 值爲零或整數。

1. 如差排從薄膜上端穿到底部，明視野像在靠近試片表面處顯示電子束強度與位置之振盪變化，見圖 7.21；這種振盪變化在 $s_g \approx 0$ 最大，同時對小繞射向量振幅也較大。因對大繞射向量 ξ_g/ξ_g' 亦較大，吸收作用使對比不明顯。
2. 差排像寬度在 $s_g \approx 0$ 時最大，約爲 $\xi_g/5 - \xi_g/3$。
3. 差排像在 $s_g \xi_g \geq 1$ 時，位於差排位置之一邊，像對差排位置移動之方向則由

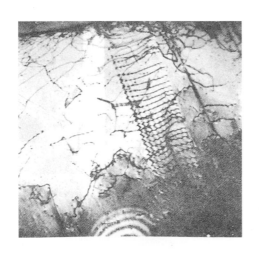

圖 7.21

Cu–8% Al 中與試片表面傾斜之差排所展示振盪對比。[8]

$s_g(\mathbf{g} \cdot \mathbf{b})$ 之正負值決定。

4. $\mathbf{g} \cdot \mathbf{b} = 0$，可見像以差排位置爲中心。完整差排在 $\mathbf{g} \cdot \mathbf{b} = 0$ 時，如爲螺旋型 (screw type)，則完全看不見；對邊緣型 (edge tpye) 差排而言，必須 $m = \mathbf{g} \cdot \mathbf{b} \times \mathbf{u} = 0$ 或 $m < 0.64$。(例見圖 7.22)

5. 差排在 $s_g \doteqdot 0$ 時對比最明顯，此關係可從方程式 (7-66) 看出，對同樣 s_g 值，$\mathbf{g} \cdot \mathbf{b} = 2$ 時之對比要比 $\mathbf{g} \cdot \mathbf{b} = 1$ 或 0 時強。

在明視野像中，如 s_g 增大，則差排像變得較窄並較弱，當 s_g 大到一定程度，$\mathbf{g} \cdot \mathbf{b} = 1$ 之像對比弱得不易與 $\mathbf{g} \cdot \mathbf{b} = 0$ 情形分辨；對如此大之 s_g，在 $\mathbf{g} \cdot \mathbf{b} = 2$ 時差排像之像對比則強得多。

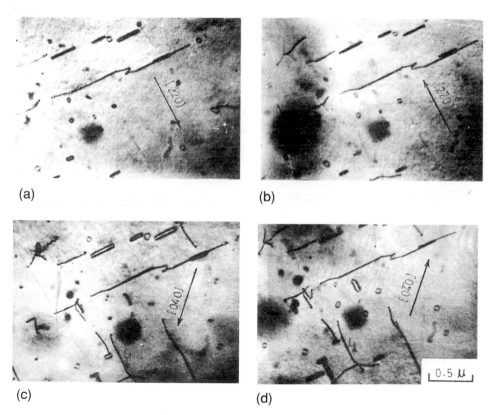

(a)　　　　　　　　　　　　(b)

(c)　　　　　　　　　　　　(d)

圖 7.22　退火後 *P* 離子植入矽中差排，(a)、(c) 顯示"看不見"準則，及差排環像向內、向外對比之例 ((a)、(b) 與 (c)、(d))。[6]

暗視野像在 s_g 小時，與明視野像相似。但如 s_g 增大，暗視野像背景變得很弱，而差排為一狹窄之亮線，但曝光時間比一般要長很多。

6. $s_g = 0$，$\mathbf{g} \cdot \mathbf{b} = 2$ 顯示雙峰像，$\mathbf{g} \cdot \mathbf{b} = 1$ 則僅只顯現單線。

7. 相鄰很近的差排對，如兩差排符號相反一即差排偶極，則改變 $\mathbf{g}$ 之符號使 $\mathbf{g} \cdot \mathbf{b}$ 符號改變。對兩差排而言，成像在差排位置的不同側，故有向外 (outside)、向內 (inside) 對比之別。

若兩差排 $\mathbf{b}$ 相同，如在超差排 (superdislocation) 情形，則改變 $\mathbf{g}$ 時 $\mathbf{g} \cdot \mathbf{b}$ 同為正或負，故無向內、向外對比之分別。

7-13　部份差排之鑑定

部份差排之 Burgers 向量不是晶格轉移向量，故必與疊差相鄰，所以對比受疊差影響較為複雜，通常如 $\mathbf{g} \cdot \mathbf{b}$ 越大，對比越明顯。部份差排對比分析在疊差不呈對比時最為方便。

在面心立方晶體中，對平面缺陷只有兩種部份差排，即 $1/3\langle 111 \rangle$ Frank 部份差排及 $1/6\langle 112 \rangle$ Shockley 部份差排，$1/3\langle 111 \rangle$ 部份差排皆為邊緣型，而常可由此關係將之與 $1/6\langle 112 \rangle$ 差排作一分辨。

對 $\mathbf{b} = 1/6\langle 112 \rangle$ 及 $1/3\langle 111 \rangle$ 之部份差排而言，$\mathbf{g} \cdot \mathbf{b}$ 的可能值為 $\mathbf{g} \cdot \mathbf{b} = 0$，$\pm 1/3$，$\pm 2/3$，$\pm 4/3$ 等。計算顯示，如 s_g 值小（$\omega = s_g \xi_g \leq 0.2$），則 $\mathbf{g} \cdot \mathbf{b} = 0$ 或 $\pm 1/3$ 時，差排幾無對比。另在 $\mathbf{g} \cdot \mathbf{b} = -2/3$ 時，對比較 $\mathbf{g} \cdot \mathbf{b} = +2/3$ 弱，$|\mathbf{g} \cdot \mathbf{b}|$ 較大時，差排對比較顯著。如 $\mathbf{g} \cdot \mathbf{b} = 0$ 時，則疊差亦不可見，但在 $\mathbf{g} \cdot \mathbf{b} = 1/3$，則疊差可見，因此由這種關係來分辨這兩種差排較易。

在某些電子束方向，如沿晶體 $\langle 011 \rangle$，由不同繞射條件觀察，不足以分辨 $\mathbf{b} = 1/3[111]$ 及 $\mathbf{b} = 1/6[211]$，可由殘餘對比強度分辨，亦可利用傾斜基座改變試片傾斜方向，如移到 [111] 方向，再用前項不可見準則來判定。

如缺陷非僅與簡單平面缺陷（如疊差）相連，則分析較為複雜。如兩疊差在 (110) 方向相交，由差排理論知若此兩疊差皆為空穴型，則介於交線之階梯棒 (stairrod) 的差排 Burgers 向量為 $1/6\,[110]$ 或 $1/3\,[110]$；要分辨這兩種差排，必須用像對比模擬法。

7-14　差排環之分析

　　差排環可由空穴、塡隙原子或雜質原子等點缺陷形成，最簡單者爲純邊緣型者，其 Burgers 向量與差排環平面垂直，圖 7.23 爲一範例。

　　要定義差排之向量，必須先選定沿差排方向之正方向，定義一定方向之 Burgers 封閉線路圍繞差排，則在完整晶體中相對應之線路因無法接合而產生一接合差異，即爲 Burgers 向量 **b**，通常可採用下列法則來定義差排之 Burgers 向量：

1. 在起點 *S* 所作之線路自差排正方向看，爲順時針方向，終點爲 *F*；在含差排之晶體中，*F* 及 *S* 重合。
2. 在完整晶體中，對應線路差 *FS* 即爲 **b**。

這種過程通常稱爲 *FS/RH* 法則，如圖 7.24 所示。

　　定義差排環之 Burgers 向量，自上往下看差排之方向爲順時針方向。如利用此法則，則外挿型 (extrinsic) 差排環 **b**ᵢ 對差排環之平面爲向上，空穴型 **b**ᵥ 爲向下，參考圖 7.25。如差排環受一剪力，而由 1/3 [111]＋1/6 [11$\bar{2}$]→1/2 [110] 反應，喪失其純邊緣型特性，則平面向上垂直線與 **b**ᵢ 成純角而與 **b**ᵥ 成銳角。

　　在前段曾說明差排像位於差排核心之一側，而其偏移方向由 (**g** · **b**) *s* 值來決定。差排環在 **g** 或 *s* 改變符號時會改變大小，如圖 7.26 所示在晶體繞射平面接近 Bragg 條件 — 純外挿型環附近晶體偏離的情形。很明顯地看到在遠離

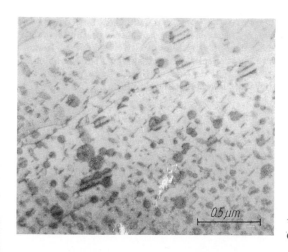

0.5 μm

圖 7.23

鎳–鋁合金中之 Frank 差排環。

(7)

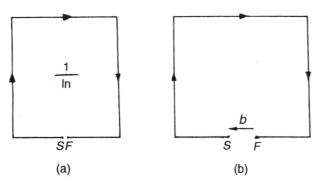

圖 7.24   定義 Burgers 向量之 *FS/RH* 制。(a) 含差排之 Burgers 線路，(b) 完整
         晶體中 Burgers 線路。

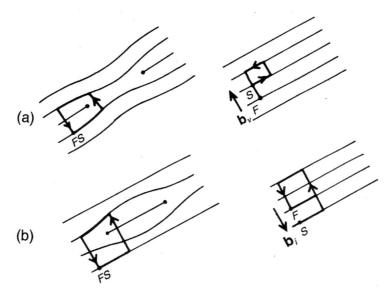

圖 7.25   由 *FS/RH* 制定義 (a) 空穴及 (b) 塡隙原子差排環之 Burgers 向量。[9]

差排之晶面若角度 $\theta > \theta_B$，則晶格偏離使 θ 減小，其對比會增強，即差排像會
位於差排核心附近晶面偏離使 θ 減少之一側，因此圖中標示 A 處會有強對
比；此亦可由 Ewald 球構成圖看出，差排環像完全落於其核心之外側。同時
由於 **g** 與 **b** 成鈍角，所以 **g** · **b** 爲負。圖 7.27 則顯示在圖 7.26 同樣之繞射條件
下且與其外插型差排環有同樣傾向之空穴型差排環，在此情形下，差排環像完

全落於差排環之內,而 **g · b** 為正。從上二圖中並可見如 **g** 及 *s* 值改變,則差
排環像之位置將改變而位於差排之另一側,由此可推得以下法則:

(1) $(\mathbf{g} \cdot \mathbf{b}) s > 0$ 為內向對比

(2) $(\mathbf{g} \cdot \mathbf{b}) s < 0$ 為外向對比

再由 **b** 與 **n** 之關係判定差排環為外插型或空穴型。

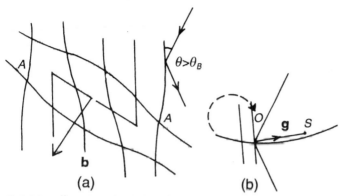

圖 7.26 填隙原子差排環影響 (a) 晶面偏進;(b) Ewald 球表示法之繞射向量改
變示意圖。[9]

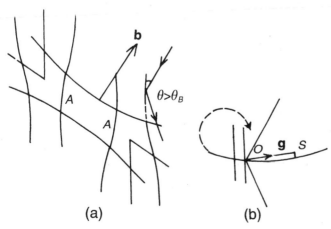

圖 7.27 空穴差排環影響 (a) 晶面偏進;(b) Ewald 球表示法之繞射向量改變。
[9]

較複雜之邊緣型差排環——如多層差排環 (multiple-layer dislocation loops)
——亦可由類似方法分析。

7-15　非邊緣型差排環之分析

以上所述的對比法適用於邊緣型差排，對於非邊緣型差排情況則較爲複
雜。如圖 7.28 所示，在 (a) 圖中顯示一由向上垂線 **n** 定義之邊緣型外插差排
環，並在 Ewald 球示意圖中表示繞射向量 **g** 之方向，**b** 已由對比分析確定，方
向固定。在 (b) 中差排環旋轉後之平面垂線 **n** 之方向隨之改變，但維持 **b** 之方
向不變，故爲非邊緣型差排環。所示的三方向各爲 (1) 傾斜方向與邊緣型差排
相同；(2) 對邊緣方向 **n** · **B**＝0 以及 (3) 傾斜方向與邊緣型差排相反。外插型差
排環 **b** 方向亦示於圖中，而遵守前述之 *FS/RH* 法則；如維持此法則，則對純
邊緣型差排環可見 **g** · **b** 值在差排環經過 **n** · **B**＝0 條件時與純邊緣型差排環不

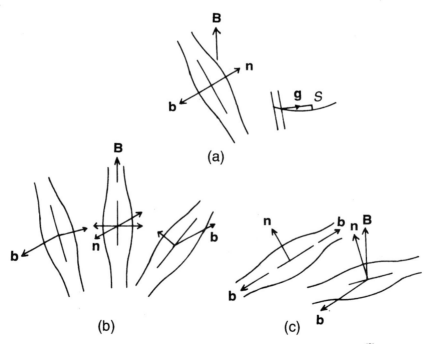

圖 7.28　非邊緣型差排對比考慮情形較複雜，詳見本文説明。[9]

同。所以在 **g**·**b** 值為負之情形下,則非邊緣型差排環通過 **n**·**B**=0 條件時,其 **g**·**b** 成為正值。在通過 **n**·**b**=0 方向,**g**·**b** 又變為負值。

從此例可看出,如果 **b** 之方向由看不見準則決定,除非差排環之平面亦經決定 (此點對小而不規則之差排環很困難),否則 **g**·**b** 之符號及改變 **g** 符號之效應會與同一特性之純邊緣型差排環相反,如此即可觀察到相反對比。差排環之平面常由熱處理程序及彈性能隨方向變化而決定。

在圖 7.28 (c) 中顯示差排環平面旋轉直至通過剪力型差排環位置,此時 **b** 與 **g** 之關係變回與純邊緣型差排環相同。總結而言,**n** 與 **b** 及 **g** 之關係對一非純邊緣型差排環而言,如 **n** 在由 **n**·**B**=0 及 **n**·**b**=0 構成之區域,則對比與純邊緣型差排相反,此關係可由圖 7.29 在 **B** 方向立體投影圖表示。圓周為 **n**·**B** =0,而剪力型差排環之條件由 **n**·**b**=0 之大圓表示。此兩界線中之陰影區差排環向內外對比與邊緣性差排環相反。因此如 **B** 與 **b** 間之角度 γ 愈大,則 **n** 位於相反對比區之可能性愈大。而決定較大差排環之傾斜面常由傾斜試片觀察差排環之投影變化決定,示意圖見圖 7.30。圖 7.31 顯示一疊差面與表面成一角度傾斜後,投影漸變窄之例。

7-16 小差排環之分析

以上所述差排環分析限於在差排環夠大而能清楚分辨之情況。在一般的兩電子束及 $\omega = s_g \xi_g \geq 1$ 之條件下,小差排環看起來為一黑點,而在 $s_g = 0$ 之多次

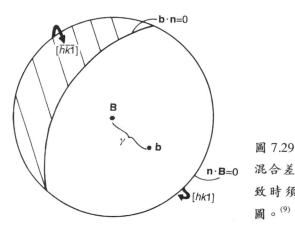

圖 7.29

混合差排環對比與純邊緣型差排一致時須滿足條件之位體投影示意圖。[9]

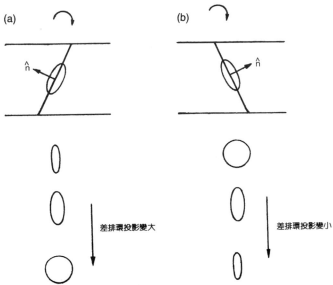

圖 7.30   由傾斜試片觀察排環之投影，決定其傾斜面 (a) 投影變大 (b) 投影變
          小之情形。

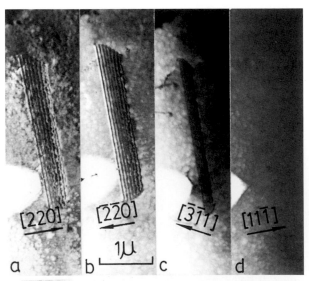

圖 7.31   矽晶中 (11$\bar{1}$) 面疊差，在電子束與試片 (a)、(b) [001]、(c) [114] 與 (d)
          [112] 方向平行之影像。(b) 為暗視野像，其餘為明視野像。[8]

散射條件下，差排環顯示出黑白對比。

　　以下所指之小差排環其直徑約爲 50 Å：

1. 邊緣型小差排環對比：

　　由兩電子束近似計算，缺陷僅在離試片表面 1—1.5ξ_g 以內才展示黑白對比，如 l 定義爲黑白像之方向，則 $\pm l$ 方向與 **g** 方向無關，但與 **b** 或 **b** 在成像平面之投影平行或相反，因此無法由 l 之方向決定 **b**。

　　g $\cdot$ **l** 之符號由差排環離上或下表面之深度及其特性而決定。空穴型差排環之一例可見圖 7.32：圖中 **g** $\cdot$ **l** 之符號隨深度而變。對塡隙原子型差排環而言，**g** $\cdot$ **l** 符號相反；在各層中間有過渡區域，黑白對比不很明顯，這些計算顯示出如 $\xi_g / \xi_g' \doteqdot 0.05$ 到 0.1，在 $\omega = 0$ 條件可見到大約 4 層的黑白對比像，再向內則爲黑點像。

2. 非邊緣型小差排環對比：

　　對邊緣型差排環計算出之分層黑白對比關係亦適用於非邊緣型差排環，而且 **g** $\cdot$ **l** 之符號不變，同時亦可分塡隙原子型或空穴型差排環，但 **l** 與 **b** 關係不明。如 **b** 與 **n** 之間夾角不是太大，則通常可得黑白像，但對 **b**、**g**、**n** 及 B

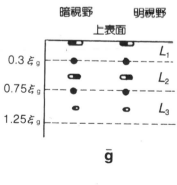

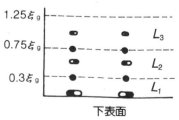

圖 7.32
小差排環黑白對比示意圖。[9]

間特定角區域可得較複雜形狀像。

3. 小差排環的實際分析：

從以上對比計算，可見分析小差排環所需之資料爲：

(1) $\mathbf{g} \cdot \mathbf{l}$ 之符號可由 $s_g \fallingdotseq 0$ 之像得到。

(2) 有黑白對比像之缺陷與表面的距離，通常由立體顯微像技巧之應用解得。

參考資料

1.   P. B. Hirsch, A. Howie, R. B. Nicholson, D. W. Pashley and M. J. Whelan, *Electron Microscopy of Thin Crystals*, 2nd Revised Edition, New York: Krieger (1977).

2.   H. Hashimoto, A. Howie and M. J. Whelan, *Proc. Royal Soc.*, A **269**, 80 (1962).

3.   T. R. Yew, unpublished work.

4.   R. Gevers, A. Art and S. Amelinckx, *Phys. Stat. Sol.*, **3**, 1563 (1963).

5.   L. J. Chen and G. Thomas, *Phys. Stat. Sol.*, (a) **28**, 309 (1975).

6.   L. J. Chen and J. J. Wang, *ROC Symposium on Electronic Devices and Materials 1982*, 325 (1982).

7.   L. J. Chen and A. J. Ardell, *Phys. Stat. Sol.*, (a) **34**, 679 (1976).

8.   L. J. Chen, unpublished work.

9.   M. H. Loretto and R. E. Smallman, *Defect Analysis in Electron Microscopy*, London: Chapman and Hall (1975).

10.   A. K. Head, P. Humble, L. M. Clarebrough, L. M. Morton and C. T. Forwood, *Computed Electron Micrographs and Defect Identification*, Amsterdam: North-Holland (1972).

11.   G. Thomas and M. J. Goringe, *Transmission Electron Microscopy in Materials*, New York: John Wiley and Sons (1979).

習　題

7.1 說明在吸收效應不顯著而偏離參數爲零之情況下，疊差條紋週期爲 ξ_g / 2 之原因。

7.2 證明在吸收效應不顯著之情況下，考慮 $\alpha = 2\pi \mathbf{g} \cdot \mathbf{R}$ 正負值與改變偏離參數正負值有同樣效果。

7.3 說明 Hashimoto 等人發展出來之決定疊差性質的方法。

7.4 說明利用暗視野像圖片與繞射圖形來決定疊差性質之方法。

7.5 試解釋在必須考慮吸收效應時，疊差條紋隨疊差在試片中位置之不同而變化之原因。

7.6 導出含空洞晶體之散射矩陣。

7.7 列舉並說明決定差排 Burgers 向量之對比法則。

7.8 說明決定較大差排環 (>500 Å) 之性質的方法。

7.9 說明決定較小差排環 (<500 Å) 之性質的方法。

7.10 說明決定非邊緣型差排環性質之方法。

第八章

雙相材料的繞射與對比效應

8-1 雙相材料的繞射與對比問題

本章討論晶體中第二相材料對電子繞射圖形及影像對比所造成的影響，並探討如何分辨析出物與疊差、差排等缺陷。討論之方法為針對雙相結構選擇一種模型，求出位移向量，再代入通用的繞射方程式中(第六章)，而得到精確或近乎準確的解答。

8-2 異相界面 (Interphase Interfaces)

8-2-1 契合性界面 (Coherent Interface)
析出物和本底具有相同的晶體結構，晶格面 (lattice plane) 在界面處連續，兩相中可能各有彈性應變，如圖 8.1。

8-2-2 部份契合性界面 (Semicoherent Interface)
晶格面在界面處有部份為不連續，如圖 8.2 所示，界面常有規則之差排陣列 (dislocation array)。契合性及部份契合性析出物的晶格和本底間有簡單的方位關係。

8-2-3 非契合性界面 (Non-coherent Interface)
非契合性析出物的晶體結構完全不同於本底，二者之間並無一定方位關

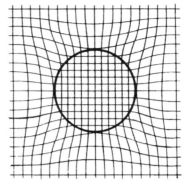

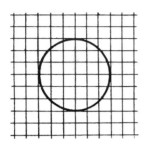

(a) 完全匹對之球形析出物。　　　(b) 有小而爲負號不匹對情況之球狀析出物。

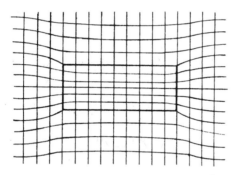

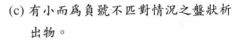

(c) 有小而爲負號不匹對情況之盤狀析
　　出物。

圖 8.1　契合性析出物橫截面圖。[1]

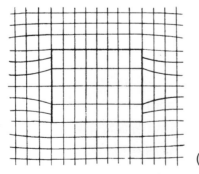
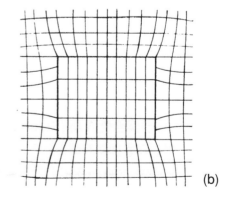

(a)　　　　　　　　　　　　　　　　　　(b)

圖 8.2　部份契合性析出物橫截面圖。[1]

　　(a) 與盤面垂直方向有正號不匹對情況之盤狀析出物。

　　(b) 除 (a) 之情況外在盤面上另有小而爲負號不匹對情況之盤狀析出
　　　　物。

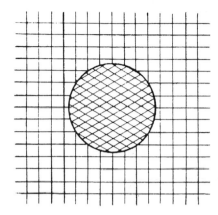

圖 8.3

非契合性析出物之棋截面圖。[1]

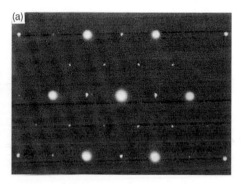

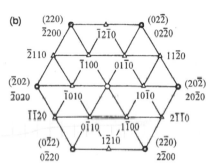

圖 8.4 (a) [0001] h-MoSi₂ / [111] Si 之重複繞射圖形,(b) 標明繞射點之對應說明圖。[2]

係。此種界面類似於高角度晶粒界 (high-angle grain boundary),如圖 8.3。

8-3 繞射效應

第二相顆粒所引起的繞射效應有:

1. 第二相顆粒本身的繞射,如圖 8.4 中 [001]Si 晶與 [0001] h-MoSi₂ 之重複繞射圖形。

2. 本底的繞射點受影響而有漫射 (diffuse) 現象。

3. 產生雙重繞射點 (double-diffraction spot)。

4. 由於顆粒形狀效應而產生亮線 (streak) 等。

依界面型式不同而呈現之繞射效應則有下列數種：

8-3-1　契合性析出物

1. 本底和析出物有不同的散射能力 (scattering power)，造成明顯的形狀效應，參考圖 8.5 (a)。例如 Al-Cu 系中，Al 與 Cu 之原子序相差很大，G. P. 型析出物 (G. P. zone) 有此效應，但 Al-Mg 或 Cu-Co 系則漫射效應不顯著。

2. 如溶質與溶劑原子大小不同，本底有彈性應變，繞射點沿偏離方向變動或呈現亮線。變動的方向及大小與變形的指向 (sense) 及 **g** 的階數 (order) 有關，階數愈高，作用效應愈大，如圖 8.5 (b)。利用此特質，可用以分辨形狀與彈性應變效應，但應用時，須注意多重散射造成的複雜性。

3. 析出物內部份的有序 (ordered) 排列產生超晶格點 (superlattice spots)。

4. 大部份契合性析出物的繞射效應都與本底繞射點的變形或位移有關，效應顯

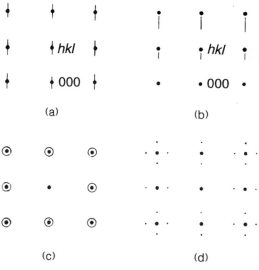

圖 8.5　不同析出物系統之繞射圖形，大圓點為本底繞射點，(a) 薄而無應變、長於 (hkl) 平面上之盤狀析出物，由形狀效應產生亮線；(b) 在 (hkl) 面上使本底晶格偏離之盤狀析出物，其溶劑原子大於溶質原子之情況；(c) 偏離球形析出物；(d) 偏離立方形析出物，各立方面平行於本底立方面。[1]

著而很容易被發現，析出物體積分率 (volume fraction)，在 1—2 % 時即可明顯測知。對小析出物而言，從繞射效應偵測其存在，常比直接成像敏感。接近本底繞射點由非彈性散射造成之模糊現象對析出物繞射效應常會造成干擾。

8-3-2　部份契合性析出物

　　部份契合性析出物有本身的繞射點，除非有相當大的體積分率，通常繞射強度較弱。因與本底有近似結構關係，析出物繞射點常成為本底繞射點的衛星點。析出物與本底交界面有一定方位，是否顯現繞射點則與電子束沿本底方向有關，使得觀察到的析出物體積分率比實際小。

　　部份契合性析出物之分析一般而言較為困難，因其尺寸小，繞射點漫射區大，而析出物與本底間常有多組方位關係，此種關係一方面使繞射點強度顯得較弱，另一方面則增加了複雜性，例見圖 8.6。

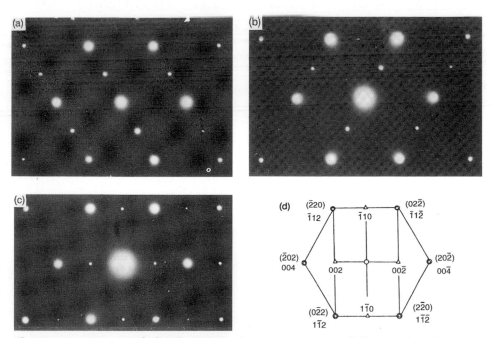

圖 8.6　(a)、(b)、(c) 為 $\langle 110 \rangle$ t-MoSi$_2$ 與 [111] Si 之三種對等方位關係繞射圖形，(d) 為 (c) 之說明圖。[3]

8-3-3 非契合性析出物

析出物與本底間沒有一定的方位關係，常以在傾斜試片時觀察析出物對比變化之方法來找尋析出物之區位軸 (zone axis)。其中所含複雜因素有：

1. 析出物中疊差引致顯現亮線，如 Mg_2Al_3 化合物中之疊差。
2. 雙重繞射效應，經本底繞射的電子束進入析出物再繞射。
3. 部份非契合性析出物屬於非晶質 (amorphous)，在繞射圖形上並無額外點出現，須藉助影像對比予以辨別。

8-3-4 萃取複製膜法 (Extraction Replica Method) 鑑定析出物

爲一種破壞性鑑定法，無法知道析出物的密度及排列情形，但易於判定析出物的相 (phase)。繞射圖樣類似環狀，並不受本底繞射干擾。在鑑定前，須先校準攝影機長度 (camera length) L，校準 L 之法有：

1. 標準試片法：先用一已知的多晶體求 L。
2. 較精確的方法是在析出物的萃取複製膜上鍍一層石墨 (六方緊密堆積結構) 或金屬薄膜，由石墨或金屬環得到 L，再求析出物的晶格參數。

8-4 對比效應

在本底中的第二相區域由改變穿過此區域及附近受偏離本底區域之繞射波的振幅與相角而造成繞射對比效應。前者稱爲析出物對比效應，後者稱爲本底對比效應。

8-4-1 本底對比 (Matrix Contrast)

又稱應變對比 (strain contrast)，與差排對比近似。由第六章缺陷所產生的效應可以參數形式表示：

$$\beta' = \frac{d}{dz}(\mathbf{g} \cdot \mathbf{R}) \tag{8-1}$$

$\mathbf{g}$ 及 $\mathbf{R}$ 分別爲倒晶格及位移向量。

析出物最簡單之形式爲在等向性本底中不匹對的球體 (isotropic misfitting sphere)，其徑向位移向量可寫成：

$R_r = r_0^3 / r^2$，在析出物外部 $(r \geq r_0)$ (8-2)

$R_r = \varepsilon r$，在析出物內部 $(r < r_0)$ (8-3)

r_0 及 ε 分別爲析出物半徑及應變係數。

　　這種徑向應變場 (radial strain field) 會使析出物影像中央有一條與 **g** 垂直之無對比線 (line of no contrast)，因在此方向 $\mathbf{g} \cdot \mathbf{R} = 0$，如圖 8.7；此特性常被用以辨明應變場是否有球形對稱，以及量化解釋是否適當。Ashby 和 Brown 將此位移向量代入考慮吸收效應的多次散射理論方程式中，得到對比的側視圖，如圖 8.8 所示。主要結果爲：

1. 呈現蝴蝶或耳輪形影像對比。

2. 除非析出物離試片表面太近，總影像寬度與析出物在試片中的位置無關，如圖 8.9。

3. 當 s 不太大 $(-1/2 < s\xi_g < 1/2)$ 時，總影像寬度大致不變。

4. 影像寬度與 $\varepsilon g r_0^3 / \xi_g^2$ 有關，隨 **g**、r_0 及 ε 之增加而增大，如圖 8.10 所示。由觀察到對比，已知 **g**、r_0 則可求 ε。

5. 當應變很小，對低階的 **g**，析出物邊緣有一條黑線環繞著，可由此特殊對比看出析出物的眞實形狀。

6. 析出物與試片表面距離小於 $\xi_g/2$ 時，由於應變場的表面鬆弛 (surface relaxation) 效應，會形成不對稱的影像，如圖 8.9，可由暗視野像中 **g** 的方向決定應變的指向。若 ε 爲正值，表示爲塡隙型析出物 (interstitial type)，本

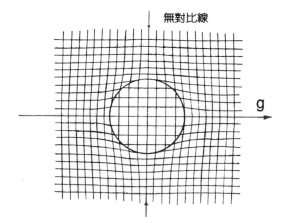

圖 8.7
球形析出物附近晶格位移呈現球形對稱應變。"無對比線"與繞射向量垂直。[1]

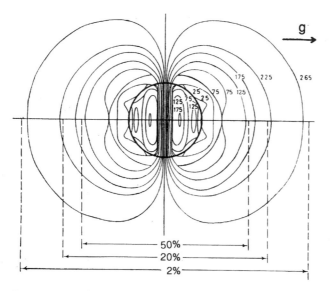

圖 8.8　呈現球形對稱應變介在物附近之對比圖，數字表示與本底強度爲 272
　　　　之相對電子束強度。[4]

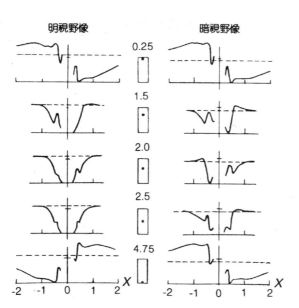

圖 8.9　與 **g** 平行方向所計算出位於試片不同位置之球形析出物對比側視圖。
　　　　析出物半徑及試片厚度分別爲 $0.25\xi_g$ 及 $5\xi_g$。[4]

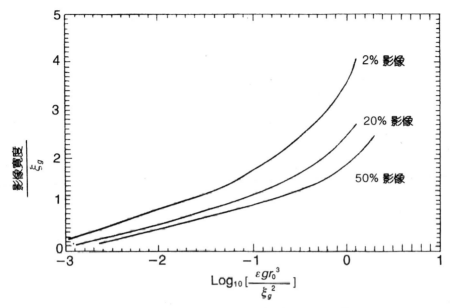

圖 8.10 計算出來的析出物影像寬度與 $\varepsilon g r_0^3/\xi_g^2$ 之關係。[4]

底受伸張應力，此時 **g** 指向析出物的暗邊；反之，若 **g** 指向亮邊，則為空穴型析出物 (vacancy type)，ε 為負值。

以上決定應變大小及指向的方法可推廣到盤狀析出物與稜柱型差排環 (prismatic dislocation loop)：

1. 對契合性盤狀析出物，如主要位移垂直於盤面，很像具有部份 Burgers 向量 **b**$_p$ 的稜柱型差排環，見圖 8.11。

   當圓盤半徑遠大於厚度 Δt，$\varepsilon \sim \delta$ (真正不匹對大小)

   $$\left| \mathbf{b}_p \right| = \Delta t \cdot \delta \tag{8-4}$$

   影像寬度與 $r^2 g b_p \cos\theta /\xi_g^2$ 有關，見圖 8.12，θ 為 **g** 與盤狀析出物面垂線或其在試片表面投影方向向量之夾角。由量測影像寬度可得到 **b**$_p$ 之大小；對小析出物而言，Δt 不易量測，所以 δ 之精確值也不容易得到，但可用與球形析出物對比分析同樣之方法判別 δ 為正或負。

2. 契合性析出物可視為具有部份 Burgers 向量 **b**$_p$ 的差排環。部份契合性析出物則可視為具超差排 Burgers 向量 **b**$_s$ 的差排環。這兩種情形對比都常與差排環

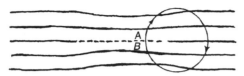

圖 8.11　薄圓盤狀契合性析出物之有效 Burgers 向量，可由自 **A** 至 **B** 所畫之
　　　　　Burgers 環路決定。[5]

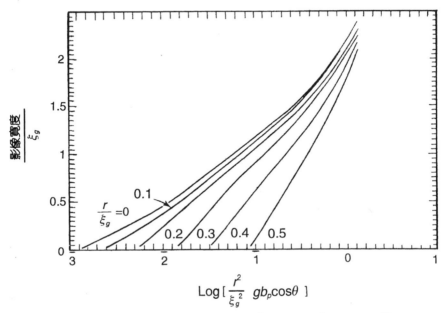

圖 8.12　計算出圓盤狀析出物影像寬度與 $r^2 gb_p \cos\theta / \xi_g^2$ 之關係。[6]

　　相似。契合性析出物 "差排環" 對比很弱，而部份契合性及非契合性析出物
　　的位移較大，差排對比較強，可用以判斷析出物是否具契合性。

3. 區別盤狀析出物與差排環：

(1) 厚析出物因差排環線對比較不明顯，且傾斜試片析出物會有其他形式對比
　　出現，容易辨識。

(2) 由差排環線內的位移條紋 (displacement fringe) 來判定是否爲析出物。

(3) 當析出物垂直表面，繞射圖形上出現亮線。

(4) 很薄的析出物難由對比效應來辨別析出物與差排環，可用機械及熱處理方式確定環線是否由析出物所形成。若應變場重疊，由應變對比只產生斜紋對比影像 (tweed contrast)，不容易看到單一的析出物，且難與短程有序 (short range order) 晶體區分開來。

8-4-2 析出物對比

1. 結構因子對比 (structure factor contrast)

　　析出物與本底的結構因子不同，而消散距離之不同會改變試片的有效厚度 (effective foil thickness)，例如在固相溶體中含溶質較多之 G. P. 區及小尺寸有序排列區域，在 $s=0$，有效試片厚度之變化為：

$$\xi_g \Delta t \left(\frac{1}{\xi_g^{\ p}} - \frac{1}{\xi_g} \right) \tag{8-5}$$

其中 Δt、$\xi_g^{\ p}$、ξ_g 分別為析出物厚度、析出物與本底之消散距離。如 $\Delta t << \xi_g$，由第六章 $I = \cos^2(\pi \Delta k t)$，$\Delta k = 1/\xi_g (s=0)$，則強度變化之最大值為

$$\Delta I = -\pi \Delta t \left(\frac{1}{\xi_g^{\ p}} - \frac{1}{\xi_g} \right) \sin \frac{2\pi t}{\xi_g} \tag{8-6}$$

如 $\Delta t \sim \xi_g$，可能呈現厚度條紋；另有隨析出物在試片中位置不同而呈現之條紋對比。

　　此種對此在薄試片中較強，因析出物的體積分率較大，且吸收效應較弱；明視野及暗視野像對比為互補。

2. 方位對比 (orientation contrast)

　　本底與析出物晶體結構有相當差異。由本底與析出物繞射條件不同而析出物以均勻亮區或暗區對比出現之對比，稱之為方位對比。由於晶體結構有差異，故析出物必為部份契合性、不契合性或具超晶格之契合性析出物；例見圖 8.13。

3. 位移條紋對比 (displacement fringe contrast)

　　由析出物引致本底在界面處產生位移而改變電子束之相所產生之對比。對於部份契合性板狀析出物，與板面垂直方向之位移為：

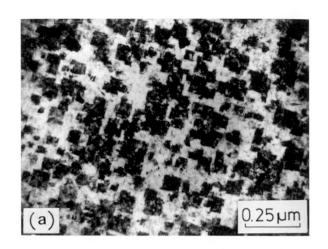

圖 8.13

矽晶中 $NiSi_2$ 相之結構因素

對比。

(a) 明視野像。

(b) 暗視野像。[7]

$$\left| \mathbf{R}_n \right| = \Delta t \cdot \delta - n \left| \mathbf{b}_n \right| \tag{8-7}$$

此處 Δt、δ 及 n 分別表示析出物厚度、不匹對大小及邊緣界面在板面 (plane of plate) 垂線方向之 Burgers 向量分量為 $\mathbf{b}_n$ 的結構差排數。

(1) 對契合性析出物 $n=0$。

(2) $\mathbf{R}_n \neq m\mathbf{b}$ 時可看到位移條紋 (m 為零或整數，$\mathbf{b}$ 為本底晶格向量)。

(3) 將 $\mathbf{R}_n$ 代入多次繞射理論方程式 (第七章)，可得 $s=0$ 時直射波之強度：

$$I = \cos^2 \frac{\alpha}{2} \cos^2 \frac{\pi t}{\xi_g} + \sin^2 \frac{\alpha}{2} \cos^2 \frac{2\pi z}{\xi_g} \tag{8-8}$$

$$\alpha = 2\pi \mathbf{g} \cdot \mathbf{R}_n$$

週期與│$\mathbf{R}_n$│無關而爲 $\xi_g/2$（因含主要條紋及輔助條紋）。當 s 值增大，繞射束強度降低，輔助條紋漸弱，週期爲 $\xi_{g.\text{eff}}$。

(4) 薄板狀析出物與表面交成一斜角時，如圖 8.14，形成的條紋類似疊差條紋。

(5) 由影像對稱關係可判定析出物爲本質型的（intrinsic）或外挿型的（extrinsic）。

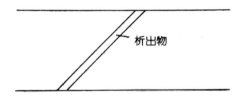

圖 8.14
顯示條紋對比之析出物。[4]

　　分辨析出物與疊差之方法有：

(1) 由 $\mathbf{g} \cdot \mathbf{R}_n$ 之值求出 $\mathbf{R}_n$。

(2) 由其他對比方法：如應變對比、差排環線對比。

(3) 由繞射圖形判定：

　　當溶質與溶劑原子有差異大的散射振幅時，可由繞射圖形判定。疊差只在某些本底繞射(matrix diffraction) 於對應之本底晶面週期性受到破壞時產生亮線；薄析出物則在所有本底繞射點上都產生亮線。

(4) 改變加工、熱處理程序，以觀察是否爲析出物。

4. Moire 條紋對比 (Moire fringe contrast)

　　由兩個具有不同晶格間距或方位的晶格相重疊而形成之對比。

(1) 設本底 $\mathbf{g}_m$ 及析出物 $\mathbf{g}_p$ 分別產生一繞射點，則 Moire 條紋之間距爲

$$D = \frac{1}{\left|\mathbf{g}_m - \mathbf{g}_p\right|} \qquad\qquad (8\text{-}9)$$

(2) 條紋垂直於 $(\mathbf{g}_m - \mathbf{g}_p)$：

$$\left|\mathbf{g}_m - \mathbf{g}_p\right| = \sqrt{(\mathbf{g}_m - \mathbf{g}_p)\cdot(\mathbf{g}_m - \mathbf{g}_p)}$$

$$= \sqrt{\left|\mathbf{g}_m\right|^2 + \left|\mathbf{g}_p\right|^2 - 2\left|\mathbf{g}_m\right| \cdot \left|\mathbf{g}_p\right|\cos\phi}$$

$$\left|\mathbf{g}_m\right| = \frac{1}{d_m}, \ \left|\mathbf{g}_p\right| = \frac{1}{d_p}$$

$$D = \frac{1}{\left|\mathbf{g}_m - \mathbf{g}_p\right|} = \frac{d_p d_m}{\left|d_m{}^2 + d_p{}^2 - 2d_m d_p \cos\phi\right|^{1/2}} \tag{8-10}$$

當 $\mathbf{g}_m$ 與 $\mathbf{g}_p$ 之夾角為 0° 時，此種條紋稱為平行型 Moire 條紋，

$$D = \frac{d_m - d_p}{\left|d_m - d_p\right|} \tag{8-11}$$

當 $d_m = d_p$，$\phi \neq 0$，此種條紋稱為旋轉型 Moire 條紋，

$$D = \frac{d_m{}^2}{d_m(2 - 2\cos\phi)^{1/2}} = \frac{d_m}{2\sin\dfrac{\phi}{2}} \doteqdot \frac{d_m}{\phi} \tag{8-12}$$

(3) Moire 條紋與本底平面條紋所成角度 θ，可由正弦定律求得：

$$\sin\theta = \frac{\left|\mathbf{g}_m\right|}{\left|\mathbf{g}_m - \mathbf{g}_p\right|}\sin\phi = \frac{d_p \sin\phi}{\left|d_m{}^2 + d_p{}^2 - 2d_m d_p \cos\phi\right|^{1/2}} \tag{8-13}$$

(4) Brooks 判據

　　Brooks 建議以下準則：

$$\Delta t \cdot \delta < b \tag{8-14}$$

其中 Δt 與 b 分別為界面長度及界面差排 Burgers 向量。

當 (8-14) 式條件滿足時，析出物為契合性：

$$\delta = \frac{\left|d_m - d_p\right|}{(d_m + d_p)/2} \sim \frac{\left|d_m - d_p\right|}{d_m} \tag{8-15}$$

$$D = \frac{d_p d_m}{\left|d_m - d_p\right|} \sim \frac{d_m}{\delta} \tag{8-16}$$

對於契合性析出物，滿足以下條件時可看到 Moire 條紋：

$$D < \Delta t \tag{8-17}$$

由 (8-14) 及 (8-16) 式

$$\frac{d_m}{\delta} < \frac{b}{\delta}$$

$$\therefore d_m < b \tag{8-18}$$

$\mathbf{g}_m$ 愈大，d_m 愈小，較容易看到 Moire 條紋，可以半定量性 (semiquantitative) 的計算 δ。

(5) 部份契合性及非契合性析出物可視爲兩個不連續的晶格疊在一起，而在界面處有結構差排 (或稱界面差排)。

(6) Van der Merwe 差排網路：由幾何構造考慮界面差排的網狀排列。

對平行型條紋：

$$D_m = \frac{d_m}{\delta} \tag{8-19}$$

若界面差排的距離爲 Burgers 向量長度 $|\mathbf{b}|$，由 Brooks 公式：

$$D = \frac{|\mathbf{b}|}{\delta}$$

僅當 $|\mathbf{b}| = d_m$，Moire 條紋之間距等於 Van der Merwe 網路差排間距，且互相平行。

(7) Moire 條紋之間距僅與本底、析出物的幾何特性有關，與電子波長無關；而他種條紋則與波長有關。

(8) 條紋方向由 $\mathbf{g}$ 決定，而他種條紋則平行於界面與試片表面的交線。

(9) 析出物不論爲契合性或非契合性，皆可能看到 Moire 條紋。

5. 界面差排對比

界面差排的顯現條件較嚴格，不易看到。

(1) 析出物的應變很小時，可看到分隔較寬的差排，但通常都太密而難以分辨。

(2) 差排不易顯現，原因可能是在離差排核心 (dislocation core) 短距離內應變場即已被隔斷，此與低角度晶粒界差排類似。

Moire 條紋對比在本底及析出物繞射都強的情況下產生；位移對比在本底繞射強的情況下可觀察到；而厚度條紋在本底或析出物繞射強的情況下呈現，在晶粒中間可看到晶粒界條紋 (grain boundary fringe)。圖 8.15 爲 VSi$_2$

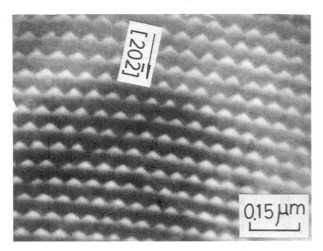

圖 8.15　[0001] VSi$_2$ / [111] Si 界面差排。[8]

與矽晶界面差排之例。

6. 界面對比 (interface contrast)

　　由界面結構直接造成之對比有兩種：

(1) 由界面曲率 (curvature of interface) 所引起。

(2) 由界面附近晶格面的彎曲 (bending) 而產生。

8-5　小析出物的可見度 (Visibility)

　　由結構因子對比，厚度 Δt 之析出物，其有效厚度變化為

$$\Delta t \xi_g \left(\frac{1}{\xi_g{}^p} - \frac{1}{\xi_g} \right) \tag{8-20}$$

$s=0$，對暗視野像而言：

$$I_g = \sin^2 \left(\frac{\pi t}{\xi_g} \right)$$

$$\therefore \quad dI_g = 2 \sin \frac{\pi t}{\xi_g} \cos \frac{\pi t}{\xi_g} \cdot \frac{\pi}{\xi_g} dt$$

$$= 2\sin\frac{\pi t}{\xi_g}\cos\left(\frac{\pi t}{\xi_g}\right)\cdot\frac{\pi}{\xi_g}\Delta t\,\xi_g\left(\frac{1}{\xi_g{}^p}-\frac{1}{\xi_g}\right)$$

$$= \pi\Delta t\left(\frac{1}{\xi_g{}^p}-\frac{1}{\xi_g}\right)\sin\frac{2\pi t}{\xi_g}$$

$$\frac{\Delta I_g}{I_g} = \pi\Delta t\left(\frac{1}{\xi_g{}^p}-\frac{1}{\xi_g}\right)\frac{2\cos\dfrac{\pi t}{\xi_g}}{\sin\dfrac{\pi t}{\xi_g}} \tag{8-21}$$

1. 當 $t/\xi_g = 1/4, 3/4, 5/4,\cdots\cdots$時，$\Delta I_g/I_g$ 有相對最大值 $2\pi\Delta t\,(1/\xi_g{}^p - 1/\xi_g)$。

2. 使 $|\,1/\xi_g{}^p - 1/\xi_g\,|$ 值為最大，$\xi_g{}^p$、ξ_g 均很小，即低階的 **g**，或電子能量較低時，最有利於觀察析出物。

3. 多組 **g** 同時作用，彎曲輪廓 (bend contour) 互相交叉，ξ_g 亦較小，小析出物在交叉處有較強的對比。

4. 在 $s=0$，$t=\xi_g/4$、$3\xi_g/4$、$\cdots\cdots$時，小顆粒的對比均勻而不隨厚度改變。但在 $s\neq0$ 時，對比隨析出物所在位置而改變，某些析出物可能因對比較差而看不到。

5. $t/\xi_g \leq 0.3$ 的小析出物其可見度判據類似於本底應變對比，應變大的大顆粒在任何條件下都可看到。

6. 應變小的大顆粒在高階的 **g** 看得最清楚。$s=0$ 時，影像的可見度最好，但影像寬度與試片厚度無關。

8-6 析出物的契合程度

若在析出物界面看到界面差排，則析出物為非契合性或部份契合性，但不能由於未看到差排而判定為契合性析出物。

1. 如一析出物由產生差排而喪失契合性，與 **b** 平行方向之應變 ε' 為：

$$\varepsilon' = \varepsilon - \frac{n|\mathbf{b}|}{r_0} \tag{8-22}$$

其中 n 及 **b** 分別為界面差排數目及 Burgers 向量。r_0 為球狀析出物半徑，ε' 為抑制應變，非契合性析出物之 $\varepsilon'\to0$；由析出物像寬決定 ε。

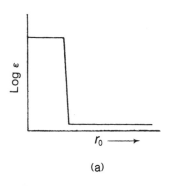

(a)

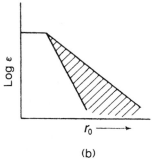

(b)

圖 8.16

量測出析出物不匹對大小與其半徑之關係圖。(a)
等向喪失契合性，(b) 不等向喪失契合性。[9]

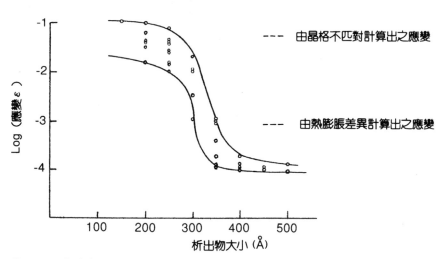

圖 8.17　在自氧化之 Cu-Ti 合金中 TiO_2 顆粒不匹對大小與其半徑關係之實驗
　　　　結果圖。[1]

2. 將 ε 對 r_0 作圖，可得契合性消失時的顆粒半徑（圖 8.16 及 8.17）。上述方法可推廣到板狀及棒形析出物。

3. Moire 圖形在契合性及非契合性析出物呈現對比情況下都可能出現，不能用以判斷契合程度。

參考資料

1. P. B. Hirsch, A. Howie, R. B. Nicholson, D. W. Pashley and M. J. Whelan, *Electron Microscopy of Thin Crystals*, Revised Edition, Huntington, New York: Krieger (1977).

2. W. T. Lin and L. J. Chen, *J. Appl. Phys.*, **59**, 1518 (1986).

3. W. T. Lin and L. J. Chen, *J. Appl. Phys.*, **59**, 3481 (1986).

4. M. F. Ashby and L. M. Brown, *Phil. Mag.*, **8**, 1083 (1963).

5. A. Kelly and R. B. Nicholson, *Prog. Mat. Sci.*, **10**, 151 (1963).

6. M. F. Ashby and L. M. Brown, *Phil. Mag.*, **8**, 1649 (1963).

7. L. J. Chen, C. M. Doland, I. W. Wu, J. J. Chu and S. W. Lu, *J. Appl. Phys.*, **62**, 2789 (1987).

8. C. J. Chien, H. C. Cheng and L. J. Chen, *J. Appl. Phys.*, **57**, 1877 (1985).

9. D. M. Willians and G. C. Smith, *Inst. Phys. Conf. on Electron Microscopy*, Cambridge (1963).

10. J. W. Edington, *Practical Electron Microscopy in Materials Science*, New York: Van Nostrand Rheinhold (1976).

11. G. Thomas and M. J. Goringe, *Transmission Electron Microscopy of Materials*, New York: John Wiley and Sons (1979).

習 題

8.1 說明第二相顆粒引起之繞射效應。

8.2 說明契合性析出物之繞射效應。

8.3 討論非契合性析出物之繞射效應。

8.4　說明析出物之本底對比。

8.5　列舉並說明析出物對比效應。

8.6　討論小析出物之可見度。

8.7　說明分辨析出物契合程度之方法。

8.8　在 Al-Co 合金中，{001} 平面上盤狀析出物含高濃度 Co，而 Co 原子較 Al 原子小很多。試繪出 [011] Al 之繞射圖形，並考慮形狀及彈性應變效應。

8.9　Al-Ag 合金中含有圓盤狀六方緊密堆積 γ' 相，此部份契合性析出物與基底有 [0001] γ'// [111] Al 之方位關係。試繪出 (a) 接近 [001] Al，(b) 正 [110] Al 之繞射圖形。

8.10　分辨析出物與疊差。

8.11　分辨析出物與差排環。

第九章

收斂束電子繞射

9-1 前言

　　本章之目的在於介紹收斂束電子繞射 (convergent beam electron diffraction, CBED) 之基本觀念和其應用於晶體對稱性測定之方法。CBED 已廣為應用在微米和次微米區域的相鑑定，傳統的選區繞射 (selected area diffraction, SAD) 所能分析的最小區域約為 0.5 μm，並且只能提供二度空間的資料，無法分析更微小的區域；而今日許多材料方面的問題已小至毫微米 (nanometer) 的範圍。CBED 不但能提供三度空間的結構資料，而且其範圍可小至 2 nm；為了達到如此高的空間鑑別率，必須使用尺寸小且收斂之探束 (probe)；而這種探束只有在新近發展的分析式電子顯微鏡 (analytical electron microscope, AEM) 上才能做得到。在選區繞射中，平行電子束照射於試片之平面，在物鏡之後聚焦平面 (back focal plane) 上形成各個繞射點 (圖 9.1)。在 CBED 中，收斂束聚焦於試片並在後聚焦平面形成繞射圓盤。繞射圓盤含有強度分佈，若解釋恰當，則可獲得非常正確的三度空間晶體結構資料，這比 CBED 的空間高分辨能力更為重要。CBED 的發展使電子繞射遠優於 X 光和中子繞射，在某些情形更是唯一可資利用的繞射法。Steeds (1981) 列舉出數項電子繞射比 X 光和中子繞射好的優點：第一，因電子多次散射 (dynamical scattering) 強，Friedel 定則不成立，而且 32 個晶體點群不會化簡成 11 個 Laue 群；第二，只需用很小的試片即可，繞射結果可從次微米以下的區域獲得—只要這區域缺陷密度低；第三，依據 CBED 圖形 (pattern) 的 3 度空間資料，可由雙重繞射 (double

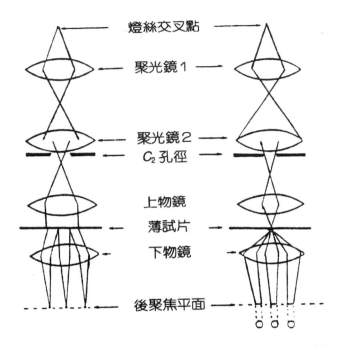

圖 9.1　選區電子繞射 (SAD) 與收斂束電子繞射 (CBED) 之射線差異。[38]

diffraction) 效應解出空間群。本章將針對 CBED 的圖形對稱分析方面詳加介紹。

　　試片污染問題是 CBED 比較嚴重的缺點。因為整個入射電子束都集中在所欲分析之區域，而 SAD 是用平行電子束照射 1 μm 以上的區域；因此，CBED 的觀察與記錄須在試片之污染遮掩掉所有的 CBED 訊息前完成；這些儀器及真空上的問題，就是為什麼 CBED形成的方法雖然早在許多年前就由 Kossel 和 Möllenstedt 發展出來，卻鮮為一般人所使用之原因。現今電子顯微鏡在電子光學儀器與真空系統上已有大幅改進，污染情況改善不少。

9-2　CBED 用語

　　微繞射 (microdiffraction) 通常指下列情形：繞射只有二度空間晶體結構資料而且只用來量繞射點之間的距離和角度；繞射圓盤內沒有可分辨的對比；收

斂角很小 (非常小的 C_2 孔徑) 且角度分辨率高或試片符合單次散射條件 (kinematical condition) (即薄區 < 50 nm 或在遠離強 Bragg 繞射條件的方位) 等。

在各個圓盤不重疊且可看見多次散射對比 (dynamic contrast) 的情形下，所得到的 CBED 圖形叫作 "Kossel-Möllenstedt (K-M) 圖形"；而如果 C_2 孔徑大到使圓盤重疊，則稱作 "Kossel 圖形"。圖 9.2 是說明從 K-M 圖形變至 Kossel 圖

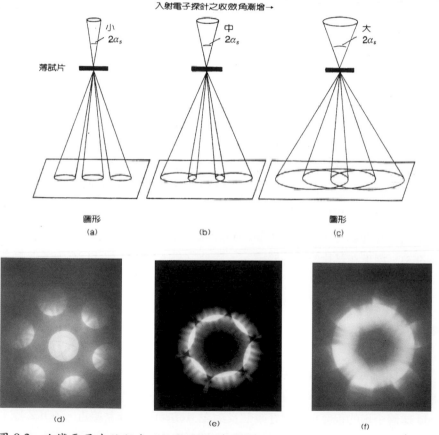

圖 9.2 改變電子束收斂角 $2\alpha_s$ 對 CBED 圖形的效應。圖 (a) – (c)，由左至右增加收斂角[38]；圖 (d) – (e) 是 Si 試片 ⟨111⟩ 方位照射條件。圖形中各個圓盤若是分開的，則稱作 Kossel-Möllenstedt 圖形 ((a), (d))，若是重疊的，則形成 Kossel 圖形 ((c), (f))。

形的一系列示意圖，這是以調整探束的收斂角 (增加 C_2 孔徑尺寸或調整 C_2 與物鏡電流強度) 來進行的。

9-3　獲得 CBED 的方法

　　CBED 可在一般 AEM、TEM，或專用型 STEM (dedicated STEM) 進行；舊型 TEM 須經修改才易於觀察 CBED 圖形，否則限制很多。

　　TEM 形式：這是最簡單的操作方式，先調好影像 (包括焦距、像差、同心軸位置 (eucentric position) 等)，抽出物鏡孔徑 (及選區孔徑)，用 C_2 將電子束聚至最小，轉至繞射形式，即得 CBED 圖形。此時改變 C_2 孔徑則可得 Kossel 或 K-M 圖形：若圖形不在極軸位置 (電子束不平行於極軸)，可利用菊池線傾斜試片至極軸位置，並須檢視影像焦距及 C_2 是否仍聚成最小點；另外，CBED 圖形可用調整攝影機長度來控制放大或縮小。

　　STEM 形式：先調好 STEM 影像，把電子探束固定在所要的位置，然後在 TEM 螢幕上可觀察到圖形 (STEM 明視野偵測器若在 TEM 螢幕下，須把 TEM 螢幕降下，反之若在其上，則移開偵測器。)；詳細的步驟須依照儀器操作手冊來進行。同樣地，繞射圓盤的大小可由 C_2 孔徑來調整，物鏡也須調到使電子束聚焦在試片上。STEM 形式的好處是探束尺寸較小、收斂角較大 (參見圖 9.3)、探束在試片位置易於確定，除此之外，STEM 與 TEM 兩者並無差別。

9-4　CBED 的發展

　　CBED 繞射束之位置可用 Ewald 球體的架構來描述，圖 9.4 說明倒晶格電子繞射之 Ewald 球體架構，在第零層 Laue 區 (zero order Laue zone, ZOLZ)，Ewald 球體平坦的程度足以跟好幾個反射點 (reflection) 非常接近。ZOLZ 圖形除了繞射束是以圓盤而非點的形式呈現在圖形之中，事實上就等於選區電子繞射圖形。當球體向上彎曲時，ZOLZ 反射點不再與之相交，而高層 Laue 區 (high order Laue zone, HOLZ) 開始和球體作用，第一個與球體相交之上層稱為第一層 Laue 區 (first order Laue zone, FOLZ)，這一層和所有其他更高層 Laue

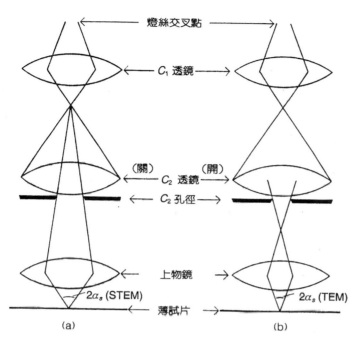

圖 9.3 射線示意圖，說明在 (a) STEM 形式與 (b) TEM 形式下兩者收斂角 $(2\alpha_s)$ 的差異。在 STEM 形式下，$2\alpha_s$ 較大且固定而無法改變，因為 C_2 透鏡關掉了；在 TEM 形式下則因為 C_2 是開著的，所以 $2\alpha_s$ 可變化，但比 STEM 形式時之值小。[38]

區與球體交會的位置跟晶體中原子之堆疊有關；Ewald 球體與 HOLZ 層相交後，在 CBED 圖形中產生環形排列繞射點。此環之半徑是電子波長、相交繞射點之倒晶格向量以及顯微鏡攝影機長度三者的函數。圖 9.5 標示出 CBED 圖形中 ZOLZ 和 HOLZ 繞射點的分布。其餘更高層之 Laue 區雖可與球體交叉，但由於在較上層的地方發生弱散射，這些繞射點強度通常較弱而無法見到。HOLZ 環代表較上面之 Laue 層在倒晶格中的位置，因此量 HOLZ 半徑可以得出晶體在電子入射方向的第三方向尺寸 (third dimension)。Raghavan 等人曾提出計算 Laue 層間倒晶格間距 H 的解析方法 (參見圖 9.4)，此法可用來測定晶格常數、晶格類別 (如立方晶 cubic、正方晶 tetragonal、六方晶 hexagonal 等)，以及晶格中心種類 (如原始型 primitive、體心 body-centered、面心 face-

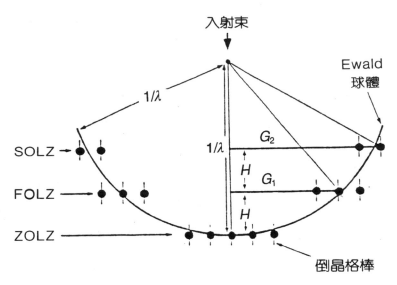

圖 9.4　倒晶格中的 Ewald 球體架構示意圖。

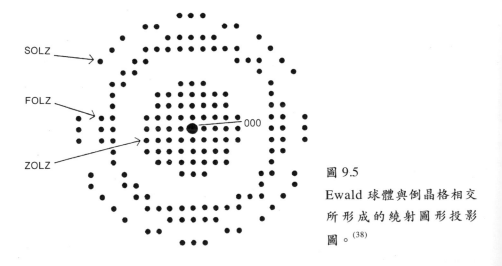

圖 9.5

Ewald 球體與倒晶格相交所形成的繞射圖形投影圖。[38]

centered、底心 base-centered)，除此之外，量測 HOLZ 環直徑是一種驗證 CBED 圖形方位的可靠方法。

* 測定平行於電子束之平面間距

從圖 9.2 之幾何關係可求得 FOLZ 半徑 G_1 和第二層 Laue 區 (second order Laue zone, SOLZ) 半徑 G_2 (忽略 H_2 項) 分別爲：

$$G_1 = (2KH)^{1/2}$$

$$G_2 = 2(KH)^{1/2}$$

其中 $K = 1/\lambda$。如 H 方向之 Miller 指標 (index) 已知，量 G 值即可得知倒晶格間距 H，因此而測知晶體平行於電子束方向的間距。假設電子束方向爲 uvw，則

1. 在 f.c.c. 晶體

$$H_{UVW} = \frac{p}{a_0(u^2 + v^2 + w^2)^{1/2}}$$

其中 a_0 是晶格參數，p 值爲整數

$p=1$, 如 $u+v+w$ 是奇數

$p=2$, 如 $u+v+w$ 是偶數

2. 在 b.c.c. 晶體

如 u、v、w 全爲奇數，$p=2$，否則 $p=1$。以上這些條件已考慮引起系統性消失的結構因子效應。因此，如 ZOLZ 指標已標出 (即 u、v、w 已知)，而 G 可量得並且已知，則不須標出 HOLZ 環具有強度的各個點即可決定 H。

一般晶系中，如果沒有消去的 HOLZ 層 ($p=1$)，並且有正交晶軸 (orthogonal crystal axes) 如立方晶、正方晶、斜方晶系之晶格參數 a、b、c，則在極軸爲 $u\,v\,w$ 方向：

$$H = \frac{1}{(a^2u^2 + b^2v^2 + c^2w^2)^{1/2}}$$

同樣地在六方晶系：

$$H = \frac{1}{[\,a^2(u^2 + v^2 - uv) + c^2w^2\,]^{1/2}}$$

在這裡 $u\,v\,w$ 是 4 指標之 Miller-Bravais 系統中的方向指標。

CBED 用以測定晶體對稱性的發展是早期 Friedel (1913) 和 von Laue (1948) 對 X 光繞射之單次散射理論 (kinematical theory) 研究演變而來的，Friedel 的工作最基本的一點就是關於 X 光繞射束強度的條件—Friedel 定則，亦即某一 (hkl) 反射點的強度等於對應的 ($\overline{hkl}$) 強度，因此 Friedel 定則自動地

在大部分單晶 X 光繞射圖形中加入一對稱中心。例如，晶體中若有一鏡面
(mirror plane) 與 *a* 和 *b* 軸平行，則所有 *(hkl)* 反射點強度將等於相對應之 *(hkl)*
反射點強度，因此無法分辨出鏡面與平行於鏡面的雙重旋轉對稱軸 (two-fold
rotational axis)。同樣地，晶體中若有一四重旋轉軸平行 *c* 軸，反射點 *(hkl)* 之
繞射強度 $I_{hkl} = I_{\bar{h}kl} = I_{h\bar{k}l} = I_{hk\bar{l}}$，由此將無法得知繞射圖形是否會有兩個鏡面平
行於旋轉軸；因此，雖然 Friedel 定則在 X 光繞射是成立的，但在測定空間群
上有很嚴格的限制。因為非中心對稱晶體 (non-centrosymmetric crystals) 在 X
光繞射有一對稱中心，而使得跟那些有中心對稱的晶體無法區分出來；也因
此，在 X 光繞射中 32 個晶體點群縮減成 11 個 Laue 群，造成 X 光繞射無法作
完全的點群與空間群分析。

　　電子繞射多次散射理論最重要的結果之一，就是對非中心對稱晶體而言，
Friedel 定則不再成立。簡單的說，Friedel 定則失效是因電子之質量使電子輻
射對晶體內散射中心的相 (phase) 改變 (亦即結構因子之差異；differences in
structure factors) 較為敏感。電子繞射對不同對稱元素有如此的靈敏度，在收
斂束電子繞射中特別有用。因為由此 CBED 圖形裡各個反射點之中的強度分
佈就較容易分辨了。所以 CBED 主要的好處之一在於能夠區分出中心對稱與
非中心對稱晶體的能力；也就是說，32 個晶體點群不會像在 X 光繞射時那
樣，減為 11 個 Laue 群；由於穿透束本身在進入晶體時有強度，Goodman 和
Lehmpfuhl (1968) 也指出穿透束即 (000) 明視野電子束此一獨特的多次散射特
性。此項邊界條件的限制使穿透束強度分佈比繞射束具有更高度之對稱性，
Gjonnes 和 Moodie (1965) 也指出這點。這表示 Friedel 定則即使對未具中心結
構 (non-centered structure) 之繞射束不成立，但對穿透束之分佈仍然成立，所
以穿透束之強度分佈永遠是中心對稱的，即使晶體是非中心對稱者亦然。
Goodman 和 Lehmpfuhl 的文獻中另一重要的觀念是關於投影結構或第零層圖
形本身。「投影結構」一詞指的是穿透束加上第零層 Laue 區本身之繞射束，
但不包括上層 Laue 區之貢獻。Goodman 和 Lehmpfuhl 指出即使晶體本身沒有
對稱中心，第零層圖形一定有此中心，因此第零層圖形不能提供真正的結構資
料；然而，第零層的價值在於它能顯現高層 Laue 區效應的能力，亦即 HOLZ
的效應也許會有破壞繞射圖形對稱性的效果；故而 Friedel 定則的不成立在非
對稱性介入繞射圖形整體之時最為顯著。通常在 CBED 圖形的 HOLZ 線或

HOLZ 反射點看得到這些非對稱性。因此，全圖形 (whole pattern) — 特別是 HOLZ 效應，可藉以顯現某些晶體非中心對稱的本質，當上層之效應與中心對稱的第零層圖形合在一起時，完整的結構資料就可以推導出來。

Goodman (1975) 導出 CBED 圖形對稱與晶體本身三度空間對稱關係的對稱法則。Goodman 給了一些非常重要的對稱定義或說明。第一個是 CBED 圖形各個繞射圓盤裡面的強度分佈對稱。每一圓盤含有晶體二度空間的強度分佈，一般稱作晶體搖幌曲線 (rocking curve)；在這之中，入射電子的角度被轉換成圓盤裡的 x-y 座標，然後這些圓盤以相同於晶體倒格子點的幾何關係分佈。就整體之圖形對稱而言，每一圓盤內的強度幾何形狀和圓盤之間相對位置二者都必須考慮在內。由於穿透圓盤和其中心是獨一無二的，通常只需要考慮繞射圓盤之點群對稱即可。雖然這情形對全圖形對稱而言是正確的，但考慮每一圓盤的對稱 (包括一對反射點 (*hkl*) 和 ($\overline{hkl}$) (±*G* 反射點)) 之間的幾何關係還是有用的。"*G* 反射點" 一詞指的情形是第二聚光鏡孔徑 (*C₂* aperture) 影像已經對準特定 (*hkl*) 反射點的眞正 Bragg 位置。在此情形可鑑定出各 Bragg 反射點的對稱和比較 ±*G* 反射點之間的關係。研究特定 Bragg 反射點的強度分佈則可鑑定某些對稱元素。例如：二重螺旋軸 (two-fold screw axis) 在沿著一個 (*hkl*) 反射點之中心線上產生一垂直於軸之鏡面 (mirror)，而中央鏡面或滑移面在每一 (*hkl*) 反射點之中心點產生對稱中心。

Buxton 等人對 CBED 對稱性測定方法有重大貢獻，他們利用群論與圖形架構 (group theory and graphical constructions) 兩者推導出 CBED 圖形對稱與晶體點群之間的關係；又建立了一組表，從表中可把繞射群 (diffraction group) 關聯到試片之點群，並且在某種假設情形下可關聯到晶體自身之點群。表 9.1 和表 9.2 (Buxton 等人理論之表 2 與 表 3) 提供我們解釋 CBED 圖形對稱之資料，俾能導出晶體點群。Steeds 及 Vincent 依照 Buxton 等人的分析寫下一系列步驟，用來記錄與分析 CBED 圖形，以便從單一個高對稱軸方向之圖形即可達到測定點群與空間群之目的。這個方法要先取得一個高對稱極軸之圖形，然後分析全圖形對稱、第零層或投影對稱、明視野或穿透圓盤對盤、(*hkl*) 之 ±*G* 對稱等；這步驟雖然很簡單，但有時候由於實驗上的限制 (例如有限的觀察時間或有限的試片方位)，卻是我們唯一可用的方法。然而這些圖形分析非常繁雜，因為：

表 9.1　CBED 圖形對稱。

繞射群	明視野	全圖形	暗視野		$\pm G$		投影繞射群
			一般	特別	一般	特別	
1	1	1	1	無	1	無	$\Big\}$ 1_R
1_R	2	1	2	無	1	無	
2_R	2	2	1	無	2	無	$\Big\}$ 21_R
2_R	1	1	1	無	2_R	無	
21_R	2	2	2	無	21_R	無	
m_R	m	1	1	m	1	m_R	$\Big\}$ $m1_R$
m	m	m	1	m	1	m	
$m1_R$	$2mm$	m	2	$2mm$	1	$m1_R$	
$2m_Rm_R$	$2mm$	2	1	m	2	—	$\Big\}$ $2mm1_R$
$2mm$	$2mm$	$2mm$	1	m	2	—	
2_Rmm_R	m	m	1	m	2_R	—	
$2mm1_R$	$2mm$	$2mm$	2	$2mm$	21_R	—	
4	4	4	1	無	2	無	$\Big\}$ 41_R
4_R	4	2	1	無	2	無	
41_R	4	4	2	無	21_R	無	
$4m_Rm_R$	$4mm$	4	1	m	2	—	$\Big\}$ $4mm1_R$
$4mm$	$4mm$	$4mm$	1	m	2	—	
4_Rmm_R	$4mm$	$2mm$	1	m	2	—	
$4mm1_R$	$4mm$	$4mm$	2	$2mm$	21_R	—	
3	3	3	1	無	1	無	$\Big\}$ 31_R
31_R	6	3	2	無	1	無	
$3m_R$	$3m$	3	1	m	1	m_R	$\Big\}$ $3m1_R$
$3m$	$3m$	$3m$	1	m	1	m	
$3m1_R$	$6mm$	$3m$	2	$2mm$	1	$m1_R$	
6	6	6	1	無	2	無	$\Big\}$ 61_R
6_R	3	3	1	無	2_R	無	
61_R	6	6	2	無	21_R	無	
$6m_Rm_R$	$6mm$	6	1	m	2	—	$\Big\}$ $6mm1_R$
$6mm$	$6mm$	$6mm$	1	m	2	—	
6_Rmm_R	$3m$	$3m$	1	m	2_R	—	
$6mm1_R$	$6mm$	$6mm$	2	$2mm$	21_R	—	

*錄自 Buxton et al.[3]
*第七欄中之 "–" 符號表示對稱性，可由第五和第六欄推導而得。

1. $\pm G$ 之間的對稱關係分析極為複雜。

2. 對晶體點群下結論之前，必須非常謹慎，因為低對稱性之晶體常常產生類似高對稱性晶體的對稱或假對稱 (pseudo-symmetries)；例如在晶體非常薄的情

表 9.2　繞射群與晶體點群之關係。

繞射群	1	$\bar{1}$	2	m	2/m	222	mm2	mmm	4	$\bar{4}$	4/m	422	4mm	$\bar{4}2m$	4/mmm	3	$\bar{3}$	32	3m	$\bar{3}m$	6	$\bar{6}$	6/m	622	6mm	$\bar{6}m2$	6/mmm	23	m3	432	$\bar{4}3m$	m3m
$6mm1_R$																											×					
$3m1_R$																										×						
$6mm$																									×							
$6m_Rm_R$																								×								
61_R																							×									
31_R																						×										
6																					×											
6_Rmm_R																				×												×
$3m$																			×												×	
$3m_R$																		×												×		
6_R																	×												×			
3																×												×				
$4mm1_R$															×																	×
$4m_Rm_R$														×																	×	
$4mm$													×																			
$4m_Rm_R$												×																		×		
41_R											×																					
4_R										×																						
4									×																							
$2mm1_R$								×							×									×	×		×		×			×
2_Rmm_R				×			×				×		×		×			×						×	×		×					
$2mm$							×						×												×							
$2m_Rm_R$						×						×		×									×			×		×		×		
$m1_R$							×						×	×												×	×				×	
m				×									×	×									×			×	×					
m_R				×			×		×				×	×				×			×			×		×	×		×		×	×
21_R					×													×					×									
2_R		×				×			×			×						×					×					×		×		
2			×															×														
1_R		×																														
1	×		×	×		×	×		×	×						×	×				×	×						×	×			
點群	1	$\bar{1}$	2	m	2/m	222	mm2	mmm	4	$\bar{4}$	4/m	422	4mm	$\bar{4}2m$	4/mmm	3	$\bar{3}$	32	3m	$\bar{3}m$	6	$\bar{6}$	6/m	622	6mm	$\bar{6}m2$	6/mmm	23	m3	432	$\bar{4}3m$	m3m

錄自 Buxton et al. (1976)[3]

　　形下，如只考慮單一方位，往往難以分辨出這些是假對稱或是真正的晶體資訊。

　　Steeds 之點群測定法需要用到幾個不同極軸之圖形，並且只針對三種對稱性作分析：投影繞射對稱 (2-D ZOLZ 對稱)，穿透束對稱 (包括高層 Laue 區 (HOLZ) 線)，及全圖形對稱 (包括 HOLZ 繞射點和 HOLZ 菊池線，即 3-D 對稱)，所有這些對稱通常可以從一個曝光恰當的圖形觀察到，如圖 9.6 之例。這些對稱將在後面章節作完整的討論。Steeds 法在實驗上比較繁複，但是結果

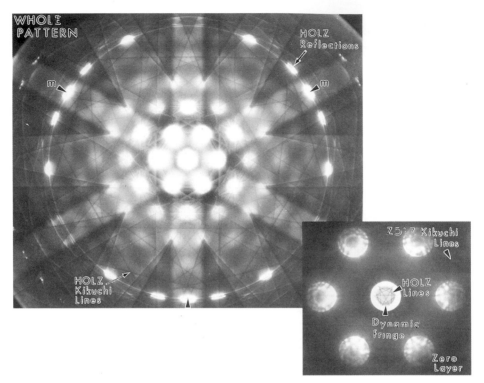

圖 9.6　矽晶〈111〉極軸之 CBED 圖形。右下角為全圖形中心部分的放大圖；
　　　　明視野之 HOLZ 線與 HOLZ 菊池線連貫。加速電壓 100 kV。

卻較可靠，因為從一個晶體不同方位得到的對稱一定是有關聯的，所以分析幾
個不同方位之對稱可減低分析上的不確定性，因而這是個測定晶體點群簡單而
直接的方法，而且沒有因解釋暗視野與 ±*G* 對稱所招致的困難。

　　在 Steeds 和 Vincent 的研究發表同時，Tanaka 等人也提出另一種測定晶體
點群的分析步驟，是利用一種稱作 "對稱之多射束 CBED 圖形" (symmetrical
multi-beam CBED patterns) 的方法。對稱多射束法主要是要找出三度空間對稱
元素，而 Steeds 之極軸法主要是針對二度空間對稱元素，雖然 Tanaka 和
Steeds 與 Vincent 的兩種方法在大多數情形下都產生可靠的結果，本章只討論
Steeds 之極軸圖形法。

　　由於多次電子繞射的本質，單次繞射理論禁現之繞射點常常經雙重繞射的
途徑在 CBED 圖形中出現。這類禁現繞射點能經雙重繞射產生乃是由於晶體

具有中心點或是有額外的對稱元素 (諸如滑移面或螺旋軸) 之故；在 CBED 裡，我們只對由額外的對稱元素所產生之單次繞射禁現繞射點有興趣。在一個方位上當有兩個或更多同樣的雙重繞射路徑存在時，所發生之單次繞射理論禁止繞射點在圓盤上將會有強度為零之中心線。單次繞射理論禁現繞射點通常有多重之雙重繞射路徑，而且這些點一般來說會有系統的落在一排繞射點上，參見圖 9.7，這些所謂的動力學缺失 (dynamical absences) 會發生在這些繞射點中是因為從兩個相等路徑而來的繞射束會沿著圓盤中心線遭遇到完全的破壞性干涉，動力學缺失存在於單次繞射理論禁現繞射點之中表示電子束是平行於滑移面或垂直於螺旋軸 (註：動力學缺失也被稱作 Gjonnes 及 Moodie 線或 G-M 線)，Steeds 及 Vincent 根據 Gjonnes 及 Moodie 之研究，建立了一組表，用來說明動力學缺失與造成動力學缺失的對稱元素之間的關係。表 9.3 和表 9.4 是作為利用 3-D CBED 效應解釋螺旋軸與滑移面出現於空間群測定中的參考。

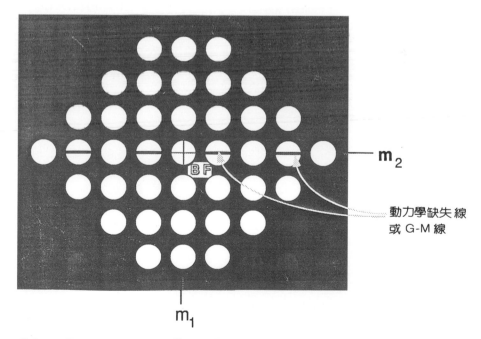

圖 9.7　CBED 圖形中動力學缺失線 (或 G-M 線) 與明視野鏡面之關係示意圖。

表 9.3　單一系統反射線方向的動力學缺失情形。

WP	BF	繞射群	極軸圖形中鏡面與缺失線之相關位置 (正交線為主軸)	造成缺失所需之對稱元素的最低數目
1	*m*	m_R	（極軸圖形，m_1）	旋轉軸垂直於射束方向 $2_1, 4_1, 4_3, 6_1, 6_3, 6_5$
m	*m*	2_Rmm (a) 及 (b) 或 *m* (b)	(a) （極軸圖形，m_1） (b) （極軸圖形，m_2）	螺旋軸垂直於射束及鏡面, $2_1/m$, $6_3/m$ 滑移面平行射束
m	2*mm*	$m1_R$	（極軸圖形，m_1, m_2）	螺旋軸 $(2_1, 6_3)$ 加上平行之滑移面
2*mm*	2*mm*	2*mm* 或 $2mm1_R$	（極軸圖形，m_1, m_2）	同 (b)，另有一鏡面平行於射束並垂有於滑移面
2	2*mm*	$2m_Rm_R$	（極軸圖形，m_1, m_2）	螺旋軸 $(2_1, 4_1, 4_3, 6_1, 6_3, 6_5)$ 垂直二重軸或 2_1 軸，2_1 軸垂直於四重軸而兩者垂直於射束

* 使用的符號參見 "International Tables for X-ray Crystallography" (1969), Table 4.1.6 & 4.1.7。……表示一般滑移面平行入射方向。
* 錄自 Steeds and Vincent [34]。

　　CBED 對稱分析有一到目前為止尚未被提及的重點，即這些分析的準確性與靈敏度。人類的眼睛對圖形辨認極為敏銳，常常很容易察覺 CBED 圖形中跟完美的對稱有些微之差的地方。Mansfield 於 1985 年發表了一種方法來確證 CBED 對稱測定之靈敏度，他曾經嘗試以定量的方式來決定在對稱被破壞之

表 9.4 正交線動力學缺失情形。

WP	BF	DG	極軸圖形中鏡面與缺失線之相關位置	造成缺失所需之對稱元素的最低數目
2	2mm	$2m_Rm_R$		正交螺旋軸與射束方向正交，2_1垂直於 2,4 或 4_3
2mm	2mm	2mm 或 $2mm1_R$		兩個垂直滑移面
m	m	2_Rmm_R		2_1螺旋軸垂直於滑移面 (注意：雖然立方晶 F 與 I-centered 空間群有 4_1螺旋軸垂直於滑移面，動力學缺失並不發生，因為沒有多種繞射路徑到禁止反射點)
4	4mm	$4m_Rm_R$		正交螺旋雙元軸垂直四元軸 $(4, 4_1, 4_2, 4_3)$ 四元軸平行於射束方向，或一正交組含有三個 4_1 或 4_3 螺旋四元軸，其中之一不行射束。
2mm	4mm	4_Rmm_R	(a)	正交螺旋二元軸垂直於反轉四元軸及射束方向
			(b)	正交滑移面，平行於反轉四元軸 (inversion tetradaxis)
4mm	4mm	4mm 或 $4mm1_R$		正交滑移面，平行於四元軸 $(4$ 或 $4_2)$ 及射束方向

* 錄自 Steeds and Vincent [34]

前一個圖形可偏離完美對稱的程度。而 Howe 及 Gronsky 與 Howe 等人則證實：當分析 $\pm G$ 繞射點時，薄試片之 CBED 圖形沒有對稱中心，原因是試片本身厚度有限，當分析極軸圖形時，薄晶體往往會顯示出比晶體實際擁有的對稱性高；雖然 Mansfield 的非對稱性定量化嘗試並不能完全下定論，但重要的是了解：由於晶體的不完美造成非對稱性甚至於假對稱會在 CBED 圖形中出現，因此當 CBED 圖形未顯示完美對稱時，晶體之對稱並不一定就是被破壞了。所以分析數個不同極軸的對稱性以導出晶體真正的點群和空間群是很重要的。除此之外，在每一方位觀察晶體影像是否有缺陷存在，會有助於解釋對稱性消失的原因。

9-5　圖形對稱

本節介紹一些 CBED 圖形對稱以及與對稱測定方面有關的專門用語。第一項為投影繞射對稱 (projection diffraction symmetry)，指的是繞射圓盤之對稱，亦即圓盤在第二層二度空間圖形之間的相對位置以及圓盤裡的漫射強度 (diffuse intensity)。漫射對比是由晶體第零層內的多次繞射交互作用造成的，這可當作第零層訊息。此項第零層訊息對晶體厚度的變化很敏感，隨試片厚度變化而有很大的改變。這種漫射強度對試片厚度的敏銳性可以用來量測薄片厚度，其準確性可至相當高的程度。投影繞射對稱相當於晶體沿特定極軸投射之二度空間對稱，任一方位之投影繞射對稱必屬於十個二度空間繞射點群之一。

全圖形 (whole pattern) 對稱是指 HOLZ 繞射點的相對位置和在攝影機長度較小時得到之圖形中所觀察到的 HOLZ 菊池線對稱 (見圖 9.6)。全圖形對稱顯露出真正的晶體對稱而且必定對應到 31 個繞射群的其中之一；明視野對稱只是指穿透束圓盤之對稱而已，可以是圓盤內二度空間擴散強度或是圓盤內 HOLZ 線之二度空間對稱，這兩者對稱是分別得出的，當審視其中之一時可忽略另一者之貢獻。

就某一圖形而言，只有某些對稱可以在投影繞射或全圖形觀察到。一個圖形可以含有的對稱有：1、m、2、2mm、3、3m、4、4mm、6、6mm 等，這些符號是指圖形中可看到的對稱。圖 9.8 列出一些不同之圖形對稱例子；對稱 "2" 是指二重旋轉軸，亦即當圖形旋轉 180 度時有對稱；"2mm" 對稱是針對兩個獨立鏡面之二重旋轉對稱；"3m" 對稱表示有一個鏡面和三重旋轉對稱；亦即圖形每轉 120 度就有對稱，而且在每一旋轉位置有一鏡面；"4mm" 對稱表示四重旋轉對稱和兩個獨立鏡面。

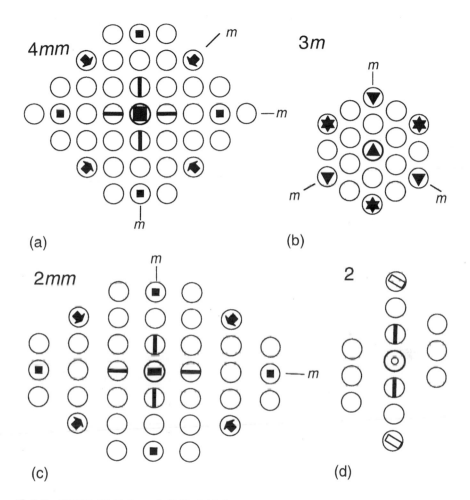

圖 9.8　CBED 圖形中不同對稱的例子。

9-6　HOLZ 線

　　HOLZ 缺陷線 (defect lines) 是穿透束和繞射束圓盤內很明顯的線條，起源自倒晶格高層 Laue 區與第零層之間的三度空間繞射。CBED 分析最有力的一點就是用 HOLZ 線測定晶格參數絕對值，以及能對晶格常數的相對變化作更準確的量測。HOLZ 線發生的理論極其複雜，詳見 Jones 等人的理論，本章只作簡短敘述。電子從高層 Laue 層之平面作彈性散射時，產生在入射束方向具有分量之繞射波，如此，這些繞射波就繞射回到第零層；因為 HOLZ 線之彈性散射發生自上層 Laue 區中遠離原點 (亦即第零層 Laue 區之 (000) 射束) 之繞射點，故原點與 HOLZ 反射點之間的 "g 向量" 遠大於原點與第零層內反射點之間的 "g 向量"，結果 HOLZ 線在第零層的繞射和穿透束圓盤之內以細線顯現，而幾乎等於 X 光繞射中的 Kossel 線。這些 HOLZ 缺陷線對晶格參數變化非常敏感，因為晶格參數或電子波長的微小變化會使得 HOLZ 繞射點之 g 向量的尺寸變化極大 (圖 9.4)，因此 HOLZ 線可用來量測晶格參數、晶格應變的相對變化、析出物與基材 (precipitate/matrix) 間之配合誤差 (mismatch)，以及相變化引起的對稱小改變。在繞射束圓盤之外也看得到因非彈性散射造成的鮮明線條，因其類似菊池線，故稱之為 HOLZ 菊池線。HOLZ 菊池線跟圓盤內之 HOLZ 線是連續的，但較不明顯。

　　HOLZ 線的清晰度和可見度與試片種類、溫度、方位及厚度有關；大致上，溫度低，HOLZ 線越清楚、越容易看見；越薄的區域，越不易有 HOLZ 線，而太厚的地方，會因為被吸收而使得 HOLZ 線模糊甚至完全看不見；只有厚度適中，才能得到清晰可見的 HOLZ 線。

　　如要測定晶格參數絕對值可用模擬方法，將實驗所得之 HOLZ 線圖形跟電腦模擬圖形比較。模擬之 HOLZ 線位置是從單次繞射理論導出來的，通常不包括多次繞射效應，而多次繞射效應有時可能是重要的效應 (Britton and Stobbs)。通常用已知晶格參數的標準試片來校正電子顯微鏡之電子波長，然後改變晶格參數直到模擬與實驗圖形相吻合，理論上可達到萬分之二的準確度，但實際上通常得到的準確度為千分之二。

9-7　測定點群及空間群之 CBED 圖形分析

　　測定點群、空間群之 CBED 圖形分析過程有四個步驟，第一步是定出投影繞射群、繞射群及晶體點群，這是要分析一連串極軸 CBED 圖形的對稱。對於對稱測定最有幫助的極軸是具有最高對稱最低指標之極軸，如立方晶結構之 ⟨001⟩、⟨011⟩、⟨111⟩ 等極軸，不僅擁有立方晶結構最高的對稱，並且這些極軸合起來的對稱不可能屬於任何其他單位晶胞。每一晶系中對 CBED 對稱分析最有用的極軸如下所示：

晶　　　　系	最 高 對 稱 方 向
立方晶　cubic	[001], [110], [111]
正方晶　tetragonal	[001], [100], [110]
六方晶　hexagonal	[0001], [1$\bar{1}$00], [11$\bar{2}$0]
菱面晶　rhombohedral	[100], [111], [1$\bar{1}$0]
斜方晶　orthorhombic	[100], [010], [001]
單斜晶　monoclinic	[100], [010], [001]
三斜晶　triclinic	[100], [010], [001]

　　每一極軸之 CBED 圖形可以觀察到四種不同的對稱，這些對稱包括穿透束之 2 度空間 (2-D) 對稱、全圖形之 2-D 對稱、穿透束全部之 3-D 對稱以及全圖形全部之 3-D 對稱。

　　CBED 圖形分析首先要作的是決定第零層 Laue 區的 2-D 對稱，從而定出該方位投影繞射群，這是用來測定第零層反射點互相之間的對稱和第零層反射點對圖形中心之對稱；這些反射點之內的擴散強度對稱也必須加以考慮，因其包含在只去掉倒轉操作 (inversion operation) 步驟的十個 2-D 投影繞射群中，每一投影繞射群之內會有數個可能的繞射群；表 9.1 列出繞射群、投影繞射群及相對應的對稱，包括明視野、全圖形、暗視野、+*G* 等對稱 [明視野對稱 (表 9.1 第二行) 是指穿透束 2-D 點群對稱 (包括 HOLZ 線)；全圖形對稱 (第三行) 是全部圖形之 2-D 點群對稱 (包括 HOLZ 反射點和 HOLZ 菊池線) 與第零層圖形本身之對稱]。第二個要分析 CBED 圖形為其全圖形之 2-D 對稱；把全圖形對稱和明視野對稱的結果併在一起，就可定出繞射群 (第一行)。每一投影繞射群之內可允許有一些不同的繞射群，如表中第一行所示，這些群都放在一起，每一群最後面是投影繞射群 (第八行)。當圖形中只有 2-D 資訊明顯時 (例如穿透圓盤看不到 HOLZ 線)，就必須把投影繞射群當作這個圖形允許的繞射群。

　　對晶體中每一個最高對稱方位都作如上的分析，當每一方位可能的繞射群都定出後，晶體點群就可從表 9.2 求得。表 9.2 有 31 個繞射群和 32 個晶體點群，繞射群與特定之點群一致者，以 "×" 在表中適當的行列位置表示；就每一方位與繞射群而言，可能有一個或一個以上的晶體點群，全部的繞射群都對

應到的那一個晶體點群，才是晶體真正的晶體點群。某些情形下無法求得單獨
一個點群，這時分析圖形之 HOLZ 環可以決定正確答案。在最高對稱方位測
量 HOLZ 環之直徑可以測定電子射束方向的倒晶格間距，從而求出晶格常
數；將此項結果與從第零層 Laue 區求得之晶格常數相結合，就能定出單位晶
胞的類型。舉例來說，分析立方晶與正方晶之 [001] 方位，將顯現出晶體 *c* 軸
不同的晶格間距，也就是說立方晶體在 [001] 射束方向的晶格間距與由第零層
圖形求得之晶格間距是相同的，然而正方晶體 *c* 軸的晶格間距與從第零層得到
的晶格間距是相異的，將該晶格所允許或要求之對稱考慮在內，則可推斷此特
定之晶體點群。

　　分析的第二步是決定晶體之晶格類型，亦即決定晶胞是原始型、體心、面
心或是底心 (base-centered)；作法是標示出 HOLZ 環的繞射點之指標，然後看
HOLZ 跟 ZOLZ 是怎麼重疊的。圖 9.9 顯示三種不同晶格在 [001] 方位不同
Laue 層之間重疊的情形，把 HOLZ 圖形畫到第零層圖形，可以決定層與層間
如何堆疊：若 HOLZ 直接跟 ZOLZ 重疊，則結構為原始型，晶格堆疊方式是
一個原子接在一個原子之上；如果 HOLZ 堆疊不直接跟第零層重合，則結構
是非原始型。若是後者，就要精確定出第零層圖形之指標或是從 HOLZ 投影
至 ZOLZ 而與 ZOLZ 重疊之圖形來決定晶格類型。例如，標示為體心倒晶格
之圖形對應於真實空間之面心晶格，反之亦然。

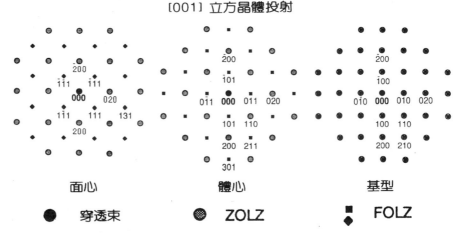

圖 9.9　說明三種不同的立方晶在 [001] 方位 ZOLZ 和 FOLZ 重疊情形。

已定出晶體點群和晶格類型，則只有幾個空間群是可能的。CBED 分析的第三步是分析每一可能的空間群有那些單次繞射理論禁現繞射點，並由此求證特定之空間群。由這些單次散射理論禁現繞射點表示有一個滑移面平行於射束方向或是有螺旋軸垂直於射束方向，為了要確定是否這兩者的對稱元素都存在，或只有其中之一存在，必須作 G-M 線方位對極軸內之明視野鏡面的分析 (見圖 9.7)；G-M 線、鏡面、對稱元素三者之間的關係摘錄在表 9.3 和表 9.4。當在每個方位的對稱元素 (即滑移面和螺旋軸) 都確定後，空間群可藉 "The International Tables of X-ray Crystallography" (vol. 4) 以及禁現繞射點的規則來定出。

CBED 分析的最後一步是測定晶格常數。相當精確的晶格常數量測 (約 2%) 在作第零層 Laue 區反射點標誌和量度 HOLZ 環時就可達到。然而，如前面所述，穿透圓盤的 HOLZ 線位置對晶格參數的改變極為敏感，所以用不同的晶格常數作 HOLZ 線位置之電腦模擬，可以獲得更精確至小數點下一位的結果 (約 0.2%)，若某一晶格常數所產生的結果跟實驗觀察之 HOLZ 線位置最相符，則此一晶格常數可以確定為該晶體之晶格常數。

[例] 分析實例

薄片狀之 Al-42 at.% Ge 合金經過急冷之後，有未知結構之非平衡相出現，以 CBED 法定此未知相之結構，其過程及結果如下。

圖 9.10 (a) 是 [0001] CBED 圖形，由圖形觀察得知投影繞射和全圖形之對稱分別為 $6mm$ 和 $3m$，在 $[\bar{1}101]$ 與 $[1\bar{1}02]$ 圖形 (圖 9.10 (b) 與圖 9.10 (c)) 兩者之繞射投影對稱皆為 $2mm$，全圖形對稱則都是 m，從表 9.1 第三行及最後一行得知對應的繞射群 (第一行) [0001] 是 $6_R mm_R$，$[\bar{1}101]$ 是 $2_R mm_R$，$[1\bar{1}02]$ 是 $2_R mm_R$；再從表 9.2 查得對應 $6_R mm_R$ 繞射群的點群有 $\bar{3}m$ 和 $m3m$，對應 $2_R mm_R$ 繞射群的點群有 $2/m$、mmm、$4/m$、$4/mmm$、$\bar{3}m$、$6/m$、$6/mmm$、$m3$ 和 $m3m$，然而同時對應到的點群只有 $\bar{3}m$ 和 $m3m$，亦即只有這兩種點群的晶體才會產生 $2_R mm_R$ 和 $6_R mm_R$ 繞射群；$\bar{3}m$ 屬菱面晶 (rhombohedral) 而 $m3m$ 屬立方晶 (cubic)，若為立方晶，則在其他方位應可觀察到較高對稱圖形 (如 $4mm$)，但事實並非如此，所以正確的點群必是 $\bar{3}m$。更進一步的證實可從 $[11\bar{2}0]$ 圖形 (圖

9.10(d)) 得知，該圖形之投影繞射和全圖形對稱皆為 2，對應之繞射群有 2_R 和 21_R，但繞射群 2_R 的點群為 $\bar{3}m$，與 $m3m$ 不容，此外 21_R 也不為 $m3m$ 所允許，因此唯一可能的點群是 $\bar{3}m$。

　　空間群的分析可從 CBED 圖形中的動力學缺失著手，首先可用立體投影圖 (stereogram) 繪出 $\bar{3}m$ 點群晶體可能有的對稱元素，由圖 9.11 中可知只有

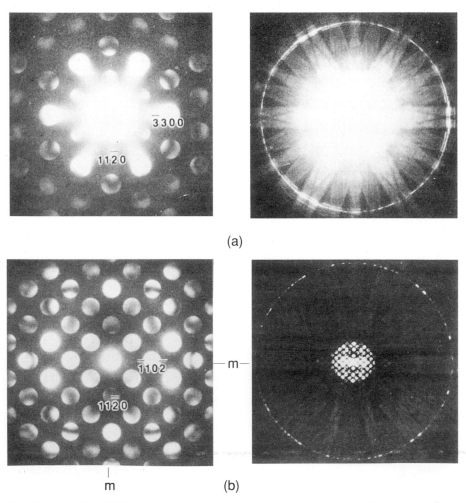

(a)

(b)

圖 9.10　Al-42 at.%Ge 合金基相之 CBED 圖形：(a) [0001] (b) [$\bar{1}$101] (c) [1$\bar{1}$02] (d) [11$\bar{2}$0]。[21]

$\{11\bar{2}0\}$ 滑移面和 $\langle11\bar{2}0\rangle$ 雙重螺旋軸是可能的。$[1\bar{1}02]$ CBED 圖形中 (圖 9.10 (c)) 動力學缺失是沿著 $(1\bar{1}01)$ 這一排發生,因為有垂直與平行 $(1\bar{1}01)$ 的兩個鏡面,所以可能有 $(11\bar{2}0)$ 滑移面和 $[1\bar{1}01]$ 螺旋軸,但從立體投影圖分析知沒有 $[1\bar{1}01]$ 螺旋軸的可能性,所以從 International Tables for X-ray Crystallography 可以查得 $\bar{3}m$ 點群中具有 $\{11\bar{2}0\}$ 滑移面的空間群只有 $P3_c1$ 與 $R3_c$,從 $[0001]$ CBED 圖形可知 $(\bar{1}100)$ 及 $(\bar{2}200)$ 反射點並未出現,故允許 $\bar{h}h00$ 反射點出現的條件是 $h=3n$ ($n=$整數),符合此一限制的空間群只有 $R3_c$,由此可明確定出空

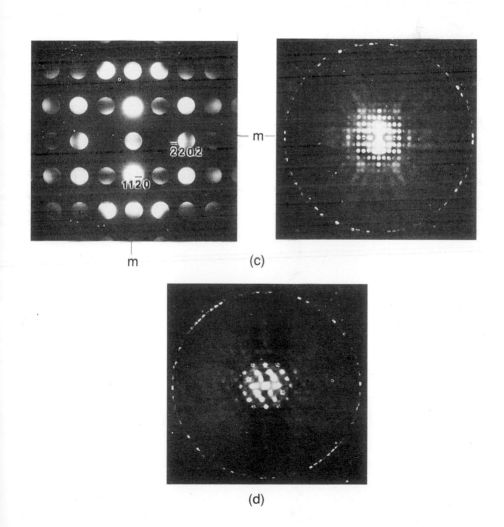

(c)

(d)

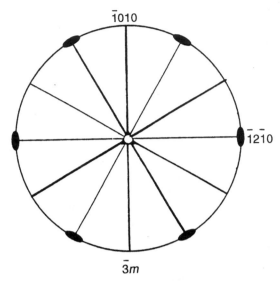

圖 9.11　立體投影圖說明具有 $3m$ 點群的晶體可能有的對稱性，粗線 (—) 代表
　　　　鏡面 (可能的滑移面)，橢圓點 (●) 代表雙重對稱點 (可能的雙重螺旋
　　　　軸)。[21]

間群。其他例子請見參考資料[20]。

9-8　檔案特性

　　不同的相在相同方位所得到的 CBED 圖形都不同，也就是說每一個
CBED 都是獨一無二的，即使兩個相的空間群相同而晶格常數不同，它們的
CBED 圖形之間相異程度也足以作相鑑定，因此比較不同相的 CBED 圖形是
簡單又直接的相鑑定方法。要確保相鑑定正確無誤，通常須比較幾個不同方位
的 CBED 圖形。某一個相要完整地建檔 (fingerprinting) 的話，作法是沿著結構
的標準立體投影圖形三角形 (stereographic triangle) 邊，記錄 CBED 分佈圖
(map) (見圖 9.12)，這樣就可以很快地比較數個方位的 CBED 圖形。近年來，
CBED 分佈圖之檔案圖書已出版 (見參考資料 23, 37 及 39)，可用來當作實驗
室相鑑定之參考資料。

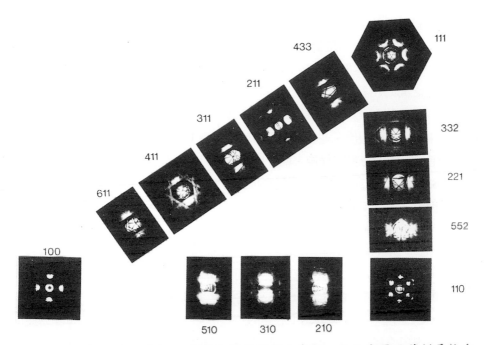

圖 9.12　沃斯田鐵不銹鋼之 CBED 極軸圖形分布圖；此分布圖涵蓋倒晶格空間的標準立體圖三角形。[27]

9-9　CBED 實驗步驟

　　每一個相的 CBED 圖形通常是在室溫得到的，並且以對稱測定和產生分佈圖於特定結構的標準立體投影圖形三角形上為主，對稱測定必需得到高對稱低指標的極軸，在高對稱極軸要得到好的 CBED 圖形所用的方法如下：

1. 顯微鏡的標準操作條件 (即同心軸 (eucentric) 的試片高度和已校準之顯微鏡鏡柱) 得到之後，在傾角器 (goniometer) 之試片座上把有興趣的相作大角度範圍的傾斜，確定主要的極軸。

2. 傾斜後，確定鏡面之線，接著沿鏡線傾斜直至與其他鏡線相交，所有的晶體除三斜晶之外至少有一對鏡線存在，而且用這些鏡線來追蹤高對稱區。當鏡線找到之後，用雙傾斜試片座的第二個傾斜軸來移動高對稱極軸至定位校準。(註：若傾斜控制不易調整至完全對稱時，可移動 C_2 孔徑使圖形對稱，但移動量不可過大。)

3. 當高對稱極軸定位校準後，記錄 CBED 圖形。通常每一個極軸需要三個不同的圖形，第一個是攝影機長度短的圖形，可以看到全圖形對稱，包括 HOLZ 環和第零層的資料；第二個圖形需顯示第零層圓盤內的漫射強度和圓盤之間的相對位置；第三個圖形是要獲得高倍率的穿透圓盤，可以看清楚圓盤內的對比。通常要用大的第二聚光鏡孔徑和較大的攝影機長度。穿透束含有漫射強度，並且觀察厚區域時會有 HOLZ 線出現。

4. 數個極軸的圖形都記錄後，就可以進行圖形對稱分析。

　　關於穿透圓盤的 HOLZ 線圖形模擬方法，Ecob 等人曾作詳細的描述，模擬過程需要 HOLZ 線與 HOLZ 反射點正確的指標，標誌圖形是用電腦程式計算任一晶系任一方位所允許的 HOLZ 反射點；計算 HOLZ 反射點至其所在之 Laue 層與 Ewald 球體相交點兩者間的距離，可決定 HOLZ 線在穿透圓盤裡的位置；如果距離小於穿透圓盤半徑，則 HOLZ 線畫在模擬的穿透圓盤之內，穿透圓盤與造成 HOLZ 線的 HOLZ 反射點二者之間的向量垂直於這條線，模擬之 HOLZ 線至穿透圓盤之中心點的距離等於 HOLZ 反射點至 Ewald 球體的間距，應用模擬方法測定晶格常數可準確至 0.1% 左右。要達到如此的準確程度，先要校正入射電子波長，此可用已知晶格常數之試片如純鎳試片、Ni_3Al 或 Al_2Cu 來進行，爲了要排除晶體方位對入射電子波長的影響，"有效"入射電子波長的校正最好在標準試片上以與未知相的 CBED 實驗圖形相同之方位來執行，此"有效"電子波長就作爲以後晶格常數測定模擬之用。圖 9.13 是純鋁之實驗與模擬之結果。

9-10　結語

　　CBED 目前已成爲材料科學常用的技術，經常用在小晶粒及析出物等的研究上。CBED 圖形可鑑定高對稱極軸、測定材料的繞射群、點群、Bravais 晶格、空間群、晶格參數等等。近年來 CBED 新方法的發展及應用上則有收斂束成像 (convergent beam imaging, CBIM) 和更精密的繞射觀察 (如臨界電壓效應；critical voltage effect)。CBED 是分析式電子顯微鏡學的主要方法之一，若配合 X 光能譜分析儀 (energy dispersive spectrosmeter, EDS) 作化學組成測定，則其功效在材料研究方面將是其他分析儀器罕能比擬的。

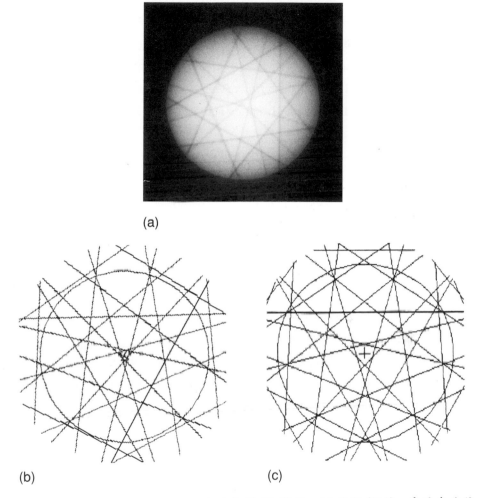

(a)

(b)   (c)

圖 9.13　純鋁之 CBED 明視野 (穿透束圓盤) 圖形。(a) 極軸〈111〉，穿透束略偏
　　　　離〈111〉；操作條件：加速電壓 120 kV (電壓表之讀值)，溫度 100
　　　　K，實際電壓爲 118.10±0.05 kV。(b) 與 (c) 爲電腦模擬結果：(b) 爲
　　　　118.1 kV 圖形，(c) 爲 120 kV 結果。收斂角約 7.2 mrad。

參考資料

1.　M. S. Allen, *Phil. Mag.*, **A43**, 325 (1981).

2. S. M. Allen and E. L. Hall, *Phil. Mag.*, **A46**, 243 (1982).

3. B. F. Buxton, J. A. Eades, J. W. Steeds and G. M. Rackham, *Phil. Trans. Roy. Soc. London*, **A281**, 171 (1976).

4. R. W. Carpenter and J. G. H. Spence, *Acta Cryst.*, **A38**, 55 (1982).

5. J. M. Cowley and A. F. Moddie, *Proc. Phys. Soc.*, **B70**, 486 (1957).

6. R. C. Ecob, M. P. Shaw, A. J. Porter and B. Ralph, *Phil. Mag.*, **A44**, 1117 (1981).

7. R. C. Ecob, R. A. Ricks and A. J. Porter, *Scripta Metall.*, **16**, 1085 (1982).

8. G. Friedel, *C. R. Acad. Sci.*, Paris, **157**, 1533 (1913).

9. F. Fujimoto, *J. Phys. Soc. Japan*, **14**, 1558 (1959).

10. K. Fujiwara, *J. Phys. Soc. Japan*, **14**, 1513 (1959).

11. J. Gjonnes and A. F. Moodie, *Acta Cryst.*, **19**, 65 (1965).

12. P. Goodman, *Acta Cryst.*, **A31**, 804 (1975).

13. P. Goodman and G. Lehmpfuhl, *Acta Cryst.*, **A24**, 339 (1968).

14. T. Hahn, *International Tables for Crystallography*, The International Union of Crystallography, vol. 4 (1983).

15. J. M. Howe and R. Gronsky, *Ultramicroscopy*, **18**, 83 (1985).

16. J. H. Howe, M. Sarikaya and R. Gronsky, *Acta Cryst.*, **A42**, 368 (1986).

17. C. J. Humphreys, D. J. Eaglesham, D. M. Maher and H. L. Fraser, *Ultramicroscopy*, **26**, 13 (1988).

18. C. J. Humphreys, D. M. Maher, H. L. Fraser and D. J. Eaglesham, *Phil. Mag.*, **58**, 787 (1988).

19. P. M. Jones, G. M. Rackham and J. W. Steeds, *Proc. Roy. Soc.*, **A354**, 197 (1977).

20. M. J. Kaufman, J. A. Eades, M. H. Loretto and H. L. Fraser, *Metall. Trans.*, **A14**, 1561 (1983).

21. M. J. Kaufman and H. L. Fraser, *Acta Metall.*, **33**, 191 (1985).

22. M. J. Kaufman, D. D. Pearson and H. L. Fraser, *Phil. Mag.*, **A54**, 79 (1986).

23. P. M. Kelly, A. Jostsons, R. G. Blake and J. G. Napier, *Phys. Stat. Sol.*, **A31**, 771 (1975).

24. W. Kossel and G. Möllenstedt, *Ann. Phys.*, **36**, 113 (1939).

25. M. von Laue, *Materiewellen und ihre Interferenzen* (Akademische Verlagsgesellschaft, Geest & Portig K. G. Leipzig, 1948).

26. M. H. Loretto, *Electron Beam Analysis of Materials*, Chapman and Hall, 65 (1984).

27. J. F. Mamsfield, *Convergent Beam Electron Diffraction of Alloy Phases*, Adam Hilger (1984).

28. J. F. Mansfield, *Ultramicroscopy*, **18**, 91 (1985).

29. A. J. Porter, M. P. Shaw, R. C. Ecob and B. Ralph, *Phil. Mag.*, **A44**, 1135 (1981).

30. M. Raghavan, J. C. Scanlon and J. W. Steeds, *Metall. Trans.*, **15A**, 1299 (1984).

31. G. M. Rackham, P. M. Jones and J. W. Steeds, *Electron Microscopy* 1974, Proc. 8th Int. Cong. on Electron Microscopy, 1974, vol. 1, 336, The Australian Academy of Science.

32. J. W. Steeds, *Introduction to Analytical Electron Microscopy*, ed by J. J. Hren, J. I. Goldstein and D. C. Joy, Plenum, 387 (1979).

33. J. W. Steeds and N. S. Evans, *EMSA*, 188 (1980).

34. J. W. Steeds and R. J. Vincent, *J. Appl. Cryst.*, **16**, 317 (1983).

35. M. Tanaka, R. Saito and H. Sikii, *Acta Cryst.*, **A39**, 357 (1983).

36. M. Tanaka, H. Sekii and T. Nagasawa, *Acta Cryst.*, **A39**, 825 (1983).

37. (1) M. Tanaka and M. Terauchi, *Convergent-Beam Electron Diffraction*, JEOL Ltd., Tokyo (1985).

    (2) M. Tanaka, M. Terauchi and T. Kaneyama, *Convergent-Beam Electron Diffraction II*, JEOL Ltd., Tokyo (1988).

38. D. B. Williams, *Practical Analytical Electron Microscopy in Materials Science*, Philips Electronic Instruments Ins., Electron Optics Publishing Group, revised edition (1987).

39. J. W. Edington, *Practical Electron Microscopy in Materials Science*, vol. 1 MacMillan, Philips Technical Library (1974).

習　題

9.1　有一晶體經實驗後，得到三個不同極軸的 CBED 圖形：其中之一具有
　　　4*mm* 之全圖形及明視野圓盤對稱；另一圖形只能觀察到 2*mm* 的全圖形
　　　對稱，中心之圓盤無法看到任何 HOLZ 線；第三個圖形亦只能觀察到
　　　m 的全圖形對稱，試求出該晶體之點群。

9.2　下圖為一面心立方晶體之 CBED 圖形，試由 HOLZ 環求其晶格參數。

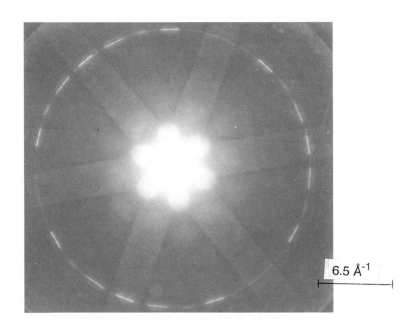

6.5 Å^{-1}

第十章

高分辨成像

10-1　簡介

　　1950 年代中穿透式電子顯微鏡的分辨能力發展到足以解析材料中的線型缺陷 (line defect) 及平面缺陷 (planar defect)。對影像的解釋是根據 "圓柱體近似" 理論；影像的對比主要是由繞射對比 (diffraction contrast) 構成。從 1970 年代起，電子顯微鏡進入了原子分辨的紀元。高分辨電子顯微成像由以往的明視野 (bright field) 與暗視野 (dark field) 成像法到多電子束 (many-beam) 的成像方法，其應用原理益趨複雜。電子束間的相位關係密切地影響到成像的對比與成像的內容。由於電子顯微鏡鑑別率不斷地改進，目前在材料中小至單位晶格中的變化之點缺陷，都可由高分辨穿透式電子顯微鏡 (high resolution TEM, HRTEM) 直接觀察。這種功能絕非 X 光的統計型式之結果所能比擬。近年來由於新一代的 HRTEM 鑑別率與日俱增，材料結構影像之獲得更為容易，已成為材料科學中結構研究的利器；舉凡化合物結晶構造的解析、各種晶格的缺陷結構、晶界間或相 (phase) 與相之間的原子排列等顯微結構的研究，都得藉高分辨穿透式電子顯微鏡來完成。

10-2　影響高分辨電子顯微鏡鑑別率成像條件

　　隨著鑑別率改進之需求而來的，是更加嚴格的高分辨電子顯微鏡儀器之影響條件，如外來振動、外在磁場、冷卻水的流量 (大流量引起振動，小流量造成系統不穩定)、溫度 (冷卻水的溫度及室溫)、試片座的穩定性 (熱穩定性及機械穩定性)、電子部份(高壓與電磁透鏡) 的穩定性、系統污染的控制以及眞空狀況等。此外，作爲高分辨觀察的試片，其要求也較爲嚴格，因爲當試片較厚 (大於 20 nm) 時，不但較難得到好的影像，而且影像的解釋也會比較複雜。

概括而論，要從事高分辨工作，改善儀器與環境的條件可由下列幾點著手：

1. 環境的外來振動：儘可能降低外來的振動，將儀器裝設在地下室、將抽氣幫浦及冷卻系統與電子顯微鏡隔離，或將電子顯微鏡架設在能阻絕振動的基座上。

2. 冷卻系統：維持冷卻循環水在恆溫恆壓狀態 (水溫維持在 20°C 左右)。在工作中由於電磁透鏡在高倍率時散熱較多，應注意工作中的水溫。在不造成振動的情況下將系統進水的調節閥略作調整，或在工作前將恆溫控制溫度調低，但要在工作完畢後調回適當控溫，以免電磁透鏡因過冷而凝結水滴；且循環水壓與流量須配合儀器之規格；冷卻系統幫浦與管路要避免腐蝕 (夾雜在循環水中的雜質顆粒容易產生振動，幫浦應以塑鋼製爲宜)；循環水宜使用軟化過的乾淨水並定期更換清洗。

3. 試片座：試片基座須爲自上置入式。最好能夠調整高度，因爲試片在物鏡中的位置影響所得影像品質甚鉅；此外冷凝阱 (cold trap) 的裝置也是必要的。

4. 眞空壓力小於 5×10^{-7} torr。

5. 電子源：最好使用 LaB_6 晶體以取代傳統的鎢絲。

6. 簡單的光學繞射儀 (optical diffractometer)，不但可用來訓練像差的調整、校正像差、並可用來辨認漂移與像差、更微區的繞射或影像重建 (image reconstruction)，另外的功能則是對解析度的測量、離焦值的測量以及球面像差常數 C_s 的測量。本項設施可由添加快速傅利葉轉換計算程式來取代，見 10.6 節。

7. 工作室溫儘可能維持在約 25°C，且濕度要能控制。

表 10.1 是 HRTEM 各種可用的電子源資料。

HRTEM 除了嚴格的環境條件外，照射系統 (illumination system) 的品質也很重要，主要要求有：1. 高亮度，2. 高電子流密度，3. 穩定的發射源，4. 光源要同相一致 (coherent source)。由上表我們可看出場離子發射 (field emission) 源

表 10.1 HRTEM 所用各種電子源之比較。

名 稱	尖端大小	100 kV 時的亮度 (A / cm² Sr)	用 8 mrad 照射光圈時在試片上的電流密度 (A / cm²)	能量 (FWHM) (eV)	熔點 (°C)	所需眞空 (T)	發射電流 (μA)
場發射式 (鎢)	5—10 nm	10^7—10^8	20	0.3	3370	10^{-8}—10^{-9}	50—100
點尖式燈絲 (鎢絲)	1—5 μm	2×10^6	4	2	3370	10^{-5}	10
髮夾式鎢絲	30 μm	5×10^5	1	0.7—2.4**	3370	10^{-5}	100
LaB₆	5—10 μm	$7 \times 10^{6*}$	14	1.0	2200	10^{-6}	50

* 在 75 kV 時量測
** 隨偏壓大小而變

是最佳的電子源,但其系統造價很高,且須在超高眞空中工作;其他三種發射源則以 LaB₆ 較合適,原因是能量分布情形很集中,而且電流密度高;缺點是 LaB₆ 晶體的熔點遠比鎢低,燈絲晶體尖端易鈍化,且價格約是髮夾式鎢絲發射源的 20 倍,而使用壽命約爲 10 倍。

　　本章除了介紹 HRTEM 系統的影響條件外,將引入 HRTEM 的成像原理,配合解釋影像的模擬與計算原理及程式的說明,另外並簡單地介紹光學繞射儀的系統及原理。本章末列出一些有助於高分辨電子顯微研究工作的參考書籍。這些書有些是針對較無數學背景者所寫的有關高分辨原理的書籍 (如參考資料 (7));也有介紹電子光學的 (如參考資料 6);另外還有如 Agar、Alderson 及 Chescoe 1974 年所著的有關電子顯微鏡操作的書籍;有關影像模擬與分析的介紹,則可參考 Misell 1979 年所著的書。

10-3　儀器設備

　　本節以下所提的高分辨實驗部份是有關 JEOL 2000EX 改裝而成之高分辨電子顯微鏡。高分辨穿透式電子顯微鏡鏡體的構造基本上與傳統的穿透式電子顯微鏡相似,但爲提高鑑別率與放大倍率則需要特別的物鏡與中間鏡組。除了鏡體本身的特性外,爲了能記錄高分辨影像所在的離焦 (defocus) 值,高分辨電子顯微鏡必須能量取改變物鏡電流大小時所造成的焦距變化量。電子顯微鏡電腦化是新一代電子顯微鏡的必備條件，微處理器能記錄並顯示儀器各部份的真空狀況、電磁透鏡的參考電壓大小以及各個線圈的參考電壓。這非但有助於隨時掌握儀器狀況，也是在操作儀器時必須參考的數據。例如，物鏡聚焦位置（亦即電流大小）嚴重影響到儀器的鑑別率，故當試片因傾轉而偏離正常的聚焦位置時，可由物鏡參考電壓的變化看出，此時不易得到良好的高分辨影像。另外，像差補償線圈的參考電壓大小也是有利於操作的設計。

由於高分辨影像的對比主要是來自相位對比 (phase contrast)，因此在螢光板上所呈現的影像其對比往往不易觀察。故而高分辨穿透式電子顯微鏡一般都加裝電視影像系統，將影像經由攝影機強化放大而呈顯在監視器上，並可加上影像錄存、數位化等處理方式。這系統非但有助於得到較好的影像，對於結果的解釋也很有助益；現場錄存的系統更有助於動態高分辨影像的觀察。

由於高分辨影像的解釋有賴於影像的模擬計算，因此電腦系統是高分辨工作所不可或缺的。光學繞射儀也是在高分辨實驗工作中相當重要的設備，利用它可測出對比轉移函數 (contrast transfer function) 中的變數，有助於對儀器的瞭解及最終影像的解釋。

10-4　原理

本節將高分辨穿透式電子顯微鏡成像與結果的解釋分成三部份來介紹，首先是高分辨電子顯微鏡成像，其次是影像模擬計算，第三是光學繞射儀的原理。

10-4-1　高分辨電子顯微鏡成像

傳統 TEM 的成像主要源自電子繞射所產生的繞射對比 (diffraction contrast)，因此其結果分析是依據電子繞射的單次或多次繞射理論，考慮穿透電子束 (transmitted electron beam) 或是繞射電子束 (diffracted electron beam) 經過與試片之作用後其波函數的結果。高分辨穿透式電子顯微鏡的成像主要是由於穿透電子束與繞射電子束相互之間干涉所產生的結果。其成像原理是來自各電子束間彼此的相位差，因此所產生的對比稱為相位對比。當兩個或兩個以上的電子束互相干涉而成像時，主要可分成明視野與暗視野兩種晶格影像；其中暗視野的高分辨成像技術較困難，所以這裡的討論以明視野成像爲主。爲求先對晶格週期的成像有所了解，將明視野成像方法區分爲三種來討論。如圖 10.1 所示，首先利用波函數 (wave function) 的形式來定義穿透電子束與繞射電子束的加成。

$$\Phi_{hko} = \phi_{hko} e^{i\varepsilon} \quad \varepsilon \text{ 是改變的相位} \tag{10-1}$$

$$\psi(x,y) = \sum \Phi_{hko} \exp\left[-2\pi i \left(\frac{hx}{a} + \frac{ky}{b}\right)\right] \exp\left[i\chi(u_{hk})\right] \tag{10-2}$$

其中

$$\chi(u_{hk}) = \frac{2\pi}{\lambda}\left(\frac{\Delta f \lambda^2 u_{hk}^2}{2} + \frac{C_s \lambda^4 u_{hk}^4}{2}\right) \tag{10-3}$$

$$u_{hk}^2 = \frac{h^2}{a^2} + \frac{k^2}{b^2} \quad u_{hk} \text{ 是倒晶格向量} \tag{10-4}$$

$\chi(u_{hk})$ 爲電子顯微鏡的相位變化函數，是因儀器的像差及離焦所產生的相位位移 (phase shift)。參考附錄 A-7，影像強度爲

$$I = \psi \cdot \psi^* \tag{10-5}$$

方法 (a) 是直接移動物鏡光圈偏離光軸，使光圈包含兩電子束：一爲直接穿透電子束，另一爲繞射電子束。

$$I(x) = \psi_i(x) \psi^*_i(x)$$

$$= \phi_o^2 + \phi_h^2 + 2\phi_o \phi_h \cos\left[\frac{2\pi h x}{a} - \chi(u_h) - \varepsilon\right] \tag{10-6}$$

考慮強度 I 的週期變化，故先忽略 $\chi(u_h)$ 中的含 C_s 常數項。

$$\Rightarrow I(x) = \phi_o^2 + \phi_h^2 + 2\phi_o \phi_h \cos\left[\frac{2\pi h}{a}\left(x - \Delta f \frac{\theta_0}{2}\right) - \varepsilon\right] \tag{10-7}$$

$$\theta_0 = \frac{h}{a}\lambda$$

由 (10-7) 式可看出：物鏡電流的改變或高壓的變動—亦即 Δf 的變動，會影響 $I(x)$ 的晶格影像強弱的位置，有時會使得晶格影像呈現在試片所在位置之外。

方法 (b) 是傾斜入射電子束使穿透電子束與繞射電子束平均對稱於光軸，

再以物鏡光圈使兩電子束參與成像。

$$\psi_i(x) = \Phi_o \exp\left[i\chi\left(-\frac{u_h}{a}\right)\right] + \Phi_h \exp\left[\frac{-2\pi ihx}{a} + i\chi\left(\frac{u_h}{2}\right)\right] \qquad (10\text{-}8)$$

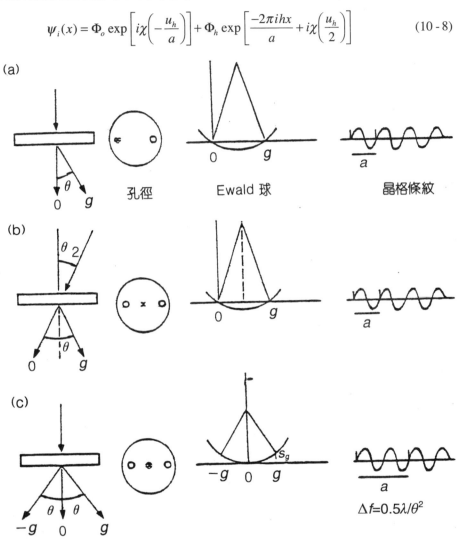

(a)

孔徑　　　　　　Ewald 球　　　　　　晶格條紋

(b)

(c)

$$\Delta f = 0.5\lambda/\theta^2$$

x　光軸
o　Bragg 電子束

圖 10.1　圖示三種產生晶格週期的影像，並比較其強度以及 Ewald 球面與倒
　　　　　晶格空間相交的情形 ((a)—(c))。[2]

$$\Rightarrow I(x) = \phi_o^2 + \phi_h^2 + 2\phi_o\phi_h \cos\left(\frac{2\pi hx}{a} - \varepsilon\right) \tag{10-9}$$

由於 (10-9) 式中 $I(x)$ 不再受 Δf 的影響，因此兩電子束成像的鑑別率就不再受高壓及物鏡電流不穩定的影響 (假設不考慮波包函數的滯散效果)。波長散佈像差 (即散色像差；chromatic aberration) 也可由此方法消減，但是要由此條紋影像得到結構上的資料相當困難。

方法 (c) 是將穿透電子束留在光軸上，並以物鏡光圈使三個或三個以上的電子束參與成像。

假設是三個電子束時

$$\psi_i(x) = \Phi_o + \Phi_h \exp\left[\frac{2\pi ihx}{a} + i\chi(u_h)\right] + \Phi_{-h} \exp\left[-\frac{2\pi ihx}{a} + i\chi(-u_h)\right] \tag{10-10}$$

$$\Rightarrow I = \phi_o^2 + \phi_h^2 + \phi_{-h}^2 + 2\phi_h\phi_{-h} \cos\left(\frac{4\pi hx}{a}\right)$$
$$+ 4\phi_o\phi_h \cos\left(\frac{2\pi hx}{a}\right) \cos\left[\chi(u_h) + \varepsilon\right] \tag{10-11}$$

假設 $\phi_h = \phi_{-h}$ 且 $\varepsilon = -\pi/2$，則影像中強弱出現之週期條紋，其週期為晶格週期 a 的一半；當另外一組 $\Phi_{h'}\Phi_{-h'}$ 參與成像時則會產生另一方向的週期條紋。從 (10-11) 式最後一項可看出 $\chi(u_h)$ 週期變化時會得到同樣的週期條紋，即

$$\chi(u_h) = n\pi$$
$$\Rightarrow \Delta f = \frac{n\lambda}{\theta_0^2} - \frac{C_s\theta_0^2}{2} \tag{10-12}$$

在高分辨的成像中，隨著離焦值的變化，n 值由奇數變為偶數，使得強度會由最弱變到最強。也就是說，在高分辨影像中亮或暗的對比並不能直接指出原子真正所在的位置，因為影像的強弱明暗程度除了受晶格中散射強度的影響之外，還會受對比轉移函數中變數及試片厚度等因素影響；因此對完全未知的材料系統，其高分辨影像的解釋需要有系列焦距的影像組 (through-focus images) 來配合影像的計算模擬。

關於多電子束的高分辨成像方法，是將穿透電子束維持在光軸上，用物鏡

光圈使各參與成像的電子束通過。這裡必須一提的是所用光圈大小的問題：當光圈放大時外圍的繞射電子光束會參與成像，提高分辨極限，卻也引起了較嚴重的球面像差之問題，而降低了分辨的能力；此外，考慮對比與亮度也須有適當的光圈大小來配合。另外選用物鏡光圈時要儘量避免繞射光束部份被光圈所截，以免影響影像品質。

10-4-2　成像理論

　　首先假定試片尺寸遠小於試片到電子源及觀察點的距離(這在穿透式電子顯微鏡是相當合理的)，因此將一般 Kirchhoff 公式簡化成此 Fraunhofer 繞射條件，可得一傅利葉積分 (Fourier integral) 型式的結果 (參考附錄 A-8)。因此平面波經過物體繞射後的波函數可視為該物體之穿透函數 (transmission function) 的傅利葉積分。在電子顯微鏡中的成像可由圖 10.2 來說明：入射波通過很小的物體或物體的很小部份，其穿透函數為 $f(x)$，則由 Fraunhofer 繞射理論知：$F(u)$ 即為 $f(x)$ 在透鏡系統上進入位置的傅利葉轉換函數。透鏡系統再將 $F(u)$ (在出透鏡系統的位置) 轉換成 $F'(u')$，最後一次轉換成 $\psi'(x)$，即是 $f(x)$ 的影像。假設透鏡系統的轉換是完美的，則在 F 與 F' 兩個球面上的距離應該不變，因此 $F(s) = F'(s)$，其中 s 是球面上的距離。由幾何的關係我們知道

$$uR = u'R' = s$$

因此

$$F'(u) = F'\left(\frac{u'R'}{R}\right) = F\left(\frac{u'R'}{R}\right) \tag{10-13}$$

$$\psi'(x) = \mathscr{F}\, F'\left(\frac{R'u'}{R}\right) = \mathscr{F}\, F\left(\frac{R'u'}{R}\right)$$

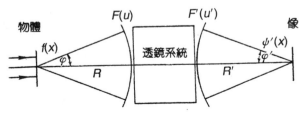

圖 10.2　圖示在光學系統中成像的過程；在物體空間中的 $f(x)$ 轉換成影像空間中的 $\psi'(x)$。[2]

$$= \iint f(X) \exp \left[2\pi i \left(\frac{u'R'}{R} \right) X \right] dX \exp \left(2\pi i u' x \right) du'$$

$$= \int f(X) \delta \left(X + \frac{Rx}{R'} \right) dX = f \left(-\frac{Rx}{R'} \right) \tag{10-14}$$

由 (10-14) 式可知影像是 $f(x)$ 的再現，爲倒立像且放大倍率爲 R'/R。

以上的結果是指完美的 F 到 F' 的透鏡轉換，事實上光圈的限制與透鏡的像差引起的相位變化會影響此透鏡的轉換。在波動理論中，可將上述兩種造成不完美轉換之透鏡特性的變因以一個光學轉換函數來表示；所以

$$F'(u') = F \left(\frac{R'u'}{R} \right) T(u') \tag{10-15}$$

因此影像就以下面的修正式來表示：

$$\psi'(x) = f \left(-\frac{Rx}{R'} \right) * t(x) \tag{10-16}$$

$t(x)$ 包括了光圈的限制；$*$ 爲輪旋積 (convolution) 的符號。倘若考慮透鏡引起的相位差，則

$$F'(u') = F \left(\frac{R'u'}{R} \right) T_a(u') \exp \left[i\Phi(u') \right] \tag{10-17}$$

其中 $T_a(u')$ 是光圈函數 (aperture function)，$\Phi(u')$ 表示相位的改變。

另外再考慮波傳播經過一固定折射率的介質。由附錄 A-8 (A-8-6) 式，波函數可以其穿透函數 $q(x)$ 與傳播函數 (propagation function) 的輪旋積來表示。在小角度的範圍內這個傳播函數可寫爲

$$\left(\frac{i}{R\lambda} \right)^{1/2} \exp \left[-\frac{iK(x^2 + y^2)}{2R} \right] \tag{10-18}$$

假如一個振幅爲一單位大小的平面波穿過一理想的薄透鏡，經過一焦距長之傳播後的波是一個 delta 函數，亦即

$$\exp \left[\frac{iK(x^2 + y^2)}{2f} \right] * \exp \left[-\frac{iK(x^2 + y^2)}{2f} \right] = \delta(x, y) \tag{10-19}$$

式中：$\exp\left[-\dfrac{iK(x^2+y^2)}{2f}\right]$ 即是理想之薄透鏡的穿透函數。

再舉一例，當波源是點波源，且置於理想的薄透鏡前方一個焦距長的位置，則會產生一個平面波

$$\left[\delta(x,y)*\exp\left(-\frac{iK(x^2+y^2)}{2f}\right)\right]\exp\left(\frac{iK(x^2+y^2)}{2f}\right)=1 \tag{10-20}$$

因此，當一個平面波經過一個穿透函數是 $q(x)$ 的物體，再經過一理想的薄透鏡而成像於 R' (如圖 10.3 所示) 之外的平面，則可將其影像的波函數寫成

$$\psi(x)=\left\{\left[q(x)*\exp\left(-\frac{iKx^2}{2R}\right)\right]\exp\left(\frac{iKx^2}{2f}\right)\right\}*\exp\left(-\frac{iKx^2}{2R'}\right) \tag{10-21}$$

(上式的係數已省略)

因此在這裡要建立一個觀念：一個影像的波函數可由穿透函數與傳播函數來表示。假若觀察影像的平面是在離聚焦平面 Δ' 距離的地方，則影像的波函數可寫成：

$$\psi(x)=\psi_0(x)*\exp\left(-\frac{iKx^2}{2\Delta'}\right) \tag{10-22}$$

其中 ψ_0 是在聚焦平面上的波函數。

同理，假若物體位於離透鏡聚焦平面 Δ 距離之處，則穿透函數可寫成：

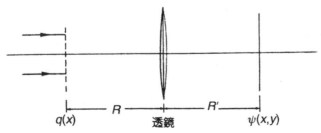

圖 10.3　圖示透鏡成像系統的狀況；$\psi(x)$ 是經過透鏡轉換與二次傳播因子轉換的結果。[2]

$$q(x) * \exp\left(-\frac{iKx^2}{2\Delta}\right) \tag{10-23}$$

在後聚焦平面 (back focal plane) 上的振幅分佈,則可以其傅利葉轉換表示:

$$Q(u) \exp(\pi i\lambda \Delta u^2) \tag{10-24}$$

由 (10-24) 式可看出離焦 (defocus) 對影像強度變化的影響。

在進入多層 (multislice) 問題之前,我們就以上結果來討論下列幾個造成相位對比的特殊狀況。

1. 相位物體 (phase object)

當一個很薄的物體在很小角度的範圍內與入射波產生很小角度範圍之作用,而這種作用只造成入射波的相位改變,並不影響入射波的振幅時,滿足此理想狀況之物體稱為相位物體。其穿透函數可以一相位差來表示:

$$q(x) = \exp[i\varphi(x)] \tag{10-25}$$

其中 $\varphi(x)$ 是相位的改變,與厚度及材料的折射率有關。倘若一個平面波與此物體作用,則 $|q(x)|^2 = 1$,因此其影像若經過理想透鏡的轉換,則

$$\left|\psi(x)\right|^2 = \left|q\left(-\frac{Rx}{R'}\right)\right|^2 = 1 \tag{10-26}$$

由上式可看出一個相位物體經過理想透鏡成像時沒有對比,若在穿透函數的相位中多出一吸收的項,這可能是由於吸收或多次散射而引起的。

$$q(x) = \exp[i\varphi(x) - \mu(x)] \tag{10-27}$$

$$|q(x)|^2 = \exp[-2\mu(x)] \tag{10-28}$$

2. 離焦的對比 (out-of-focus contrast)

相位對比中最主要的就是離焦的對比。考慮離焦值為 Δ,穿透函數可視為

$$\psi(x) = q(x) * \exp\left(-\frac{iKx^2}{2\Delta}\right) \tag{10-29}$$

爲了方便，以傅利葉轉換後的形式來討論

令　$q(x) = \exp[i\varphi(x)] \equiv \int \Phi(u) \exp(-2\pi iux)\, du$　　　　　(10-30)

則　$q(x) * \exp\left(-\dfrac{iKx^2}{2\Delta}\right)$

$\qquad = \iint \Phi(u) \exp\left(-\dfrac{iKX^2}{2\Delta}\right) \exp[-2\pi iu(x-X)]\, dX du$

$\qquad = \int \Phi(u) \exp(-2\pi iux) \exp(i\pi\Delta\lambda u^2)\, du$　　　　　(10-31)

倘若 $\Delta\lambda$ 很小，則上積分式中

$\qquad \exp(i\pi\Delta\lambda u^2) \sim 1 + i\pi\lambda\Delta u^2$　　　　　(10-32)

故　$\psi(X) = \int \Phi(u) [\exp(-2\pi iux)](1 + i\pi\lambda\Delta u^2)\, du$

$\qquad = \exp[i\varphi(x)] + i\pi\Delta\lambda \int u^2 \Phi(u) \exp(-2\pi iux)\, du$

$\qquad$ (由傅利葉轉換 $\dfrac{d^n}{dx^n} f(x) = (-2\pi iu)^n F(u)$)

$\qquad = \exp[i\varphi(x)] \left\{ 1 + \dfrac{\Delta\lambda}{4\pi} \varphi''(x) + \dfrac{i\Delta\lambda}{4\pi} [\varphi'(x)]^2 \right\}$　　　　　(10-33)

因此當 $\Delta\lambda$ 很小時，離焦相位物體的影像強度是

$$I(x) = 1 + \dfrac{\Delta\lambda}{2\pi} \varphi''(x) \qquad\qquad\qquad (10\text{-}34)$$

影像的對比受 $\varphi(x)$ 二次微分的影響，而且當 Δ 變號時對比也相反過來。一般而言，過度聚焦 (overfocus) 時，Δ 爲正值，聚焦不及 (underfocus) 時，Δ 爲負值。

3. Zernike 相位對比

　　當相位物體造成的相位變化很小時，亦即 $|\varphi(x)| \ll 1$，則

$\qquad q(x) = 1 + i\varphi(x)$　　　　　(10-35)

$\qquad Q(u) = \delta(u) + i\Phi(u)$　　　　　(10-36)

$\delta(u)$ 相當於直接穿透的波，而 $\Phi(u)$ 則是受散射的部份。這兩部份的相位差爲

$\pi / 2$，故

$$\psi(x) = 1 + i\varphi(x) \tag{10-37}$$

若取一次項，則此影像的強度 $\psi\psi^* = 1$，假若穿透的波再經過 $\pi / 2$ 的相位變化，則

$$Q'(u) = i\,[\delta(u) + \Phi(u)] \tag{10-38}$$
$$\psi(x) = i\,[1 + \varphi(x)] \tag{10-39}$$

再取一次近似，則影像強度：

$$I(x) = \psi\psi^* = 1 + 2\varphi(x) \tag{10-40}$$

另外再討論對比轉移函數的影響：

$$\psi'(u) = \psi(u)\exp\,[i\chi(u)] \tag{10-41}$$
$$\chi(u) = \frac{2\pi}{\lambda}\left(C_s\,\frac{\lambda^4 u^4}{4} + \Delta f\,\frac{\lambda^2 u^2}{2}\right) \tag{10-42}$$

這主要是由於物鏡的球面像差與離焦所造成的相位位移，將在本節的第三部份光學繞射儀原理中作詳細的說明。

  由於高分辨穿透式電子顯微鏡的成像是由相位對比產生的影像，而且一般都在高倍率下工作，因此儀器的校準 (alignment)、試片的位置與試片的傾角對高分辨的結構影像有很大的影響。電子束稍微偏離光軸或者試片傾斜一點 (偏離正極) 都可能會得到完全不同的影像，不但使得結果的解釋變得困難，甚至無法得到好的影像。對於上述的影響我們可利用對比轉移函數理論 (contrast transfer theory) 看出；其主要原因是由於偏離引起繞射電子束有不對稱的相位移，而此種不對稱的相位移又無法以光學繞射儀來測出，因此在作儀器校準時要特別注意。卻測出高分辨影像是否受到不對稱相位移的影響，我們可以影像模擬的方法來作比較。此處有一些電子束或試片偏離時的校準方法可供參考。

　　在作電子束的校準時，傳統的改變電流或電壓校準 (current center 或 high-voltage center) 的方法已不能滿足高解析的要求。有五種方法可供我們從事光束的校準：1. 非晶材料或碳膜影像紋理 (image texture) 的辨認，此方法通常也用來調整像差，但不是很準確的方法。2. 利用較厚試片所產生二次條紋 (second fringe) 的對稱性來調整，此種方法很準確，只可惜這種二次條紋由於其間距很窄且對比性不好，所以較少使用。3. 利用在物鏡離焦時試片中小顆粒反射影像 (reflex image) 重疊的對稱性來判斷，但此法只在試片上有很多小顆粒時方可施行。4. 非晶膜的影像會隨著電子束的傾斜而變化，且同樣大小的偏離應有同樣對比的影像。5. 利用上述情況所產生對比的變化，讀取連續變化的影像；若對比呈對稱性的變化，則在中間位置時電子束沒有偏離。

　　利用上述第五種方法進行自動校準光束的研究，也就是將讀取到的影像以電腦處理，比較其對比，並將訊號回饋到電子顯微鏡的線圈上以調整其光束。同樣地也可以這種方法來調整散光像差 (astigmatism)。這項調整在高分辨的工作中是很重要的一環；當散光像差存在時，影像也會出現方向性的對比，故亦是一項值得注意的技術。

　　在操作電子顯微鏡時，常會碰到一些奇怪的影像，這種影像往往是由於未照正常規則操作儀器所引起。在表 10.2 中我們將一般常見的奇怪現象及其可能原因與解決方法列出，供作參考。

　　表 10.2 的項目中有一項輻射損傷 (radiation damage)，在高分辨成像時是必須留意的問題。我們依照損傷的成因可將形成機制分成兩類，一是撞擊損傷 (knock-on damage)，另一是輻射激發 (radiolysis)；撞擊損傷是指當電子的動能超過某一臨界值 U_{th} 時，會造成試片原子的位移。U_{th} 與擊斷原子鍵結所需的能量和原子質量都有關係，其關係式為

$$U_{th} = 0.05 \, (104.4 + 0.186 \, AT)^{1/2} - 0.511 \tag{10-43}$$

其中 A 表示原子的質量，T 表示斷鍵所需的能量。

　　表 10.3 所列是常見元素及化合物的 U_{th} 與 T。在考慮撞擊損傷的同時，我們也要考慮產生撞擊損傷的截面積 (cross-section)。在低於 511 keV 時截面積的計算式是

表 10.2 電子顯微鏡中出現異常影像的原因及其解法一覽表。

現　　象	可　能　原　因	解　　法
模糊的影像 (coarse image)	(1) 離焦太多 (2) 像差太大 (3) 輻射損傷 (4) 腐蝕 (5) 污染	(1) 以放大鏡聚焦 (2) 調整像差或校準物鏡光圈的中心 (3) 降低電子束在試片上的強度 (4) 檢查真空、底片預抽盒以及放氣管之進氣口的乾燥條件 (5) 檢查防污染的裝置是否有冷卻的效果且不會碰到試片室中的其他部份
線形的影像	(1) 像差 (2) 試片移動 (3) 外界有機械振動影響 (4) 光束未校準正確 (5) 鏡體中有放電的效果 (6) 試片中存有的線形結構 (7) 外來電磁場	(1) 調整像差 (2) 等待停止或冷卻 (3) 等待振動消除 (4) 重新校準 (5) 保持零件的整潔 (6) 正常結果 (7) 除去外加電磁場或降低加速電壓
底片越接近外緣影像越不清晰	(1) 試片過厚 (色散差異的放大現象) (2) 高壓不穩定 (3) 物鏡不穩定	(1) 降低試片厚度、提高加速電壓、提高放大倍率 (2) 檢查供電源，清潔電子槍 (3) 檢查電源或找原廠校準 (物鏡有損時)
底片上各處清晰程度不一	(1) 試片傾角太大 (2) 光束未正確校準	(1) 檢查試片傾角或試片在試片底座中是否放置妥當 (2) 重新校準
底片上影像強度不一	(1) 試片厚度不一 (2) 燈絲未達飽和點 (3) 燈絲有損 (若已飽和) (4) 影像經過透鏡時受到扭曲 (5) 光束未正確校準	(1) 改變試片上的觀察位置 (2) 加燈絲電流使飽和 (3) 換燈絲 (4) 檢查放大透鏡的校正 (5) 重新校準

表10.3 撞擊損傷的變數表。

元素或 化合物	T：斷鍵所需之能量 (eV)	U_{th}：電子的臨界能量 (keV)
鋁	16—19	140—160
矽	11—22	120—190
砷化鎵 (GaAs)		
鎵	9	250
砷	9	250
石墨	28—31	130—140
鑽石	80	330
氧化鈾 (UO₂)		
鈾	40	1650
氧	20	120
銅	19—22	400—430
氧化鋁 (Al₂O₃)		
鋁	18	180
氧	72	370

$$\sigma_d = Z^2 \frac{m}{M} \cdot \frac{4\pi a_H^2}{U} \cdot \frac{U_R^2}{T} \tag{10-44}$$

其中 a_H 是原子的波爾半徑 (Bohr radius)，U_R 是 Rydberg 能量，T 是斷鍵能，U 是電子的能量，m 是電子質量，M 是原子核的質量，Z 是原子序。在高於 511 keV 時，

$$\sigma_d \sim 70 \frac{Z}{T_d} \qquad\qquad (10\text{-}45)$$

輻射激發的形式主要有四種：1. 核心電子的游離 (當 $T > 100$ eV)，2. 價電子的游離 (T～10—20 eV)，3. 激發價電子形成電子—電洞對 (T～5—10 eV)，4. 電漿子 (plasmons) 現象 (T～25 eV)；第四種輻射激發在絕緣體中最常發生。輻射激發的截面積 σ 為：

$$\sigma \propto \frac{1}{UT} \qquad\qquad (10\text{-}46)$$

10-4-3 影像模擬計算

影像模擬計算的方法有兩種，一種是利用 Bloch 波的方法，另一種是利用多層 (multislice) 方法。目前一般對高分辨電子顯微鏡的模擬計算絕大部份都採用第二種方法，因此以下的討論也以多層方法為主。

首先我們要作一個假設——固定相位的成像 (coherent imaging)。亦即到達試片表面的電子束是平面波，發出平行且單一波長的入射電子，然後入射電子經材料散射 (scattering)，互相干涉後，再由電磁透鏡結合形成影像。

在說明計算過程與程式的結構之前，須先建立一些觀念：

1. 一般的 Kirchhoff 繞射電子，當物體的尺寸遠小於其到光源或到觀察點的距離，且光源與觀察點遠大於物體的尺寸時，則為典型之 Fraunhofer 繞射條件 (圖 10.4)。由附錄 A-8 (A-8-4) 式

$$\psi(x,y) = \frac{i}{\lambda} \left(\frac{1+\cos\varphi}{2} \right) \iint q(X,Y) \frac{\exp(-ikr)}{r} \, dXdY \qquad (A\text{-}8\text{-}5)$$

當繞射的範圍很小時，(A-8-5) 式可再簡化為：

$$\psi(x,y) = C \iint q(x,y) \exp[ik\,(lX+mY)] \, dXdY \qquad (A\text{-}8\text{-}8)$$

其中 C 是含 $\frac{1+\cos\varphi}{2}$ 的常數項，$l = \frac{x}{r_0}$, $m = \frac{y}{r_0}$

r_0 是繞射點到觀察點的距離，$C = (1+\cos\psi)\, i \, \dfrac{\exp(-iKr_0)}{2r_0\lambda}$, $q(X,Y)$ 是物體的穿透函數。

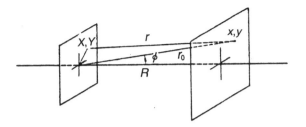

圖 10.4

圖示 Fraunhofer 繞射的座標系統。[2]

2. Fourier 函數的特性：兩函數乘積的 Fourier 轉換等於兩函數個別的 Fourier 轉換之輪旋積 (convolution integral)；反之，兩函數輪旋積的 Fourier 轉換等於兩函數個別之 Fourier 轉換的乘積。

3. 一個純相位物體 (phase object)——即只會改變入射波的相位而不改變其振幅大小的物體，其穿透函數可寫成

$$q(x) = \exp[i\varphi(x)] \quad \varphi \text{ 是相位的變化}$$

4. 在小角度的近似中，平面波的傳播可表示成

$$\psi(x) = \left(\frac{i}{R\lambda}\right)^{1/2} \exp(-i\mathbf{K} \cdot \mathbf{R}) \int_{-\infty}^{\infty} q(x) \exp\left[\frac{-iK(x-X)^2}{2R}\right] dX$$
$$= CQ(X) * \exp(\pi i R\lambda u^2) \tag{10-48}$$

其中 $\exp\left[\dfrac{-iK(x-X)^2}{2R}\right]$ 為傳播因子，x 與 X 分別是觀察平面上與物體平面上的座標，R 則是兩平面間的距離。由此可看出波傳遞時的傳播因子

$$P(x) = \left(\frac{i}{R\lambda}\right)^{1/2} \exp(-iKR) \exp\left(\frac{-iKx^2}{2R}\right) \tag{10-49}$$

如忽略 $\exp(-iKR)$ 而得 $P(x)$ 的 Fourier 轉換式為

$$P(u) = \exp(\pi i R\lambda u^2) \tag{10-50}$$

　　換言之，由上述四個觀念可知：假設一波源振幅為 $q_0(x)$，經過一連串具

有 $q_n(x)$ 穿透函數的平面物體，且傳播 R_n 的距離，即

$$P_n(u) = \exp(\pi i R\lambda u^2)$$

則在第 $n+1$ 物體的平面上所觀察到的振幅可寫成

$$\psi(x) = q_n(x)_N \left[\cdots\cdots_3 \left[q_2(x)_1 \left[q_1(x)_1 [q_0(x) * P_0(x)]_1 * P_1(x)\right]_2 * P_2(x)\right]_3 \cdots\cdots\right]_N * P_n(x)$$

$$(10\text{-}51)$$

(10-51) 式即為多層方法的基本構想，而其中 $q_N(x)$ 的形式是上述觀念 3. 中相位物體的形式。此一連串的輪旋積由於 $q_N(x)$ 在晶體的繞射中具週期性，故將之作 Fourier 分解：

$$q_N(x) = \sum_h Q_N(h) \exp\left[-2\pi i\left(\frac{hx}{a}\right)\right]$$

$$(10\text{-}52)$$

變成一個級數和，利用快速 Fourier 轉換可得到 $\Psi(u)$，即為倒晶格的繞射強度。如式 (10-53)：

$$\Psi(u) = {}_N \left[Q_N(u) * \cdots\cdots *_2 \left[Q_2(u)_1 * \left[Q_1(u) * Q_0(u) P_0(u)\right]_1 P_1(u)\right]_2 P_2(u)\cdots\cdots\right]_N * P_N(u)$$

$$(10\text{-}53)$$

$$\Psi_N(\mathbf{u}) = [\Psi_{N-1}(\mathbf{u}) \, P_{N-1}(\mathbf{u})] * Q_N(\mathbf{u}) \, , \, \mathbf{u} = (u, v)$$

$$(10\text{-}54)$$

若是週期性的物體，則

$$\Psi_N(h,k) = \sum_{h'} \sum_{k'} \Psi_{N-1}(h',k') \, P_{N-1}(h',k') \, Q_N(h-h', \, k-k')$$

$$(10\text{-}55)$$

上式即是離開第 $N-1$ 層的波在第 N 層上觀察的結果。

為了詳細地說明計算的原理，我們以美國亞利桑那大學 (A.S.U.) 所發展出的多層程式為討論的例子。此程式主要分為四部份。第一部份 FCO128 是計算和一般所謂結構因子 (structure factor) 相近的 Founier 係數：

$$F(hkl) = \sum_j f_j^{fb}(S_{hkl}) \exp(2\pi i \mathbf{u} \cdot \mathbf{r}_j) \exp(-B_j S_{hkl}^2) \tag{10-56}$$

其中 f_j^{fb} 表示第 j 個原子的第一個 Born 散射因子 (見 International Tables for X-ray Crystallography, Vol.5)。

$$f^{fb}(S_{hkl}) = \left(\frac{\pi\varepsilon_0}{4}\right)\left(\frac{me^2}{2h^2}\right)[Z - f^x(S_{hkl})] / S_{hkl}^2 \tag{10-57}$$

其中 ε_0 是真空中的介電係數，m 是電子的靜止質量，h 是 Planck 常數，Z 是原子序，$S_{hkl} = \sin\theta_{hkl} / \lambda$，$f^x$ 是對 X 光的散射因子，在 FCO128 中主要的輸入有原子序 Z、原子座標 r_j、原子的溫度因子 B (thermal factor) 等。

Fourier 係數 $\Phi(hkl) = h^2 F(hkl) / 2\pi me V_c$ (10-58)

其中 V_c 是單位晶格的體積。

第二部份 PG128 是利用 (10-58) 式來計算晶格位能在原點平面上之投影。在此要特別說明所謂的原點平面是指通過原點且垂直於入射電子方向的平面。將投影在原點平面上的位能當成一平均效應，即通過這一層晶格的電子所"感受"到的晶格位能。特別注意這裡所提到的晶格並不一定是完整的晶格，而是自行劃分的部分晶格；因為輸入完整晶格所得到的位能投影可能與實際上的位能有較大的差異，因此對於在入射方向很長的晶體，我們可將之分成 a、b、c、……等假想的小晶體，每一小部份有個別的投影位能 P_a、P_b、P_c、……，就如同電子通過多種晶體一般。此部份乃是利用第一部分所得到的 Fourier 係數 (10-58) 式來計算正晶格平面上的位能：

$$\phi(x,y) = \mathscr{F}^{-1}[\Phi(hko)] = \sum_{hk} \Phi(hko) \exp\left[-2\pi i\left(\frac{hx}{a} + \frac{ky}{b}\right)\right] \tag{10-59}$$

(假設入射電子沿著 z 方向)

a、b 分別是投影平面上兩個獨立軸的長度。(x, y) 是將投影平面劃分成很多小格子，每個格子以 (x, y) 表示，然後對倒晶格作反傅利葉轉換而得到每一小格子的位能大小。這也就是為什麼這第二部份程式叫作相位格子 (phase grating; PG128) 的緣故；利用這裡算出的位能就可得到這一層的穿透函數

$$q_N(x, y) = \exp[-i\sigma\phi_n(x, y)\,\Delta Z] \tag{10-60}$$

其中 $\sigma = 2\pi m e\lambda(1 + eE/mc^2)/h^2$，$\Delta Z$ 是該層的厚度。
另外再計算傳播因子

$$P(h,k) = \exp[-2\pi i\tau(h,k)\,\Delta Z] \tag{10-61}$$

$$\tau(h,k) = -\lambda\frac{[h^2 a*^2 + k^2 b*^2 + 2hka*b*\cos\gamma*]}{2} \tag{10-62}$$

其中 a^*、b^* 是 a、b 的倒晶格向量，γ^* 是二者的夾角，τ 函數是所謂的激發誤差 (excitation error)。

第三部份 MS128 是多層的綜合結果，計算步驟是將各層的結果作連續的運算，即

$$\psi_N(h,k) = [\psi_{N-1}(h,k) \cdot P_{N-1}(h,k)] * Q_N(h,k)$$

$$\psi_N(h,k) = \mathscr{F}\{\mathscr{F}^{-1}[\psi_{N-1}(h,k) \cdot P_{N-1}(h,k)] \cdot q(x,y) \tag{10-63}$$

利用快速的傅利葉轉換方式來計算可較快得到結果。此部份程式要注意各層電子束強度的變化及所用傅利葉係數的數目是否會造成大誤差，並須使各層的強度永遠保持小於 (且接近) 1。

第四部份就是將上面所得到最後的波函數 $\psi_{Ntot}(h,k)$ 乘上物鏡的傳播因子 $P_{obj}(h, k)$，得到倒晶格影像

$$\psi_{im}(h,k) = \psi_{Ntot}(h,k) \cdot P_{obj}(h,k) \tag{10-64}$$

$$P_{obj}(h,k) = \exp[-i\chi(h,k)]\exp[-S(h,k)]\exp[-D(h,k)]\,O(h,k) \tag{10-65}$$

$$\chi(h,k) = 2\pi\tau(h,k)[\Delta f + \lambda C_s\tau(h,k)] \tag{10-66}$$

$$\tau(h,k) = \frac{\lambda U(h,k)^2}{2} \tag{10-67}$$

$$\chi(h,k) = \pi\lambda U(h,k)^2[\Delta f + \frac{\lambda^2 C_s U(h,k)^2}{2}] \tag{10-68}$$

C_s 是物鏡的球面像差係數，
$\exp[-S(h,k)]$ 是由離散焦距造成的滯散 (damping) 項，
$\exp[-D(h,k)]$ 是由於發散 (divergence) 造成的滯散項，
$O(h,k)$ 是阻斷 (cut-off) 項，代表一個實際的光圈函數；

然後

$$\psi_{im}(x, y) = \mathscr{F}^{-1} [\Psi (h, k)] \tag{10-69}$$

$$I(x, y) = \psi_{im}(x, y) \cdot \psi_{im}{}^*(x, y) \tag{10-70}$$

10-4-4　光學繞射儀

　　測定成像變數的方法有很多種，例如本文所要測定的球面像差即可以比較明視野與暗野影像的位移來決定。在這裡所作的是常用的方法，是利用光學繞射儀分析非晶質薄膜試片的影像，由光學繞射圖形可決定出各種成像變數。

　　首先要知道繞射強度的表示式

$$D(u) = C \mid A(u) \mid\mid E(u) \mid\mid \sin \chi(u) \mid\mid I(u) \mid \tag{10-71}$$

其中 C 是常數，$A(u)$ 是光圈函數，$E(u)$ 是滯散函數或稱為波包函數 (envelope function)，$\sin\chi(u)$ 是相位差函數，$I(u)$ 是倒晶格繞射強度。上式可簡單地表示成

$$D(u) = C' \mid I(u) \mid \tag{10-72}$$

也就是說光學繞射的強度與影像的倒晶格強度成正比。由這個正比關係可知光學繞射圖形可將原影像的強弱對比與週期正比地重現。如果原影像是完全散亂分布的情況，則繞射圖形呈現出來的應是所有的位置都為相同之強度 (事實上還有散射角的因素會使得高角度的地方強度變弱)。此外，一般常用的非晶形碳膜在 $(1.6 \text{ Å})^{-1}$ 與 $(1.2 \text{ Å})^{-1}$ 之間的繞射強度很微弱。

　　一般可由光學繞射圖形的分佈來求得成像變數。首先討論像差的測定，亦即由像位差函數中的 $\chi(u)$ 變數來探討。在這種測定中我們可測得物鏡的離焦 (defocus) 大小、透鏡散光像差 (astigmatism)，以及球面像差係數 C_s。

　　上述光學繞射強度式中，由於是散亂分布的碳膜試片，因此可視 $\mid I(u) \mid$ 為一常數；暫時忽略 $\mid E(u) \mid$，故影響 $D(u)$ 的因素只剩下 $\sin \chi(u)$，這相位差函數決定了光學繞射圖形中的明暗環狀對比。其中

$$\chi(u) = \pi \Delta f \lambda U^2 + \frac{\pi}{2} C_s \lambda^3 U^4 \tag{10-73}$$

Δf 是離焦大小，λ 是電子波長，C_s 是球面像差係數，U 是倒晶格向量。

$$\chi(u) = N\frac{\pi}{2} \qquad (N\text{ 是整數})$$

當 N 是奇數時，$|\sin\chi(u)|=1$，為亮環。

　　N 是偶數時，$|\sin\chi(u)|=0$，為暗環。

將 (10-73) 式重寫：

$$\chi(u) = \pi\Delta f\lambda U^2 + \frac{\pi}{2}C_s\lambda^3 U^4 = \frac{N\pi}{2}$$

故得

$$\cdot\frac{N}{U^2} = 2\Delta f\lambda + C_s\lambda^3 U^2 \tag{10-74}$$

因此在 N/U^2 對 U^2 的座標平面上將光學繞射圖形中的亮環、暗環逐一標示以 N，如圖 10.5，並計算出相對應的倒晶格向量 U，所得的直線圖形其斜率即為 $C_s\lambda^3$，而圖形在 U^2 軸的截距為 $2\Delta f\lambda$。若因透鏡像散使得圓環變為橢圓，將長短兩軸方向計算出來，得 Δf_1 與 Δf_2，則透鏡之散光像差為 $|\Delta f_1 - \Delta f_2|$。

$$C_s = \frac{\text{斜率}}{\lambda^3}, \quad \Delta f = \frac{\text{截距}}{2\lambda}$$

在光學繞射圖形中，環的數目與 Δf 對應到 n 值的大小。若 $\Delta f = \sqrt{2n+1}\cdot\sqrt{C_s\lambda}$，則光學繞射圖形有 n 個環。在 Scherzer 離焦時光學繞射圖形沒有環狀的對比，此時高分辨影像的對比最接近於晶格中位能投影的分佈。

　　圖 10.6 是以測定出的 C_s 值代入 $\chi(u)$ 中畫出 $|\sin\chi(u)|$ 的圖形。由圖中 (a) 之對比轉移函數圖形可看出第一個寬帶 (passband) 約在 4.5 nm^{-1} 的地方，再考慮光源相位的波包函數 (如圖 10.6 (b)) 及空間中相位的波包圖形 (如圖 10.6 (c)) 時，圖 (b) 中曲線在 $U=5$ nm^{-1} 即急速下降，而 (c) 中在 $U=5$ nm^{-1} 即接近於零，亦即失去了對比。同時考慮此三個函數之作用，其圖形如圖 10.6 (d)。由該圖形可看出在 U 大於 4.5 nm^{-1} 以後曲線降為零，即在 4.6 nm^{-1} 以後的對比無法顯現，因此系統的分辨能力約為 1 / 4.6 nm，即約為 2.2 Å。要注意的是：此分辨能力乃指單純的對比，倘若有相位對比時，分辨率會提高。有關鑑別率的詳細探討請參考 J. Spence 所著高分辨書籍的第四章、第六章和第十章。

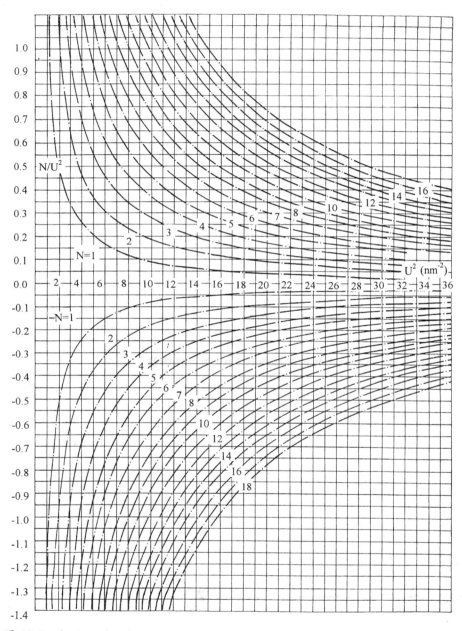

圖 10.5 相位位移函數的圖形。

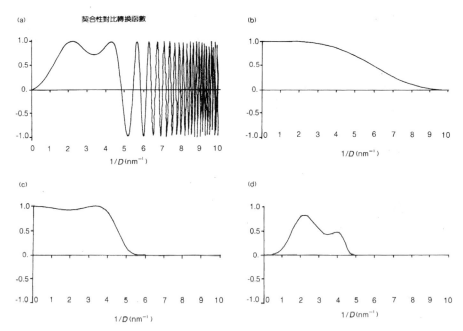

圖 10.6　(a) 固定相位的對比轉移函數圖形。(b) 暫時性的固定相位波包函數。
　　　　(c) 空間的固定相位波包函數。(d) 前三個函數綜合的結果。

10-5　晶體高分辨影像分析

本節主要分成三個系統加以說明，藉以強調高分辨電子顯微鏡的功能。

10-5-1　Y-Ba-Sr-Cu-O 高溫超導體

$YBaSrCu_3O_y$ 系統是將原 $YBa_2Cu_3O_y$ 中的 Ba 原子以 Sr 取代；在微結構中
發現雙晶仍然存在，另外也觀察到 Burgers 向量沿著 [100] 方向的差排。而利
用高分辨影像與影像的模擬計算，不但可由實驗與計算結果的比較來分辨出
$YBa_2Cu_3O_y$ 與 $YBaSrCu_3O_y$ 在 a、b 各方向投影的差別，也可分辨 $YBa_2Cu_3O_y$
與 $YBaSrCu_3O_y$ 在同一投影方向所得影像的差異，因此得以確定 Sr 原子置換
了 Ba 原子的位置。如圖 10.7 所示，圖中 (a) 是 $YBaSrCu_3O_y$ 的高分辨影像，
經模擬計算比對，其厚度約 3 nm，離焦值約為 –25 nm（近似 Scherzer
defocus）。如前所述，在 Scherzer 離焦所照取的高分辨影像對比與實際晶格位

能的投影很接近。計算影像的電子光學變數是：加速電壓 400 kV，球面像差
係數 1.0 mm，電子光束的離散角 1 mrad，離焦值 –25 nm。雖然在此僅討論 Δf
$=$–25 nm，但實際上 Δf=–30 nm, –35 nm, –40 nm 的計算結果也都經過比對，
而以 Δf=–25 nm 的結果與實驗最爲相符。在實驗的影像中，Y、Ba 及 Sr 原子
位置對應較黑的點，銅原子則對應較淡的黑點。氧原子位置是介於各金屬原子
之間的白點。高分辨實驗影像與假設 50% 佔有率 (occupancy) 的 Ba 及 Sr 原子
的計算結果相符，如圖 10.7 (b) 所示；圖 10.7 (c) 則是 100% 的 Ba 原子所計算
的影像。(b) 與 (c) 兩圖的差別在於接近 Ba 原子 (或 Sr 原子) 位置的氧缺陷
(oxygen deficiency) 位置之對比不同。由於 Sr 原子的散射能力 (scattering
power) (或說原子半徑) 較小，因此在底平面上的氧缺陷位置會顯得比圖 10.7
(c) 中的大且亮。此外在 Y 原子平面及底平面上的氧缺陷也比其他氧原子位置
的對比亮；因此也可藉此區別 [100] 與 [010] 方向。因爲在底平面上的氧缺陷
是位於 [100] 的軸上，[100] 與 [010] 兩方向的投影可由底平面上的對比分辨，
如圖 10.7 (b) 與 (e) 的比較。a 軸與 b 軸相差在 2% 以下時，以傳統的 TEM 方
法很難分辨此二軸的差異，而由此對比的比較可分辨之。

除了證明 Sr 置換 Ba 原子，以及分辨 a 軸與 b 軸的差異外，圖 10.8 是利
用高分辨影像直接觀察雙晶平面的例子，由於 a 與 b 的微小差異，使得此材料
在約 600°C 時由正方 (tetragonal) 晶轉變成低溫斜方 (orthorhombic) 晶相而產生
雙晶。

10-5-2　NiSi$_2$ 中之雙晶界面結構

在 NiSi$_2$ /Si 界面，由於 NiSi$_2$ 及 Si 原子間距離不同，而有彈性應變存在。
但在 NiSi$_2$ 中之雙晶界面則因界面兩側皆爲 NiSi$_2$，無塑性及彈性應變存在，
故雙晶界面原子結構亦爲一亟待了解的問題。圖 10.8 爲可能之界面結構。圖
10.9 則爲 NiSi$_2$ 雙晶界面之 HRTEM 像。經用多層計算程式模擬結果發現
HRTEM 在界面 NiSi$_2$ 中之 Si 原子相接之結構模擬像最爲接近。

10-5-3　矽化物中之平面缺陷

在稀土族金屬矽化物方面，有許多雙矽化合物爲六方結構，而其 (0001)
面與 (111) Si 面原子結構之不匹配程度甚小，常能以單晶形式成長於 (111) 矽

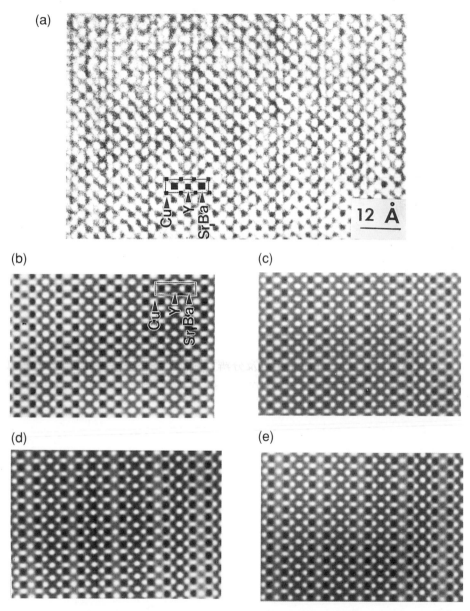

圖 10.7 (a) 實驗觀察 $YBaSrCu_3O_y$ [010] 方向的高解析影像，(b) 到 (e) 是模擬
影像；(b) 是 $YBaSrCu_3O_y$ [010]，(c) 是 $YBa_2Cu_3O_y$ [010]，(d) 是
$YBaSrCu_3O_y$ [100]，(e) 是 $YBa_2Cu_3O_y$ [100]。

晶上。進一步可製成磊晶矽／磊晶矽化物／(111) Si 雙異質磊晶結構。如圖 10.
10。雙異質磊晶結構可能應用於埋藏金屬層高速電晶體。

在 YSi_2 中之平面缺陷經鑑定為疊差，其疊差面與位移向量分別為 $\{10\bar{1}0\}$
與 $1/6 \langle \bar{1}213 \rangle$。位移向量如由一般 "對比消失" 方法分析，易誤定為 $1/6 \langle \bar{1}2\bar{1}0 \rangle$。由橫截面試片 HRTEM 像可看出疊差在 c 軸有一 $1/2$ [0001] 之位移。不同離
焦情況下 HRTEM 像與模擬像甚為相合，如圖 10.11。

10-6　非晶質材料高分辨影像的分析

前面所提各節不論是在高分辨電子顯微鏡的應用、原理或模擬解釋都是以
週期性的晶體結構為例子。但事實上，高分辨電子顯微鏡特別優於傳統電子顯
微鏡的一點是將高分辨電子顯微鏡應用在觀察非週期的原子結構以及含有微細
晶粒 (microcrystal 或 nanocrystal) 的試片。有很多重要的材料系統，如玻璃態

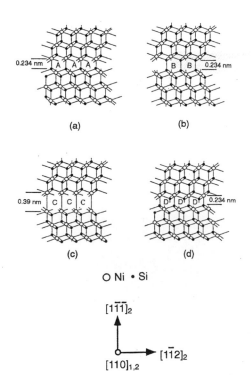

圖 10.8
$NiSi_2$ 雙晶界面之四種可能結構。[16]

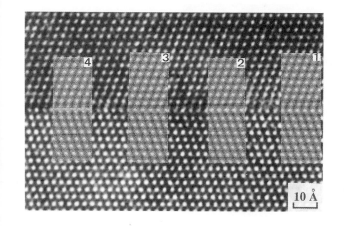

圖 10.9
NiSi₂ 雙晶界面之
HRTEM 像。[16]

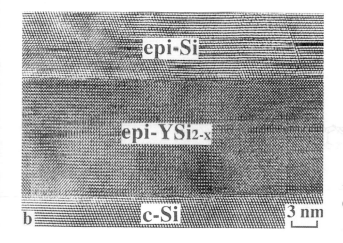

圖 10.10
磊晶矽／磊晶 YSi₂／
(111) Si 之雙異質磊晶
結構 HRTEM 像。[17]

金屬 (metallic glass)、非晶矽、氧化矽及稀土與過渡金屬的磁光材料等都不具有夠大的週期性晶體結構,因此無法以 X 光繞射方法來做個別的材料顯微結構分析。而非結晶性材料中的短程有序結構 (short-range ordered structure) 或原子聚集體 (atomic cluster),都對材料的性質有很大的影響。由此可見,分析高分辨電子顯微鏡影像中的非週期性結構是相當重要的課題。

截至目前為止,分析非結晶性結構的方法可分為以下幾種:(1) 以 X 光或中子繞射做光譜分析求出原子的配位情況,以及徑向分佈函數 (radial distribution function, RDF),並與理論計算模型比對;(2) 高分辨暗視野顯微觀察得到近似的直接原子結構結果;(3) 建立非結晶性的原子結構模型,做模擬

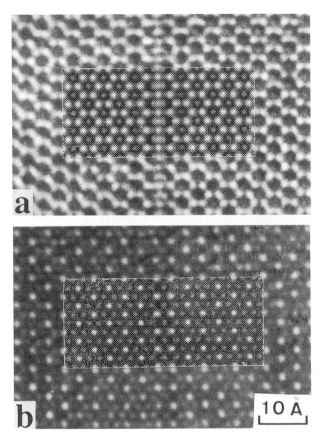

圖 10.11　YSi₂ 中之疊差 HRTEM 與模擬像。(a) 與 (b) 分別為離焦為 –200 及
–600 Å 之像。[18]

計算，並與高分辨穿透式電子顯微鏡影像比對分析；(4) 另用微區繞射的法式
分析；(5) 利用交互運算函數 (correlation function) 的運算分析高分辨結構影像
中的短週期結構。

　　以上所提的幾種方法 (1) 和 (3) 雖可得到全面且精密的結果，但是須要建
立理論模型及龐大的計算，而且所得的結果是平均的結果。方法 (2) 雖可得到
直接的結果，但卻易受限於暗視野成像時高解析儀器的長時間穩定性，以及近
似適用範圍對試片的要求。因此本節僅針對方法 (4) 及 (5)，介紹這兩種分析
非週期性高分辨影像的方法，這兩種方法雖然只能得到兩度空間的結間，但仍

不失爲方便的分析技術。

10-6-1　微區繞射

　　這裡所討論的微區繞射是指以雷射光或電腦影像處理程式，對底片或相片影像做的 Fourier 轉換，其原理已在本章第三節的光學繞射儀有所介紹。傳統利用雷射光光學台做微區繞射是直接將雷射光照在底片上欲分析之區域，雷射光經過底片上的結構對比作用後，會產生類似干涉的強度分佈結果。這種作用在數學上可以 Fourier 轉換來處理。也因爲在最近幾年因爲快速運算器在個人電腦上的應用，使得快速 Fourier 轉換運算 (FFT) 可以簡單且快速地在個人電腦上完成。於是在暗房中工作的光學台微區繞射方式已被更輕鬆方便的電腦快速 Fourier 轉換所取代。經由 Fourier 轉換所得的繞射圖樣可由量測分析是何種短週期的結構。圖 10.12 是共同蒸鍍 Co：Si＝1：2 的薄膜，其中有不少的微晶粒，其中 1, 2 及 3 區域的 Fourier 轉換列於圖 10.13 (a)—(c)，由這些微區繞射的結果可知薄膜中已有一些微晶粒的 $CoSi_2$ 產生。圖 10.12 的週期結構部份是 $CoSi_2$ [110] 方向的投影，由此分析可看出在 $CoSi_2$ 大晶粒長大之前界面已存在相當多的不同方向的微細晶粒。而在晶粒成長的過程中，不同方向的晶粒碰在一起，而微小晶粒會由於能量的因素轉成跟大晶粒一致的方向，如此大晶粒才會持續地長成單一晶粒。FFT 得到的結果是倒晶格的影像，與一般的電子繞射圖樣相似，藉由二次的 Fourier 轉換可將倒晶格的圖形再轉成正晶格的圖形。這過程我們通常叫做影像重建 (image reconstruction)。在影像重建時可加入適當的遮像板 (mask) 以過濾不要的 Fourier 訊號，得到所要的正晶格影像。例如非結晶的基材中若有短週期的結晶微小晶粒，則對微小晶粒做微區繞射時所得的繞射圖，可能會含雜著非結晶基材的繞射圖形，在做影像重建時可以用遮像板將這些雜訊濾掉。

　　以微區繞射的方法來分析非週期性的高解析影像是一項方便的方法，但是其結果往往易受其他結構的繞射結果所影響。因爲除了所要分析的晶體結構以外，其他的繞射訊息均可視爲雜訊。雖然雜訊可以在影像重建時做一些過濾的工作，但是遮像板的安排與選擇卻常常是較困難的。

10-6-2　交互運算函數

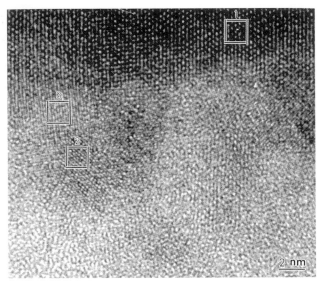

圖 10.12　$CoSi_2$ 非結晶薄膜經退火後開始結晶並成長。圖中顯示成長中的
$CoSi_2$ [110] 方向投影的晶粒及其界面附近的微小晶粒。[19]

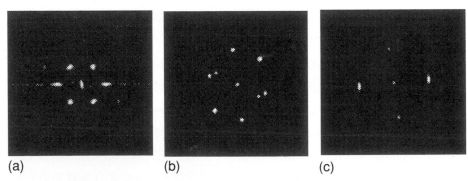

圖 10.13　對應於圖 10.12 中 1, 2 及 3 區的 FFT 結果分別列於 (a), (b) 及 (c)。[19]

　　在數學上標準型式的交互運算函數是自身交互運算函數 (auto-correlation function, ACF)，假設 $f(r)$ 是一個函數，則其 ACF 定義為

$$P(\mathbf{r}) = f(\mathbf{r}) * f(-\mathbf{r}) = \int f(\mathbf{R}) f(\mathbf{r} + \mathbf{R})\, d\mathbf{R} \tag{10-75}$$

其中的 $*$ 符號代表輪旋積。

若 $f(\mathbf{r})$ 代表的是影像中二度空間的強度分佈，當成像條件滿足，使得強度分佈正對應於薄試片中的位能分佈或者是電荷密度時，則強度函數 $f(\mathbf{r})$ 的 ACF 就相當於 Patterson 函數的二度空間形式。Patterson 函數為在 X 光結晶學當中熟知的函數，它代表原子間向量位置關係的圖形。對經過正規化 (normalization)，它則能代表相對於某定點原子在 **r** 向量的位置找到原子的機率。

電子顯微鏡影像強度的 ACF 與 Patterson 函數的關係，可由下列相物近似 (phase-object approximation, POA) 的推導求得。在滿足 POA 的條件及夠小的離焦值時其影像的強度約略正比於位能投影的二次微分 (參考本章 10-34 式)。而由 Poisson 的方程式又知道該二次微分正比於投影的電荷密度。由 (10-25) 式知物體的穿透函數與相位變化 φ 的關係。由光學中粒子波的結果知道物體對電子波的折射率是 $1+\phi(r)/2eE$，其中 $\phi(r)$ 是電子所在的位能場，eE 是電子的動能。當電子沿著位能場的 z 方向前進時，其相位的變化是 $-(\pi/\lambda E)$ $\int \phi(r)\,dz$，以 $\phi(x,y)$ 表示投影的位能分佈，因此 (10-25) 式可重組成

$$q(x,y)=\exp\,(-i\sigma\phi(x,y)) \tag{10-75}$$

其中 $\sigma=\pi/\lambda E$。再由 (10-34) 式可知影像強度正比於位能投影的二次微分

$$I \propto 1-\left[\frac{\Delta\lambda\sigma}{2\pi}\phi''(x,y)\right] \tag{10-76}$$

由 Poisson 方程式 $\phi''=-4\pi\rho$；ρ 是電荷的投影密度，知影像的強度在適當條件下正比於電荷的投影密度

$$I \propto 1+2\Delta\sigma\rho \tag{10-77}$$

因此，對電子顯微鏡的影像強度函數作 ACF 分析即可得到其 Patterson 函數，進而由結果量得短週期結構的種類。

通常在電腦中做 ACF 是將影像強度由掃描記錄成數位化的形式，然後影像強度的 ACF 即可由 (10-75) 式的積分形式對每個位素 (pixel) 計算而得。但是通常為求快速地得到 ACF 的結果，ACF 會藉由 FFT 的方法來求得。首先是利用 FFT 將強度分佈函數轉換成 Fourier 函數，然後轉換形再乘以其自身的共軛複數，最後再反 Fourier 函數轉換即可得到 ACF。

由另外一種觀點來看 ACF 也許更能讓初接觸 ACF 的讀者瞭解 (10-75) 運算式的物理意義。首先將影像強度數位化，假設第 i 個位素的強度是 I_i，而影

像是 $n \times n$ 的二度空間影像。由 (10-75) 式可知 ACF 可視為

$$P(\mathbf{r}_{pq}) = \frac{1}{N} \sum_m \sum_n I(\mathbf{r}_{mn}) \, I(\mathbf{r}_{mn} + \mathbf{r}_{pq}) \qquad\qquad (10\text{-}78)$$

其中 N 是兩影像重疊部份的位素數目，此處用來正常化。r_{pq} 是位移的量，亦即在 ACF 結果影像中的向量位置 (向量的原點是 ACF 結果影像的中心點)。圖 10.14 是說明 (10-78) 式的示意圖。

　　有關 ACF 運算結果有幾點要注意：

(1) ACF 的結果影像大小是原影像的兩倍 (面積 4 倍)。

(2) 由於電腦計算時是以 FFT 轉換，因此對於數位化的有限位素影像的 Fourier 轉換形取樣 (sampling) 時，會將其視為是一個無限的函數，因此 ACF 結果即會包含了本來沒有的延伸部份。這種情形在參考資料 23 中稱作周圍效應 (wrap-around artifact)。此種效應即為對有限範圍函數做快速 Fourier 轉換時的成假像效應。為避免這種效應，即去除假像的方法也類似 FFT 一般所用的去假像方法 (anti-aliasing)：將原影像貼在一個兩倍大的單一強度的背景影像。而此背景影像的強度即是原影像的強度平均值。如此所得的 ACF 結果的大小及強度分佈才不會有對有限範圍數位函數的 FFT

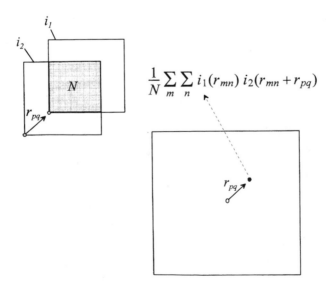

圖 10.14
數位化影像的交互運算
過程示意圖。

運算產生太大的偏差。

　　圖10.15 (a) 是一非結晶影像的例子。10.15 (b) 是原影像未經上述避免假像的處理，即運算的 ACF 的結果。而圖 10.15 (c) 是經過該步驟才得到的 ACF 影像。比較10.15 (b) 及 10.15 (c) 兩圖可看出兩 ACF 結果的強度分佈有明顯的差別。圖 10.16 是 Mo 鍍在 (111) Si 基板上經過 400°C, 2 小時氮氣退火的情形。在 Mo 與 Si 中間會由於擴散在矽化物結晶形成之前有一層約 2 nm 厚的非晶質混合層，而經過退火後此中間層會消失，但中間過程中這層非晶質層中的生成相是一個很有趣的問題，我們可利用 ACF 處理找出此中間層有什麼規則的結構。圖 10.16 中的 1, 2 及 3 區 的ACF 結果在圖 10.17 分別為 a, b 及 c。比較此兩圖可知圖 10.16 的第 2 區可能是 Mo_3Si 的 [112] 方向的投影，而其相鄰兩區 1 及 3 的規則性則較差。圖 10.17 (d) 是計算的 Mo_3Si [112] 方向的 Patterson 對稱圖形，計算所用的厚度小於 2 nm，這結果與圖 10.16 第 2 區規則結構的範圍吻合。圖 10.18 (a) 是將圖 10.16 的第二區取圓形的圖塊再做 ACF，結果由 10.18 (b) 可看出規則結構並不是由於原方型圖塊的邊緣直線的影響而顯現出來。

　　以上所示的例子是在說明 ACF 的功能及用法。ACF 對於分析不規則結構中的小規則區域的分析是一項相當有用的技術。除了 ACF 之外，另外也有對不同影像做交互運算的方法，這種方法由於不是影像自身交互運算，所以叫做

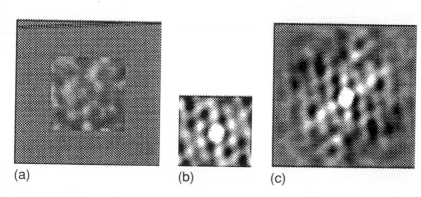

(a)　　　　　　　　　　(b)　　　　　(c)

圖 10.15　圖 (a) 是 W/Si 界面的非結晶中間層圖塊貼於平均強度的二倍大小的
　　　　　　背景，(b) 是未貼背景的圖塊而直接做自身交互運算的規則結果，
　　　　　　(c) 是 (a) 的自身交互運算結果，其規則性與強度分佈不同於 (b) 的
　　　　　　結果。[19]

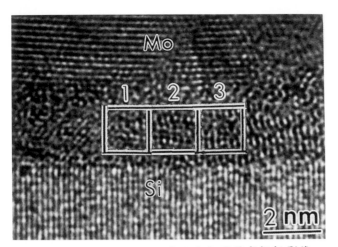

圖 10.16　Mo／Si 界面的非結晶中間層高解析影像。

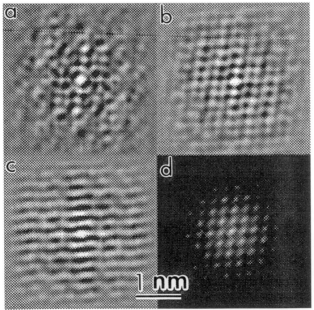

圖 10.17 (a) – (c) 對應於圖 10.16 中的 (1) – (3) 區，(d) 是 Mo_3Si 的 Patterson 函數在 [112] 方向的投影。

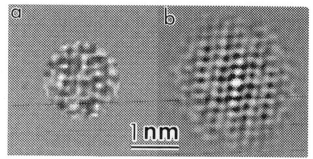

圖10.18 (a) 圖10.16 中第 2 區經圖形圖塊取樣及 (b) 其自身交互運算之結果。

交叉交互運算 (cross-correlation function, CCF)。CCF 的原理與 ACF 相同,只是利用不同影像的交互運算以得出兩影像中主要的相同規則結構。有關 CCF 的應用請參照參考資料 24。

本節所討論的兩種不規則結構影像的分析方法,微區繞射與交互運算函數,都只是得到二度空間的結果。但以其方便及功能而言實在是分析非結晶材料的利器。其中ACF 又可直接得到規則結構的真實影像,因此只要再加上影像模擬與 Patterson 函數的比對即可使結果更具有參考的價值。

充分利用高分辨穿透式電子顯微鏡對非結晶性結構的分析能高度發揮高分辨電子顯微鏡的功能。但是其結果影像的解釋分析遠比結晶材料的結構分析來得困難,因此建立新的分析技術與理論基礎是研究非結晶材料之顯微結構的重要步驟。除了本節所討論的二種方法之外,利用電腦建立非結晶原子模型也是一項極為重要的分析能力。

10-7 結論與建議

隨著科技的發展與科學研究的精進,高分辨電子顯微鏡學在材料科學的研究中已是不可或缺的工具。舉凡化合物結晶構造的解析,各種晶格的缺陷結構、晶界間或相與相之間的原子排列等顯微結構的研究都得靠高分辨穿透式電子顯微鏡的幫忙來完成;特別是局部顯微組織的觀察,非高分辨穿透式電子顯微鏡無以為功。

通常高分辨電子顯微鏡的試片理想厚度是小於 20 nm,在這種厚度下電子

束受到吸收效應的影響較低，試片可以假設為一相位物體，對於結果的解釋較
為容易。另外，高分辨成像曝光時間應儘量縮短 (約 1—2 秒)，以免受到振動
的影響；而試片厚度太大，也會影響到影像的品質。試片置入顯微鏡中時最好
以平整面向下的方式放置，亦即電子束離開試片時，該位置保持為一平整面。
對於有 Z 方向控制裝置的儀器，除了例行的校準 (alignment) 外，要隨時注意
使試片高度保持在最佳的物鏡聚焦條件。倘若無 Z 方向的控制裝置，則應隨
時觀察處於最佳物鏡聚焦條件的試片高度是否適當，會不會因傾轉試片而大幅
改變試片的高度。

　　在儀器設備方面，除了電子顯微鏡本身及環境的維護外，攝影系統及光學
繞射系統也是從事高分辨工作時非常重要的設備。攝影設備除了方便觀察外還
可作臨場動態的觀察錄影，透過影像處理並可得到更多訊息。光學繞射系統除
了幫助使用者了解成像的系統與原理外，也可用來作微區的繞射或影像的重建
(image reconstruction)。另外電腦系統須與所用的程式及攝影系統相配合，最
好也能與顯微鏡連線。

　　對原理與計算的了解可從光學繞射的 Fourier 轉換形態著手；此外，對於
相位物體的相位影響及傳播因子的影響加以熟悉，即可對電子束與試片的作用
有相當的了解。另外電子束通過物鏡時的相位轉移函數之作用，乃至波包函數
的滯散效果也要多加明瞭，以期能正確解釋高分辨成像的結果。

參考資料

1. A. W. Agar, R. H. Alderson and D. Chescoe, *Principles and Practice of Electron Microscope Operation. In Practical Methods in Electron Microscope*, Amsterdam: North-Holland (1974).

2. J. M. Cowley, *Diffraction Physics*, New York: North-Holland (1981).

3. J. W. Edington, Practical Electron *Microscopy in Materials Science*, New York: Van Norstrand Reinhold (1976).

4. P. Grivet, *Electron Optics*, 2nd ed. Oxford: Pergmon (1972).

5. C. E. Hall, *Introduction to Electron Microscopy*, 2nd ed. New York: McGraw-Hill (1966).

6. P. W. Hawkes, *Electron Optics and Electron Microscopy*, London: Taylor and Francis (1972).

7. M. A. Hayat, *Principles and Techniques of Electron Microscopy*, Vol. 6, New York: Van Norstrand Reinhold (1976).

8. P. B. Hirsch, A. Howie, R. B. Nicholson, D. W. Pashley and M. J. Whelan, *Electron Microscopy of Thin Crystals*, 2nd ed. New York: Krieger (1977).

9. D. Misell, *Image Analysis, Enhancement and Interpretation. In Practical Methods in Electron Microscopy*, Amsterdam: North-Holland (1979).

10. J. Spence, *Experimental High-Resolution Electron Microscopy*, New York: Oxford University (1980).

11. T. F. Budinger and R. M. Glaeser, *Ultramicroscopy*, **2**, 37 (1976).

12. L. W. Hobbs, *EMSA Bulletin*, **15**, 51 (1985).

13. K. Ishizuka, *Acta Cryst.*, A**38**, 773 (1982).

14. S. Smith, *Ultramicroscopy*, **11**, 263 (1983).

15. D. Smith, Practical Experience with Computer-controlled HRTEM, Proceedings of the 45th Annual Meeting of The Electron Microscopy Society of America (1987).

16. W. J. Chen, F. R. Chen and C. J. Chen, *Appl. Phys. Lett.*, **60**, 2201 (1992).

17. T. L. Lee, unpublished work.

18. T. L. Lee, L. J. Chen and F. R. Chen, *J. Appl. Phys.*, **71**, 3307 (1992).

19. J. M. Liang, unpublished work.

20. G. S. Cargill, *J. Appl. Phys.*, **41**, 12 (1970).

21. J. M. Cowley, *Acta Cryst.*, A**29**, 529 (1973).

22. J. M. Cowley, *Acta Cryst.*, A**29**, 537 (1973).

23. P. C. Shieh, C. O. Stanwood and J. M. Howe, *Ultramicroscopy*, **35**, 99 (1991).

24. J. C. Philips, J. C. Bean, B. A. Wilson and A. Ourmazd, *Nature*, **325**, 121 (1987).

25. G. Y. Fan and J. M. Cowley, *Ultramicroscopy*, **17**, 75 (1985).

26. R. S. Timist, *Ultramicroscopy*, **45**, 65 (1992).

27. J. Frank, *Computer Processing of Electron Microscope Images,* 187, Berlin:

Springer (1980).

28.　J. M. Liang and L. J. Chen, *Appl. Phys. Lett.*, **64**, 1224 (1994).

習 題

10.1　(參閱 *J. Appl. Phys.*, **42**, p.5891) $Ti_2Nb_{10}O_{29}$ 的單位晶胞是斜方晶 (orthorhombic)，空間群是 Amma, a＝28.5 Å, b＝3.8 Å, c＝20.5 Å。圖 1 (a) 是該材料主要軸向的繞射圖形，請解此繞射圖形。圖 1(b) 是經稍微傾轉的繞射圖形，請找出傾轉軸與傾轉角，以及圓圈圈住的點之激發誤差 (excitation error)。圖 1(c) 是更進一步傾轉試片所得的繞射圖形，請指出箭頭所指之點的米勒指標 (Miller index)。

10.2　圖 2 是具有類似六方鎢鋅礦結構的 $K_2O\text{-}Ta_2O_5$ 化合物在 100 kV 電子顯微鏡中所得的繞射圖形，其 c 軸長是 65.1 Å；請試由清晰的繞射點定出單位晶胞的大小。消失的點有什麼規則性？由消失點的規則性是否可得到足夠決定其對稱的資料？如果可以，那麼此晶體結構的對稱為何？圖中散狀線的形式與位置代表了什麼樣的非序 (disorder) 狀態？沿著散狀線的強度起伏可得到什麼訊息？有沒有任何透鏡像差影響繞射圖形的幾何形狀？你是否可由圖 2(b) 的 HRTEM 影像來解釋你的結果？你認為那一個 HREM 的影像是由圖 2(a) 得來的？

10.3　在計算的過程中，快速之 Fourier 轉換所引進的繞射電子束只有投影的效用，亦即只提供二元平面上的繞射電子束，試討論高階繞射 (high-order diffraction) 電子束的影響。

10.4　單純地考慮相位物體與位能投影只能求得一近似的結果，對於吸收效應 (absorption effect) 的考慮，目前尚未能引入多層計算的過程中，試說明如何引入吸收效應之考慮。

10.5　光源相位的考慮與平面波的假設也是很重要的影響因素，但實際上常用的光源卻未必真能滿足這個假設，試討論如何使計算的過程與實際成像的過程更相符。

圖 1.

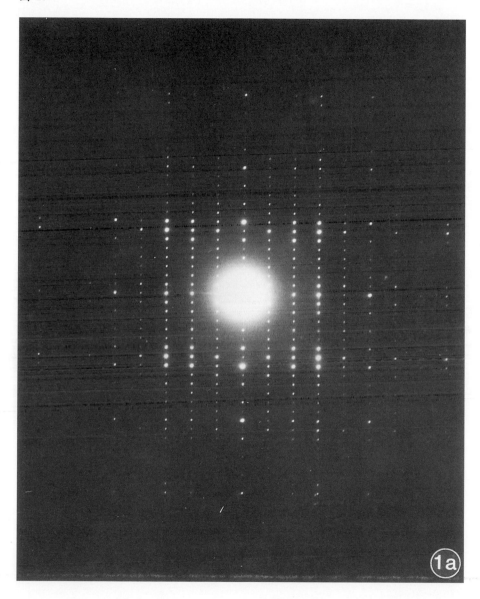

圖 2.

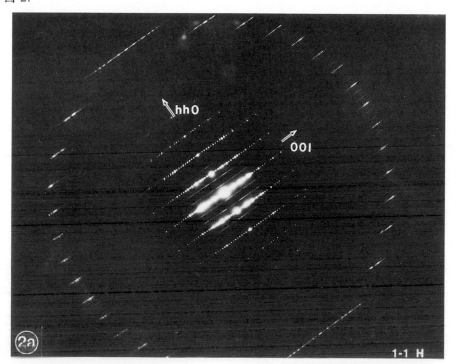

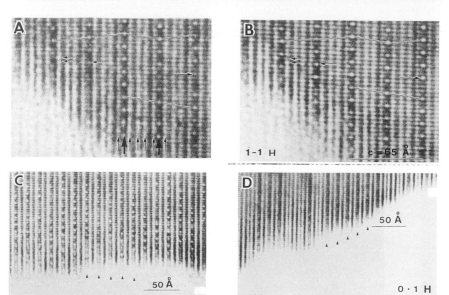

(b)

第十一章

掃描式電子顯微鏡

11-1　前言

　　1938 年 von Ardenne 將穿透式電子顯微鏡裝上掃描線圈製成第一部掃描穿透式電子顯微鏡 (STEM)；1942 年 Zworykin 等人首先以掃描式電子顯微鏡 (SEM) 觀察厚試片，其裝置如圖 11.1。當時鑑別率只有 1 μm，經過不斷改進如減少電子束大小、改進訊號／雜訊比等，得到 500 Å 的鑑別率。1960 年

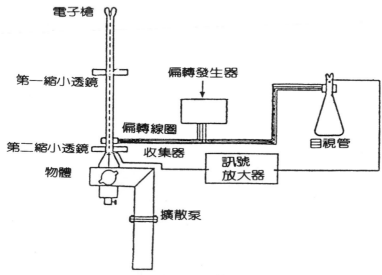

圖 11.1　1942 年之 SEM 構造簡圖。[1]

Everhart 和 Thornley 使用閃爍器 (scintillator)，增進了信號收集的功能，使得較弱的對比也可觀察到。自從 1965 年以來，SEM 已非常普遍地應用在許多領域上，如材料、生物、醫學、電子、機械等；它除了可觀察三度空間的立體影像外，亦可加裝 X 光的偵測器如 EDS 或 WDS 等，來作化學成份的分析，係一高性能的材料分析工具。

11-2 SEM 的電子光學系統

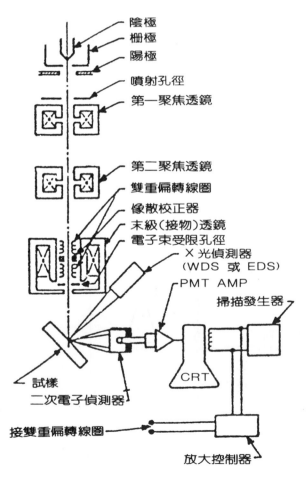

圖 11.2 SEM-EPMA 的電子及 X 光光學構造示意圖。[1]

11-2-1　電子槍

1. 熱離子發射 (Thermionic Emission)

　　SEM 構造如圖 11.2，熱離子放射槍構造如圖 11.3。在足夠高的溫度下，部份電子的能量足夠克服功函數 (work function, E_w) 而自電子槍發射，此發射電流密度 (J_c) 可以 Richardson 公式表之：

$$j_c = A_c\, T^2 \exp\left(-\frac{E_W}{kT} \right) \qquad (單位\ A\ /cm^2)$$

其中 A_c ($A\ /cm^2 K^2$) 是常數，隨材料而異；T (K) 是放射溫度。

　　一般以鎢 (W) 為燈絲材料，甚少使用 LaB_6。操作時，燈絲經加熱並加一高的負電壓 (1—50 kV)，在燈絲的周圍是柵極 (Wehnelt cylinder)，加負偏壓 (0—2500 V)，此負偏壓使得電子束聚焦成一 d_0 大小的交叉點，接下來的聚光透鏡及物鏡等，將此交叉點再縮小而形成最終的電子束大小。在交叉點的電流密度為 $J_b = i_b /\ \pi (d_0 /\ 2)^2$，$i_b$ 是燈絲的發射電流，改變偏壓即改變靠近陰極處之電

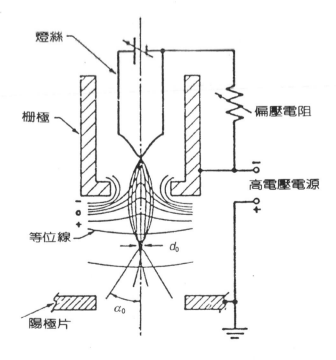

圖 11.3

熱離子放射槍構造示意
圖。[1]

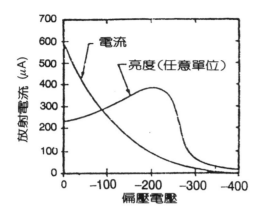

圖 11.4

放射電流和亮度對偏壓的關係。[1]

場。在低偏壓時，電子束聚焦作用不明顯，電子可直接射向陽極，所以發射電流高；但當偏壓甚高時，電子束因受到負電場的強烈作用而返回燈絲，使得發射電流趨於零。如圖 11.4。

加入偏壓時，發射電流隨電壓增大而減小，但燈絲亮度則有不同之變化。如圖 11.4，在低電壓時，發射電流受負電場作用而減小，但由於此負電場之聚焦作用，使得原來無法通過柵極的電子變得可以通過而增加燈絲的亮度，所以亮度隨偏壓增加而增加；當負偏壓大至某一程度時，許多發射電子都被阻擋住，使得聚焦作用相形失色，而致亮度減弱，因此有一最佳偏壓對應最大亮度。燈絲至柵極的距離變化會影響最佳偏壓的數值。

在最佳負偏壓下，電子束電流隨燈絲電流增加而增加，但當到達某一值 (即燈絲電流) 時，電子束電流即趨飽和，此乃因燈絲電流超過放射電子所需之電流後，偏壓亦隨著增加，使得燈絲附近之負電場增強，抵消了 (燈絲電流增加所導致之) 發射電流增加的效應而達到飽和狀態。至於僞峰 (false peak) 的出現，乃因燈絲某些區域的溫度首先達到發射溫度 (較燈絲尖端爲早) 而放出放射電流所致。如圖 11.5。

2. 鎢絲陰極

鎢絲係一直徑約 100 μm、彎曲成 V 形的細線，其操作溫度約 2700 K；電流密度爲 1.75 A/cm^2；在使用中燈絲直徑隨著鎢的蒸發而變小，使用壽命在正常狀況下爲 40—80 小時。

3. LaB$_6$

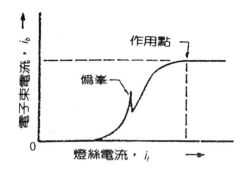

圖 11.5

電子槍的放射特性，圖示電子束電流
和燈絲電流之關係。[1]

　　由於 LaB_6 的功函數為 2.4 eV (較鎢的 4.5 eV低)，因此同樣的電流密度 (1.75 A/cm^2)，LaB_6 只要在 1500 K 即可達到，而且亮度更大，因此其使用壽命便相對延長許多。但是 LaB_6 在加熱時活性很強，可和許多元素形成化合物，所以必須在好的真空環境下操作，如此亦增加其製造及操作之成本。

4. 場發射槍

　　陰極係棒狀形式，尖端之直徑約小於 1000Å，當加上負電壓時，其尖端電場可達 10^7 V/cm，因此電子可經隧道效應而不必加熱即離開陰極，其電流密度可達 1000 到 10^6 A/cm。如此造成之亮度係熱離子槍所造成者之數百倍 (在同樣之電壓下)，而其操作溫度僅止於室溫而已。由於電流密度與功函數有關，而功函數又會受到雜質影響，所以場放射槍的真空度要求標準較高，約在 10^{-10} torr 左右。大多數的 SEM 並不需要如此高真空，因此較少採用場放射槍。

11-2-2　電子透鏡

1. 構造

　　電子透鏡構造如圖 11.6 所示，包括鐵軛 (iron yoke)、線圈和極片 (pole piece)。極片係由鐵磁 (ferromagnetic) 材料構成，性能如鐵。在透鏡中間的磁場主要係由極片所產生，其磁場分佈如圖 11.7，一為沿透鏡軸方向，另一則沿徑向 (radial)。由右手定則，可知電子沿 z 軸前進時受到此二磁場的作用，使電子沿 z 軸成螺旋狀行進 (如圖 11.8) 而聚焦於某一點。

2. 像差 (Aberration)

(1) 球面像差 (Spherical Aberration)

　　如圖 11.9(a)，電子離開試片上的 P 點而聚焦於 P'' 點，在像面上形成一

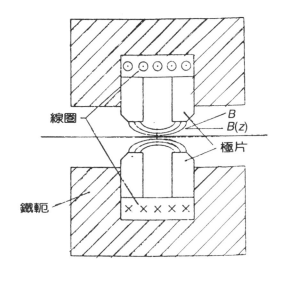

圖 11.6
極片組成的磁透鏡構造圖。[2]

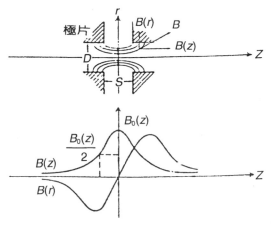

圖 11.7
對稱磁透鏡之磁場分佈圖。[2]

圈影像而非點像，此圈之半徑大小為 $\Delta r_s = C_s \beta^3$，C_s 是此透鏡之球面像差常數，β 是透鏡孔大小。球面像差是造成選區繞射 (SAD) 中部份繞射電子束和穿透電子束來自不同區域的原因之一。

(2) 散色像差 (Chromatic Aberration)

　　如圖 11.9(b)，散色像差由電子束能量的差異而來，$\Delta r_c = C_s \beta \Delta E / E$，此差異可由加速電壓與透鏡電流之不穩定，以及電子束穿過試片的能量損失而造成；前二者可因電源供給器的改良而忽略，後者則取決於試片的厚薄及種類。一般來說，$\Delta E / E$ 可靠著增加加速電壓而減小，此為高壓電子顯微鏡的特點之

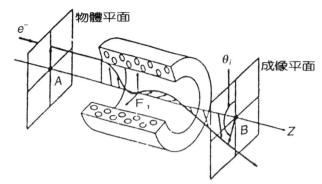

圖 11.8 磁透鏡像的形成顯示電子沿 Z 軸旋轉。[2]

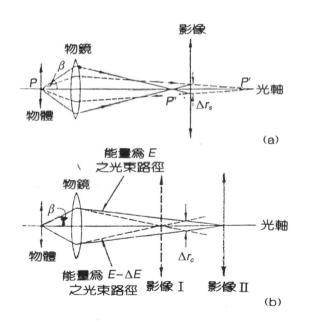

圖 11.9

(a) 球面像差 (b) 散色像差 (c) 散光像差之成因示意圖。[3]

一。

(3) 散光像差 (Astigmatism)

如圖 11.9(c)，由於透鏡有不同的焦距而造成，$\Delta r_a = \Delta f_a \beta$，$\Delta f_a$ 為焦距的最大差值，此種焦距差可靠散光像差補償器 (stigmator) 產生磁場來消除，由於聚光透鏡和物鏡的散光像差對影像的分辨率影響非常大，因此必須正確地操作散光像差補償器。

(4) 繞射像差

如圖 11.10，點光源經過透鏡繞射後在像面形成一個中心亮而四周較暗的環，二點光源之間的分辨率為 $\Delta r_d = (0.61/\beta)\lambda$，$\beta$ 為孔徑張角。β 愈大分辨率愈好，反之則愈差，此與球面像差相反，所以為求得最小的球面像差和繞射像差效應，孔徑大小應為 $\beta \approx (\lambda/C_s)^{1/4}$。

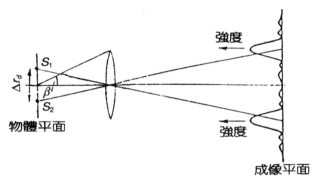

圖 11.10　點光源 S_1、S_2 經物鏡孔徑繞射後形成的兩個 Airy 圓盤影像。[3]

通常這些像差在最接近試片的透鏡 (在 SEM 則為物鏡) 較有意義，因為經由前面透鏡所形成之交叉點影像較最後電子束直徑為大，像差的影響相對就顯得較小。

3. 電子束大小

電子束大小 (d_p) 可定為

$$d_p = (d_k^2 + d_c^2 + d_s^2 + d_d^2)^{1/2} \tag{11-1}$$

$d_k = \left(\dfrac{i}{B\alpha^2}\right)^{1/2}$，$B = 0.62 \dfrac{\pi}{4} \dfrac{eE_0}{KT} J_c$，是以電流密度最大值的五分之一 $(J_s/5)$ 為界之直徑，此乃是受限於電子束的高斯分佈。d_c、d_s、d_d 分別為前述像差所造成影圈之直徑。d_p 可改寫為

$$d_p^2 = [\, i/B + (1.22 \, \lambda)^2 \,] \, 1/\alpha^2 + (C_s/2)^2 \alpha^6 + (C_c \Delta E/E)^2 \alpha^2 \qquad (11\text{-}2)$$

對 α 微分可得

$$d_{\min} = 1.29 \, C_s^{1/4} \lambda^{3/4} [\, 7.92 \, (iT/J_c) \times 10^9 + 1 \,]^{3/8} \qquad (11\text{-}3)$$

要得小的電子束 (<100 Å)，除了減小 C_s、C_c 及加大電流密度外，儀器必須經過校正，防止外界干擾如機械振動、磁場干擾、減小試片污染 (如改進真空系統) 等，始可得之。

　　SEM 電子光學系統有許多方向與 TEM 相似，可參考第二章。

11-3　電子束和試片的作用

　　電子束和試片的作用有兩類，一為彈性碰撞，幾乎沒有損失能量；另一為非彈性碰撞，入射電子束會將部份能量傳給試片，而產生二次電子、背向散射電子、歐傑電子、X 光、長波電磁放射、電子–電洞對等，如圖 11.11。參考第一章。

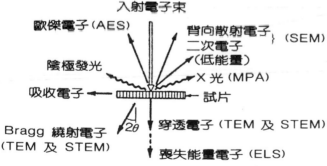

圖 11.11　入射電子在試片裡經彈性和非彈性碰撞後所放出之電子和電磁波。

11-3-1　可供 SEM 偵測之信號

　　這些信號可供 SEM 運用者有二次電子、背向散射電子、X 光、陰極發光、吸收電子及電子束引起電流 (EBIC) 等。分述如下：

1. 二次電子 (Secondary Electrons)

　　電子束和試片作用，可將傳導能帶 (conduction band) 的電子擊出，此即為二次電子，其能量約 < 50 eV，擊出深度 < 100 Å。

2. 背向散射電子 (Backscattered Electrons)

由入射電子反彈回來，其能量約與入射電子相當。

3. X 光

當內層電子被擊出後，外層電子掉入原內層電子軌道而放出 X 光，由此可分析元素成份。

4. 電子束引致電流 (Electron-beam-induced Current, EBIC)

當一個 *p-n* 接面 (junction) 經電子束照射後，會產生過多的電子–電洞對，當這些載子擴散時被 *p-n* 接面的電場收集，外加線路時即會產生電流。用此種方法可觀察差排等缺陷，因這些載子在差排處會再結合而形成像對比。

5. 陰極發光 (Cathodoluminescence)

當電子束產生之電子–電洞對再結合時，會放出各種波長電磁波，此謂陰極發光 (CL)；不同材料發出不同顏色之光。

6. 試片電流 (Specimen Current)

電子束射到試片上時，一部份產生二次電子及背向散射電子，另一部份則留在試片裡，當試片接地時即產生試片電流。試片電流大小等於電子束電流減去二次電子及背向散射電子電流。

11-3-2　作用體積

　　如圖 11.12，作用體積有數個微米 (μm) 深，其深度大過寬度而形狀類似梨子。此形狀乃源於彈性和非彈性碰撞的結果。低原子量的材料，非彈性碰撞較可能，電子較易穿進材料內部，較少向邊側碰撞，而形成梨子的頸部，當穿透的電子喪失能量變成較低能量時，彈性碰撞較可能 (彈性碰撞的截面積 $Q \propto Z^2 / E^2$)。結果電子行進方向偏向側邊而形成較大的梨形區域。

1. 原子序的影響

在固定電子能量時，作用體積和原子序成反比，乃因彈性碰撞之截面積和原子序成正比，以致電子較易偏離原來途徑而不能深入試片。

2. 電子束能量

電子束能量越大，彈性碰撞截面積越小，電子行走路徑傾向直線而可深入試片，作用體積變大。

11-3-3　背向散射電子 (Backscattered Electrons)

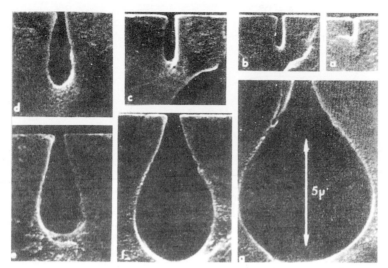

圖 11.12 在 Polymethylmethacrylate 中顯示電子作用體積，剛開始係非彈性碰撞，電子能穿透前進而不向兩側散開，形成梨子的頸部；後來由於失去能量而產生彈性碰撞，致向兩側散開，形成梨狀的作用體積。(1)

大約百分之七十的電子把所有能量消耗在作用體積內，只有百分之三十會被試片原子碰撞出來，此即為背向散射電子，其在 SEM 中提供有用的信號。

1. 原子序的影響

背向散射電子隨原子序增加而增加，其係數與原子序關係如下：

$$\eta = -0.0254 + 0.016\,Z - 1.86 \times 10^{-4}\,Z^2 + 8.3 \times 10^{-7}\,Z^3 \tag{11-4}$$

2. 能量影響

背向散射電子係數和電子能量沒有多大關係。

3. 傾斜影響

當試片對電子束方向傾斜時，電子行進路徑較接近表面，使得背向散射機會增加。

4. 角度分佈

背向散射電子的角度分佈與餘弦 (cosine) 函數成正比，如圖 11.13。背向散射電子數最多者係電子束方向。

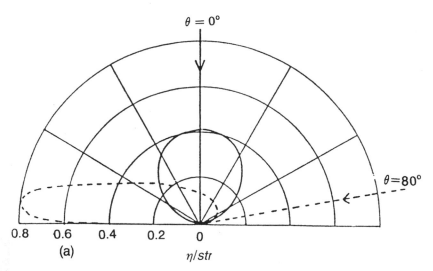

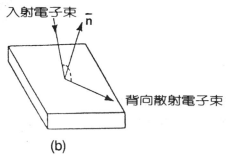

圖 11.13　(a) 試片傾斜 0° 和 80° 時，背向散射電子的角度分佈比較。高傾斜角
　　　　　度時在前進方向有最大的角度分佈。(b) 在高度傾斜之試片上最大背
　　　　　向散射方向的示意圖。[1]

11-3-4　二次電子 (Secondary Electrons)

　　如圖 11.14，Ⅰ 區係一凸起部份，包含某些能量損失在 40% 以下 (由於非
彈性碰撞) 的電子。對大部份原子序在中等以上者而言，主要背向散射電子係
在此區。損失能量較多的小部份背向散射電子形成 Ⅱ 區；小於 50 eV 的電子數
目呈劇增現象 (如 Ⅲ 區)，此係試片發出之二次電子。二次電子的波峰在 3—5
eV 之間，係由於入射電子和試片裡的傳導能帶電子作用而產生。

1. 產生二次電子的試片深度

　　二次電子的重要特徵係其產生深度很淺，主要因其能量低、非彈性碰撞機率

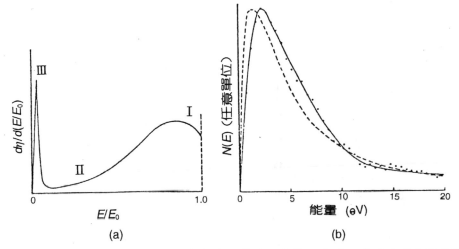

圖 11.14　(a) 從靶射出之電子其能量分佈的示意圖，Ⅰ區、Ⅱ區爲背向散射電
　　　　　子，Ⅲ區爲二次電子。Ⅲ區的寬度較實際情況誇大。(b) 二次電子的
　　　　　能量分佈。[1]

大。二次電子跑出試片的機率和試片深度成指數關係：$P \propto \exp(-z/\lambda)$，$z$ 係
二次電子產生的深度，λ 是二次電子的平均自由路徑 (mean free path)，
Seiler 指出最大的深度約爲 5 λ。二次電子可由入射電子和背向散射電子產
生，而後者產生二次電子的數目較前者爲多。

2. 角度分佈

　　二次電子的角度分佈情形和背向散射電子類似。

11-3-5　X 光

　　入射電子和試片進行非彈性碰撞可產生連續 X 光和特性 X 光，前者形成
背景 (background) 決定最少分析之量，後者可藉以分析成分元素。前者係入射
電子減速 (deceleration) 所放出之連續光譜，後者係特定能階間之能量差。X 光
產生過程及區域形狀如圖 11.15 所示。

11-3-6　陰極發光 (Cathodoluminescence)

　　絕緣體和半導體在經電子撞擊後，會放出紫外光和可見光，此謂陰極發

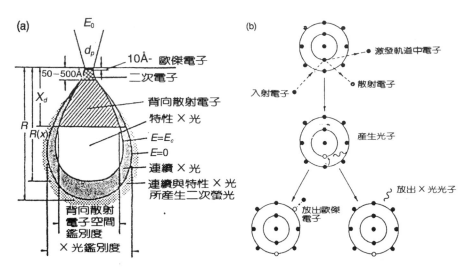

圖 11.15　(a) 在掃描式電子顯微鏡中電子束撞擊試片所產生之背向散射電子、
二次電子、X 光及歐傑電子，其範圍及空間分佈情形。(b) 內層電子
游離及其後電子掉入低能階產生歐傑電子及 X 光過程之示意圖。[1]

光，如圖 11.16。當入射電子撞擊試片時，會將價帶中之電子激發到傳導能帶
中，因而產生電子–電洞對；如果沒有偏壓存在，電子和電洞會再結合以光的
形式 (光子；photon) 放出，此能量等於能帶隙 (band gap) 之能量，和材料及組
成有關。

11-3-7　歐傑電子 (Auger Electron)

當激發狀態的原子愈趨穩定態時，電子會由高能階軌道轉到低能階軌道而
放出 X 光，此過程也可能將其他軌道中之電子釋出，此謂歐傑電子，其能量
約在 50 eV 到 2 keV 之間。

11-4　SEM 的成像

11-4-1　像的建立

1. 線掃描 (Line Scanning)

電子束沿著試片上一條線掃描，而同時在陰極射線管 (CRT) 對應著一條水

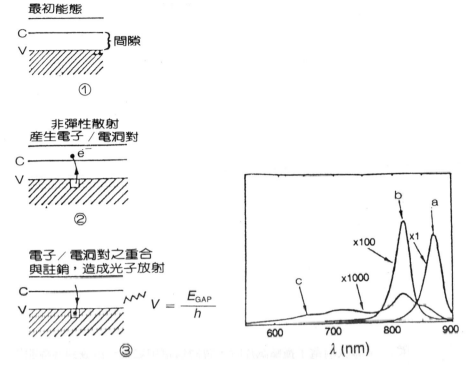

圖 11.16 由電子–電洞對消失所產生之陰極發光過程示意圖。GaAlAs 半導體
陰極光譜：a 爲塊狀材料；b 爲薄膜材料；c 爲有晶格缺陷存在的薄
膜材料。[1]

平掃描線，試片和 CRT 之間係一對一的對應關係。其信號強弱則由偵測器
量測後顯示在 CRT 上，如圖 11.17。水平座標表示試片的位置，垂直座標表
示信號強弱。

2. 面掃描 (Area Scanning)

電子束掃描試片之 *XY* 區，同時 CRT 亦掃描 *XY* 的像，此係一對一對應，如
圖 11.18；信號強弱則由 CRT 上點的明暗度來顯示。這種影像和光學及穿透
式電子顯微鏡像不同，並非眞正像，因眞正像必須有眞實的光途徑 (ray
path) 連接至底片，但對 SEM 而言，像的形成係由試片空間經一步驟轉換到
CRT 空間而成。

3. 放大

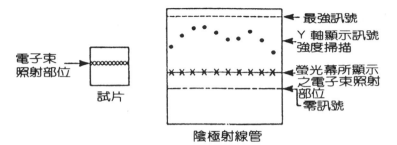

圖 11.17   線掃描的訊息顯示原理，顯示在試片上的掃描位置軌跡及對應在螢
         光幕上之相對位置。在螢光幕上沿 Y 軸方向之點係決定於訊號的強
         度。[1]

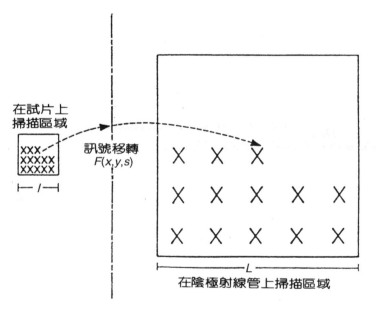

圖 11.18   面掃描訊息顯示原理。試片上之點和螢光幕上之點係一一對應；放
         大倍率為 L / l。[1]

   放大倍率＝ L / l，L 係 CRT 上之長度，l 係試片上之長度。

(1) CRT 的掃描長度 L 常固定為 10 公分；而隨著放大倍率的增加，在試片
    上之掃描長度變小。

(2) SEM 的放大倍率僅依靠掃描線圈的調整，和物鏡無關。物鏡決定電子束的聚焦狀況，所以如在高倍聚焦，低倍時則不須再調焦距。

(3) 當放大倍率改變時，影像並不隨著旋轉 (此點與 TEM 不同)，因物鏡之電流係保持一定。但如工作距離 (working distance) 改變，物鏡須重新聚焦，則影像會旋轉。

4. 影像元素 (Picture Element)

　　影像元素係電子束射在試片上之區域，從此區域將資料轉送至 CRT 上某一點。在 CRT 上最小點之大小為 0.1 mm，所以影像元素之大小為 0.1 mm／放大倍率。當電子束之大小小於影像元素時，影像係真正聚焦；當放大倍率夠大時，電子束照射面積涵蓋數個影像元素，影像即變模糊。如表 11.1、圖 11.19。

5. 視野深度 (Depth of Field)

　　由於電子束係發散的，因此若在最佳聚焦點之上或下，電子束會變得較粗；假使在某聚焦點的上下範圍內，電子束大小小於影像元素，則仍屬聚焦範圍，影像還是清楚的。此上下範圍定為 D，其與電子束大小 (r) 之關係如圖 11.20。即 $\tan\alpha = \dfrac{r}{D/2}$，$D/2 \fallingdotseq r/\alpha$，$\alpha$ 係電子束之發散角度。當電子束大小不大於影像元素時，係在聚焦範圍內，所以 $D/2 \fallingdotseq 0.1$ mm$/\alpha M$，$D \fallingdotseq 0.2$ mm$/\alpha M$。當電子束大小固定時，可減小發散角度或放大倍率以增加視野深度。參考第二章。

11-4-2　偵測器 (Detectors)

1. 閃爍計數器 (Scintillator)

表 11.1　影像元素大小和倍率的關係。[1]

放大倍率	影像元素大小
10 ×	10 μm
100 ×	1 μm
1000 ×	0.1 μm (1000 Å)
10000 ×	0.01 μm (100 Å)
100000 ×	1 nm (10 Å)

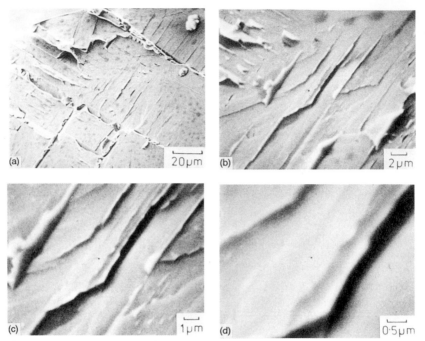

圖 11.19　(a) 到 (d)：破裂面的影像說明無意義之放大作用的效果。(a) 到 (c)
　　　　　顯示細微的訊息而在 (d) 則稜線變模糊了。電子能量爲 15 keV。[1]

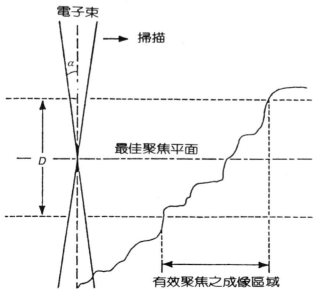

圖 11.20　在 SEM 影像中景深的示意圖。[1]

此可由 $CaF_2 + Eu$ (doped) 閃爍物質構成，當電子撞擊此材料時會產生光子，此光子再經光導管 (light pipe) 進入光電倍增器 (photomultiplier)，產生電子而輸出一個脈波 (pulse)，可得到 $10^5 — 10^6$ 的增益 (gain)，此閃爍計數器再覆以一層 Al 膜 (100—500 Å)，加 +10 kV 偏壓來加速電子，如圖 11.21，為避免此 10 kV 的偏壓造成散光像差，閃爍計數器以法拉第籠 (Faraday cage) 包起來，而有柵孔 (mesh) 可讓電子進入。為了促進二次電子的收集，在其上加上 +300 V 的電壓；如加上負電壓 (如 –50 V)，則可將二次電子排斥掉。藉此法將背向散射電子和二次電子分開來。

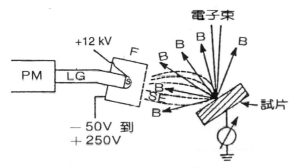

圖 11.21　Everhart-Thornley (閃爍計數光放大) 電子偵測器示意圖。B：背向散射電子，SE：二次電子，F：法拉第籠，S：閃爍計數器，LG：光導管，PM：光放大器。[1]

2. 固態偵測器 (Solid State Detector)

電子束撞擊半導體會產生電子–電洞對，外加電壓時便產生電流，此電流經放大即產生信號。例如 Si 產生一個電子–電洞對約需 3.6 eV，10 keV 的電子撞擊時可產生 2800 個電子。此種偵測器可以多種形式製作，構造如圖 11.22，其對背向散射電子較敏感 (因背向散射電子能量較大)，要偵測二次電子，必須設法加速電子至足夠之能量 (和閃爍計數器類似)。

3. 試片電流 (The Specimen as Detector)

入射電子束代表流進試片的電流，背向散射電子和二次電子代表流出試片的電流。

$$i_{in} = i_{BS} + i_{SE} + i_{SC} \tag{11-5}$$

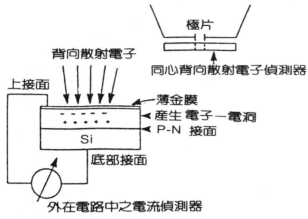

圖 11.22　固態背向散射電子偵測器示意圖。[1]

i_{in}：入射電子流　　　　i_{SE}：二次電子電流

i_{BS}：背向散射電子電流　i_{SC}：試片電流

欲完全得到背向散射電子的效應，可將試片加上 +50 V 的偏壓，即得

$i_{in}＝i_{BS}＋i_{SC}$。

11-4-3　對比形成 (Contrast Formation)

1. 對比 (Contrast)

對比定義為

$C＝(S_{max}－S_{min}) / S_{max}$，$S_{max}$、$S_{min}$ 代表任何掃描點之信號。

(1) 原子序對比 (Atomic Number Contrast，背向散射電子信號)

當兩個不同元素分佈在不同區域時 $(Z_2 > Z_1)$，離開此二區域之電子流即不同，此乃因背向散射電子的數目和原子序關係密切，而與二次電子之關係較小，因此如採用負偏壓的閃爍計數偵測器，信號將只和背向散射電子數目成正比，此對比機構稱原子序對比 (或組成對比；Z contrast)。圖 11.23 係一例子；原子序大者較原子序小者為亮，原子序差大者，其對比較大。

(a) 為有效形成原子序對比，偵測器所取角度以較高為佳。

(b) 在試片上加正偏壓時，$i_B＝i_{BS}＋i_{SC}$，二點之信號差為 $\Delta i_B ＝ \Delta i_{BS} ＋ \Delta i_{SC} ＝ 0$，$\therefore \Delta i_{BS} ＝ － \Delta i_{SC}$，所以背向散射電子對比和試片電流對比相反，當

(c)
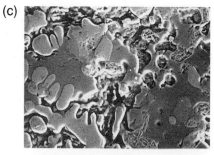

(a)
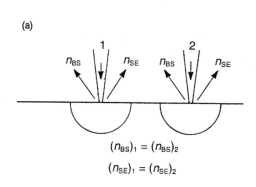

底吹高爐所生產之鐵，二次電子影像

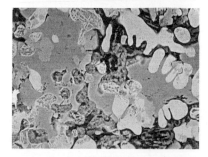

背向散射電子組成影像

(b)

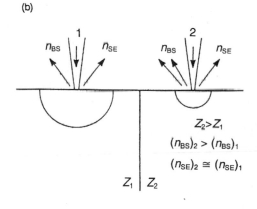

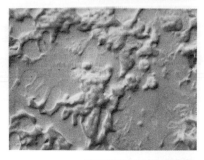

背向散射電子位形影像

圖 11.23 從試片射出之電子流示意圖。(a) 在兩個電子束位置具相同的組成
⁽¹⁾。(b) 不同的組成。n_{BS}：背向散射電子數目，n_{SE}：二次電子數目。
⁽¹⁾(c) 背向散射電子影像系統 (摘自 ABT-55 SEM 型錄)。

　　原子序增加時背向散射電子流增加而試片電流減小。

(2) 成份對比 (二次電子訊號；Secondary Electron Signal)

　　一般而言，二次電子係數與原子序無關，故無法產生成份對比，但如有雜質，則改變二次電子係數會產生對比。

(3) 位像對比 (Topographic Contrast)

　　由於試片粗糙度之影響，使入射電子束之角度不同而引起之對比謂之。

　　① 背向散射電子

　　將法拉第籠加負偏壓即可排除二次電子，如圖 11.24，此時偵測器係從試片中的一方來看，由於收集背向散射電子的立體角 (solid angle) 較小，只有直接朝偵測器方向者始被計及。

　　② 二次電子＋背向散射電子

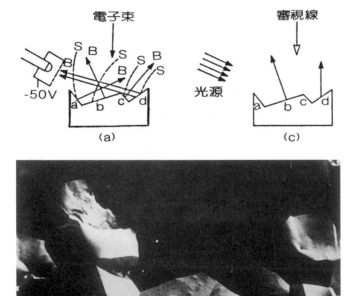

圖 11.24　　(a) 電子收集自雜亂表面。E-T 偵測器以負偏壓操作；實線表背向散射電子，虛線表二次電子。(b) 鐵斷裂面影像，(c) 為 (b) 的等效照度圖。電子束能量能 15 keV。[1]

將法拉第籠加正偏壓，則背向散射電子及二次電子均可收集，二次電子可從許多平面收集得來 (包括偏離偵測器之平面)，因此影像較亮，所觀察之區域亦較廣，如圖 11.25。

2. 信號處理技術

(1) 對比反轉 (Contrast Reversal)

取一最大之固定值 S_{max}，將其減掉所收到的信號 S_{in}，則得到所輸出之信號 S_{out}；即 $S_{out} = S_{max} - S_{in}$，此所得之信號對比和原來的 S_{in} 相反，如圖 11.26。

(2) 特定放大 (Differential Amplification)

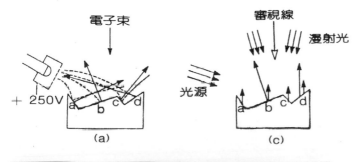

圖 11.25　(a) 電子收集自雜亂表面，E-T 偵測器以正偏壓操作。(b) 鐵斷裂面影像 (和圖 11.24 (b) 同部位)。(c) 爲 (b) 之等效照度圖，電子束能量爲 15 keV。[1]

(a)

(b)

圖 11.26　對比相反導致不同的形態。[1]

　　　　(a) 從偵測器所得之正常影像。

　　　　(b) 同樣部位經過對比相反後之影像。電子束能量 15 keV。

此技術對改善低對比非常有效，其原理如圖 11.27 所示。假定信號係由
AC 和 DC 構成，首先將 DC 部份減掉，把所餘 AC 部份 (即有意義之處)
予以線性放大即可。例子如圖 11.28。

(3) 非線性放大 (Gamma Amplification)

如圖 11.29 對信號作非線性放大，其目的在使局部區域的對比誇張，以便
得到較清楚的影像，如圖 11.30。其信號輸入與輸出之關係為 $S_{out} = S_{in}^{1/\gamma}$，$\gamma$
可為整數 (2, 3, 4, …) 或分數 (1 / 2, 1 / 3, 1 / 4, …)。

(4) Y-調變 (Y-modulation)

Y-調變影像係一系列掃描線加在一起所形成之幾乎連續的影像，如圖 11.
31。橫軸係掃描點的位置，縱軸則係該點的信號強度。Y-調變影像相對於
實物來說係扭曲的，它可以強調微細結構，增加其可見度。

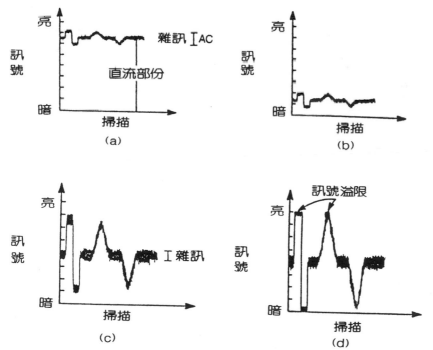

圖 11.27　(a) 低對比試片的線掃描訊號。(b) 特定放大的第一步：把 dc 部份減
　　　　　掉；(c) 特定放大的第二步，特定的信號，予以線性放大；(d) 特定放
　　　　　大的極端應用，此時訊號飽和。[1]

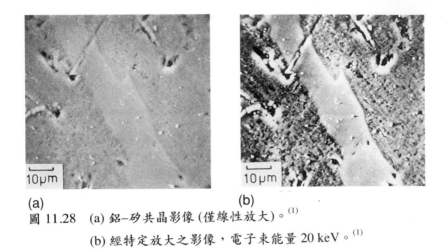

(a)   (b)

圖 11.28　(a) 鋁–矽共晶影像 (僅線性放大)。[1]

(b) 經特定放大之影像，電子束能量 20 keV。[1]

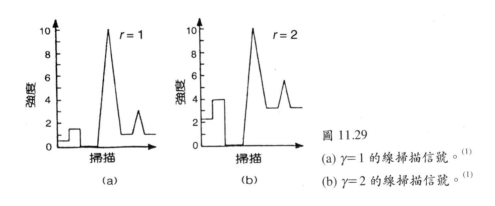

(a)   (b)

圖 11.29

(a) $\gamma = 1$ 的線掃描信號。[1]

(b) $\gamma = 2$ 的線掃描信號。[1]

11-5　X 光譜測量 (Wavelength-Dispersive Spectrometer, WDS / Energy-Dispersive Spectrometer, EDS)

11-5-1　WDS

　　如圖 11.32，X 光源、試片、分析晶體及偵測器皆在同一個圓上運動，其半徑為 R；使晶體的平面彎曲其曲率半徑為 $2R$，而將晶體表面磨成半徑為 R 的弧度。這些幾何形狀的合成，使得從 X 光源來的入射線皆能以同樣的入射角 θ 入射晶體，而聚集在偵測器之同一點上，如此可得到最大之強度而不損失鑑別率。在這樣的安排下，不管 X 光源、試片、晶體和偵測器如何運動，皆

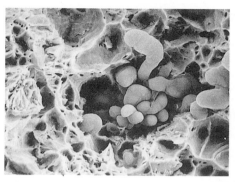
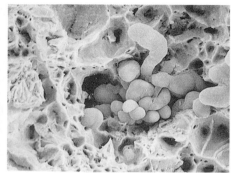

中碳鋼斷面 　　　　　　　　　γ控制狀態下對應像 　　　　　on

圖 11.30　中碳鋼的斷裂面。右圖係經非線性放大 (γ control) 所得之影像。(摘自 ABT-55 SEM 型錄)

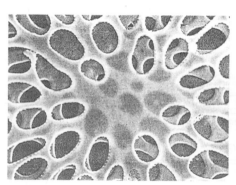

Plankton 像 　　　　　　　　　　　　　對應 Y-調變線

圖 11.31　Y-調變影像 (摘自 ABT-55 SEM 型錄)。

保持在同一聚焦圓上,這些圓皆以 X 光源為旋轉中心,因此晶體到光源的距離 L 和波長成正比。

$L/2 = R \sin\theta$,再由布拉格定理 (Bragg's Law):$2d \cdot \sin\theta = \lambda$,得到 $L/2 = R\lambda/2d$,$\lambda = (d/R)\ L$,由於可見改變 L 即可得到不同之波長 (R 為固定,d 值亦為固定,但不同的晶體則有不同的 d 值);固定 L 及 R 值,改變 d 值,則得到不同波長,因此可以分析不同的元素。如表 11.2 係應用於繞射的各種晶體。

事實上,多數光儀譜 (spectrometer) 裡的晶體僅彎曲至其曲率半徑為 $2R$,

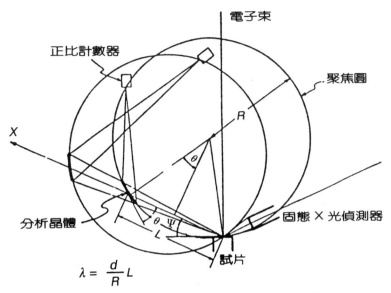

圖 11.32　完全聚焦之波長分散光譜儀幾何構造圖。[1]

表 11.2　使用於波長分散光譜儀內之晶體種類。[1]

種　類	$2d$ (Å)	經繞射之最低原子數	解析度	反射率
α-Quartz (1011)	6.687	$K\alpha_1$ 15-P $L\alpha_1$ 40-Zr	高	高
KAP (1010)	26.632	$K\alpha_1$ 8-O $L\alpha_1$ 23-V	中等	中等
LiF (200)	4.028	$K\alpha_1$ 19-K $L\alpha_1$ 49-In	高	高
PbSt	100.4	$K\alpha_1$ 5-B	中等	中等
PET	8.742	$K\alpha_1$ 13-Al $L\alpha_1$ 36-Kr	低	高
RAP	26.121	$K\alpha_1$ 8-O $L\alpha_1$ 33-As	中等	中等

而不研磨其表面使完全切於此聚焦圓 (focusing circle)，這是因為研磨晶體會產生缺陷而降低鑑別率。另有一種分光儀採用固定之 L (X 光源至晶體之距離)，但於晶體的位置係採可裝多個晶體的裝置 (這些晶體彎成不同之曲率半徑)。此種型式的缺點在於解析度及強度對某些波長而言並不理想，但其優點則為 X 光源是否在聚焦圓上並不是很重要。

1. X 光偵測器

　　最常用的偵測器係氣體正比計數器 (gas proportional counter)，如圖 11.33，它主要是由一充氣而內有一細線 (通常以 W 為材料) 的管子加上 1 至 3 kV 的電壓構成。當 X 光進入這個管子時，被氣體原子吸收而放出光電子，此光電子亦可再游離其他氣體原子。此電子被中心細線吸引，產生一個脈波。就 90%氬＋10%甲烷 (methane) 的氣體來說，28 eV 可產生一電子–離子對；Cu K_α X 光將近 8 keV 可產生大約 300 個電子，此數目甚小，但若中心細線上之正電位夠高的話，則可產生甚多的電子。圖 11.34 表示增加偏壓所產生之放大作用；起先隨電壓增加，係增強收集電子作用，直至其放大因素為 1；接著曲

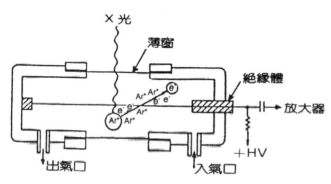

圖 11.33　氣體正比計數器構造圖。[1]

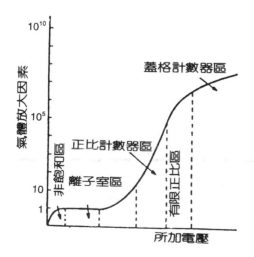

圖 11.34
在計數器內所加偏壓對氣體放大因素之效應。[1]

線變平，表示係游離的作用；再增加電壓，則產生二次游離，使收集的電子增加。在正比計數區域，收集的電子和入射光子能量成正比，再增加電壓則產生放電作用，其脈波大小和入射光子能量無關，所以此偵測器係採用正比計數區域的電壓。每一入射 X 光產生電子的數目對應一個電壓的脈波，$V_p \propto en/c$；量測這個脈波的強度則靠單頻道分析器 (single-channel analyzer, SCA)，如圖 11.35。

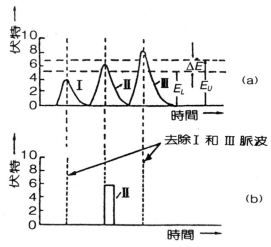

圖 11.35　脈波高度分析行為之示意圖，(a) 放大輸出；(b) 單一頻道分析輸出。$E_L = 5$ V，$\Delta E = 2$V, $E_U = 7$ V。[1]

11-5-2　EDS

　　EDS 係採用逆偏壓 (reverse-bias) 的 *p-i-n* 矽偵測器，此偵測器含有 Li 雜質，每一入射 X 光會產生光電子，其又放出大部份能量形成電子–電洞對，由於外加電壓使得電子及電洞移動產生脈波，此電壓脈波以多頻道分析器 (multichannel analyzer, MCA) 計數。其構造如圖 11.36。

　　矽晶體用液態氮來冷卻，一方面為減少雜訊，再方面則為減少 Li 離子的遷移率 (mobility)。Li 在矽晶體中之作用乃是中和再結合中心 (recombination center)，使得計數、量測電子的功能準確。

　　每一入射的光子所能產生之電荷數為 $n = E/\varepsilon$，$\varepsilon = 3.8$ eV (就 Si 而言)。一

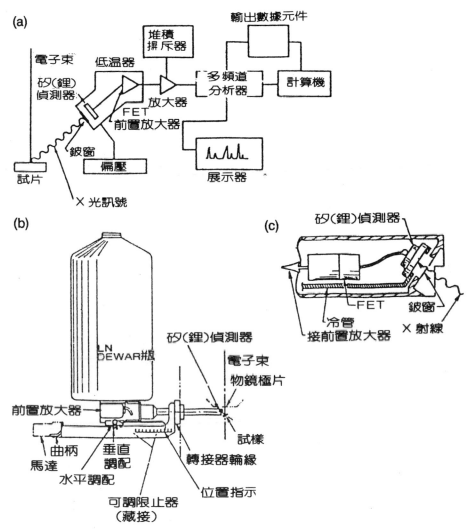

圖 11.36　(a) 能量分散光譜儀構造示意圖。[1]

　　　　　(b) 伸縮自如的偵測器示意圖。[1]

　　　　　(c) 矽 (鋰) 偵測器組成細部示意圖。[1]

個光子能量為 5 keV，則可產生 1300 個電子，相當於 2×10^{-16} 庫倫 (coul)。此信號非常微弱，必須經過放大，這些放大信號再經多頻道分析器計數，如圖 11.37，每一個信號對應一個電壓脈波，MCA 可以同時計數許多不同脈波，因此可以同時分析許多元素。

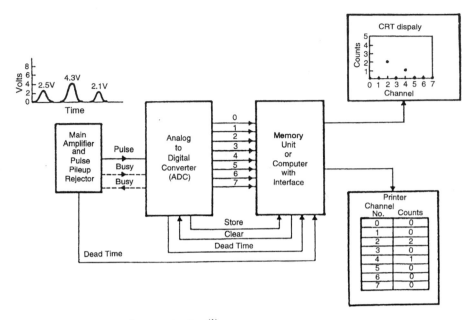

圖 11.37　多頻道分析器示意圖。[1]

11-5-3　EDS 和 WDS 的比較

1. 幾何收焦效率 (Geometrical Collection Efficiency)

　　幾何收集效率和光譜儀 (spectrometer) 的接收固體角 (solid angle) 有關。參照圖 11.32，WDS 中，聚焦圓平面上之對弦角不隨波長 (λ) 而變化，但對垂直此聚焦圓平面之方向而言，是隨波長而增加 ($\lambda = dL/R$)，L 增加致收集效率減低。但在 EDS，可藉調整偵測器和試片的距離而增加其收集效率。

2. 量子效率 (Quantum Efficiency)

　　量子效率係量度 X 光進入光譜儀的百分比。在 EDS 系統裡低電子束電流一般有較高的計數速率能力 (由於較高的幾何收集效率和較高的偵測器量子效率)。在較高能量，部分 X 光會穿透矽晶體，而在較低能量部份 X 光會被鈹 (Be) 窗吸收。在偵測器表面鈍化層 (dead layer) 和金接觸層也會吸收不少軟 (soft) X 光 (波長大於 3Å)。由於吸收和偵測器雜訊的關係，限制了輕元素的分析 (只能分析原子序 ≥ 9 (即 F) 之元素)。在 WDS 裡之晶體分光儀的量子計數效率一般小於 30%，原因係部份由於 X 光在正比計數管 (proportional counter

表 11.3　X 光光譜儀之比較表。

操作特性	WDS	EDS
	晶體繞射	矽晶能量散佈
(1) 幾何收集效率	變數 < 0.2 %	< 2 %
(2) 總體量子收測效率	變收 < 30 %	～100 % (對 2—16 keV 而言)
	偵測 Z≧4	偵測 Z≧11 (鈹窗)
		偵測 Z≧5 (無窗)
(3) 解像能	與晶體有關	與能量有關
		(在 5.9 keV 時約 150 eV)
(4) 瞬間接收範圍	由光譜儀解像能決定	全部有用能量範圍
(5) 最大計數速率	～50,000 / 秒	與解像能有關
(6) 最小有用探針大小	～2000 Å	～50 Å
(7) 數據收集時間	幾十分鐘	數分鐘
(8) 光譜誤訊	少	多

tube) 裡的穿透損失，部分由於在繞射晶體的損失。

3. 鑑別率 (Resolution)

　　WDS 擁有較高的鑑別率，因其光譜儀可調適到適當之繞射角來接收對應的最大波峰強度並減低雜訊。

4. 光譜接受範圍 (Spectral Acceptance Range)

　　WDS 僅量度非常接近所選擇之繞射角的脈波，其他部份則忽略掉。EDS 則有很大的接受範圍，而分次處理所有接受的脈波。

5. 最大計數速率 (Maximum Count Rate)

　　EDS 在整個能量範圍內的最佳鑑別率下，其計數速率為 2000 到 3000 cps (counts per second)，WDS 則可達 50000 cps 而不影響能量鑑別率。

6. 最小探針大小 (Minimum Probe Size)

　　就 EDS 系統而言，200 Å 的探計 (4 厘米直徑偵測器) 距離純鎳 1 公分處，取角 (takeoff angle) 35°，其計數速率約 10000 cps，而由前述 EDS 最大計數速率為數千 cps，因此其最小探針大小為 < 200 Å。而 WDS 因其最大計數速率可

達 50000 cps，所以其最小探針可達數千 Å。

7. 分析速度 (Speed of Analysis)

　　EDS 可以在數分鐘內分析含量小於 0.1% 之元素 (Z≧9)，而 WDS 則需費時 12—30 分鐘。

8. 光譜變異 (Spectral Artifacts)

　　在 EDS 系統裡會產生有變異的光譜，如波峰變寬、波峰扭曲、矽逃波峰 (silicon escape peak)、矽螢光波峰 (silicon internal fluorescence peak)、脈波堆集電磁及聲子 (acoustic) 放射干擾、油氣污染等。WDS 也會受電磁干擾，但程度較 EDS 為小 (因 EDS 收集固體角較大)，因此 WDS 系統之光譜變異相對地較少。

　　EDS 和 WDS 系統各有優缺點，具有相輔相成的作用。最好的光譜儀系統係將 EDS 和 WDS 系統合裝在一部 SEM 中，形成一完整的分析式掃描電子顯微鏡，這是最進步的光譜儀系統。

參考資料

1.　J. I. Goldstein, C. Fiori, D. C. Joy, E. Lifshin, P. Echlin and D. E. Newbury, *Scanning Electron Microscopy and X-ray Microanalysis*, New York: Plenum Press (1981).

2.　J. J. Hren, *Introduction to Analytical Electron Microscopy*, New York: Plenum Press (1979).

3.　J. W. Edington, *The Operation and Calibration of the Electron Microscopy*, London: Macmillan (1974).

4.　J. I. Goldstein and H. Yakowitz, *Practical Scanning Electron Microscopy*, NewYork : Plenum Press (1975).

習　題

11.1　電子束和試片撞擊後可產生那些信號？

11.2　二次電子和背向散射電子能量分佈情形各如何？

11.3　試述 SEM 影像放大原理及其最大倍率限制。

11.4　討論 SEM 中景深情形。

11.5　說明閃爍計數器 (scintillator) 和固態偵測器 (solid state detector) 之原理。

11.6　說明 SEM 的操作模式。

11.7　說明信號處理技術。

11.8　說明 SEM 中的對比形成。

11.9　說明 SEM 和 WDS 的構造及原理。

11.10　比較 EDS 和 WDS 的特點。

第十二章

掃描穿透式電子顯微鏡 X 射線
分析儀之原理及對合金之應用

12-1　簡介

　　近年來，電子光學技術在合金上之應用，最具意義的進步是高鑑別率的化學成份分析技術開發成功。在薄膜試片上局部區域 (小於 200 Å 範圍) 的化學成份，可經由掃描穿透式電子顯微鏡 (其電子束直徑可收縮為近乎 100 Å) 附加一座 X 射線能量散佈分析儀 (energy dispersive X-ray spectrometer, EDS) 作定量式的成份分析。目前一般所使用的 STEM-EDS X 射線分析儀作定量分析比起其它技術如電子能量損失分析 (electron energy loss analysis)、歐傑電子分析儀 (Auger electron spectrometry) 或波長散佈分析儀 (wavelength dispersive spectrometer, WDS) 等，更有顯著的優點。例如電子能量損失分析無法作精確的定量成份分析，而歐傑電子分析僅適用於材料表面數 Å 厚度之成份分析，波長散佈分析則因波長鑑別率受到限制，無法在同一時間分析試片所含各種元素的 X 射線光譜，因此 WDS X 射線分析儀附加於穿透式電子顯微鏡之使用並不廣泛。STEM-EDS 雖然可以作選區的定量化學成份分析，但是只能偵測分析原子序 $Z \geq 11$ 的元素，若要用於分析原子序更低的元素，必須使用無窗 (windowless) 分析，然而其定量分析之誤差將會偏大。

12-2　儀器及原理

　　STEM-EDS X 射線分析儀如圖 12.1 和圖 12.2 (a) 所示，矽偵測器位於兩塊

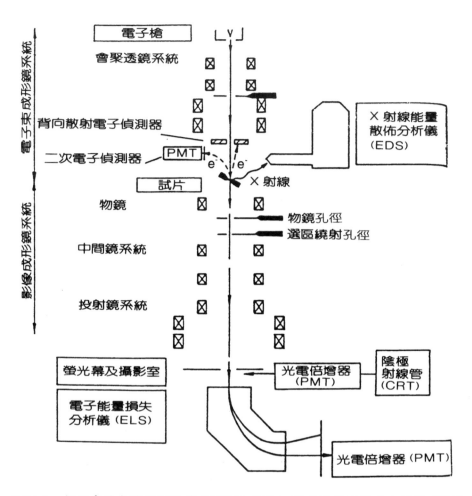

圖12.1　掃描穿透式電子顯微鏡 (STEM) 及附加 X 射線能量散佈分析儀 (EDS)
之示意圖。

加了偏壓的金屬極之間，為表面積～300 mm² 的矽晶，表層為鋰 (Li) 之擴散
層。在液態氮 77 K 及高眞空度之環境下，此矽晶成爲半導體之偵測器；當特
性的 X 射線 (characteristic X-rays) 經過一個薄層的鈹窗 (beryllium window) 而
到達矽偵測器時，由於離子化而產生電子–電洞對。電子–電洞對的數目 N^* 與
X 射線光子的能量 E 成正比，如 (12-1) 式：

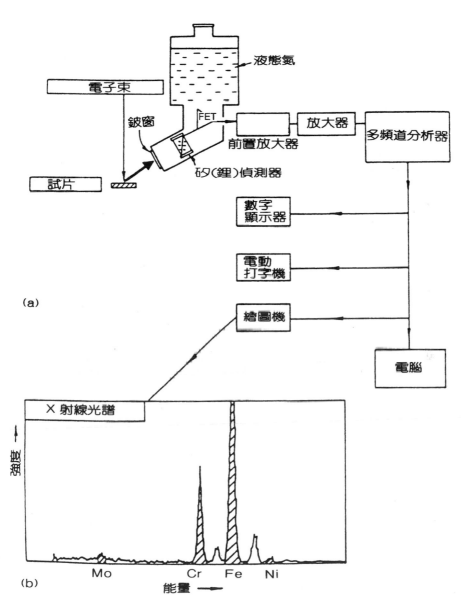

圖12.2 (a) X射線經過鈹窗而到達X射線能量散佈儀；
　　　　(b) 典型的肥粒鐵系不銹鋼X射線光譜。

$$N^* = \frac{E}{E_1} \tag{12-1}$$

在溫度 77 K 時，矽晶產生一電子–電洞對所需要的平均能量 $E_1 = 3.8$ eV。在矽偵測器所產生的電流由於加偏壓而從矽偵測器測出，再經由一場效電晶體 (field effect transistor, FET) 來計數。這輸出的電壓經過放大，最後由一多頻道分析器 (multi-channel analyzer) 依脈波的振幅大小加以分離和儲存。這些能量光譜可直接由電腦系統來處理、儲存或直接顯示。圖 12.2 (b) 為一典型 STEM-EDS X 射線光譜，是由一肥粒鐵系不銹鋼的薄膜試片所獲得。茲將化學成份定量分析原理敘述於下。

12-2-1　化學成份定量分析原理

考慮一個厚度很薄的薄膜試片，假設高能量的電子束與此薄膜交互作用時，X 射線的吸收及螢光現象 (X-ray absorption and fluorescence) 都可以忽略。在這種條件下，Cliff 及 Lorimer 提出一簡單的化學成份定量分析方法：薄膜中所含的元素 A 及 B (其重量比分別為 C_A 和 C_B) 與高能電子束交互作用而產生二種對應的特性 X 射線，強度分別為 I_A 和 I_B，則 C_A / C_B 與 I_A / I_B 的關係可以下式來表示：

$$\frac{C_A}{C_B} = K_{AB} \frac{I_A}{I_B} \tag{12-2}$$

其中 K_{AB} 在特定電壓 (指電子顯微鏡所使用電壓) 下為一常數，而與薄膜的厚度及化學組成無關。

對於多元合金薄膜，合金元素的重量比必須化為重量百分比，亦即 $\Sigma\, C_n = 1$，則類似 (12-2) 式的式子可用於多元合金系統以表示任何元素之間測出的特性 X 射線強度比與其對應元素重量百分比之關係。K_{AB} 之值可由實驗或理論計算求得，而這種比值方法的精確度也就決定於 K_{AB} 之測量。一般並不需要去建立所有元素配對的 K_{AB} 值，而是將 Si 當作共同的參考元素，即

$$K_{XSi} = \frac{C_X}{C_{Si}} \frac{I_{Si}}{I_X} \tag{12-3}$$

圖 12.3 為在 100 kV 下 K_{XSi} 之實驗值及理論計算值。

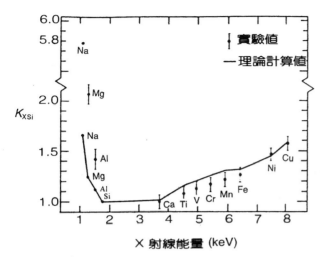

圖12.3 電壓為 100 kV 情況下的 K_{XSi} 實驗值及理論計算值。[2]

12-2-2 吸收校正 (Absorption Correction)

當薄膜的厚度增加或者合金含有比較輕的元素 (一般指原子序 $Z<14$ 的元素) 時，X 射線被吸收的效應就非常顯著。對於密度為 ρ，厚度為 t 的薄膜，吸收校正可定義為

$$[ABS \cdot CORRN] = \frac{\left(\dfrac{\overline{\mu}}{\rho}\right)_X \left\{1 - \exp\left[-\left(\dfrac{\overline{\mu}}{\rho}\right)_{Si} \rho t \csc \psi\right]\right\}}{\left(\dfrac{\overline{\mu}}{\rho}\right)_{Si} \left\{1 - \exp\left[-\left(\dfrac{\overline{\mu}}{\rho}\right)_X \rho t \csc \psi\right]\right\}} \tag{12-4}$$

其中 $\left(\dfrac{\overline{\mu}}{\rho}\right)_X$ 及 $\left(\dfrac{\overline{\mu}}{\rho}\right)_{Si}$ 分別為元素 X 及 Si 的平均質量吸收係數 (mean mass absorption coefficient)，而 ψ 為 X 射線的脫離角度 (如圖 12.4)。如果元素 X 和 Si 之特性 X 射線光譜峰面積 (peak areas) 分別為 ARE A_X 和 ARE A_{Si}，則 K_{XSi} 值應表為

$$K_{XSi} = \frac{C_X}{C_{Si}} \cdot \frac{\text{ARE } A_{Si}}{\text{ARE } A_X} \cdot \frac{1}{[ABS \cdot CORRN]}. \tag{12-5}$$

若薄膜的厚度及合金元素的重量百分比 C_X、C_{Si} 為已知，則 K_{XSi} 值可由實驗測得。

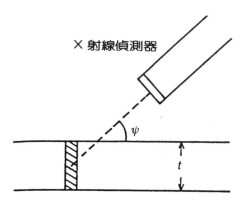

圖12.4

ψ 爲 X 射線脫進角度，t 爲薄膜的厚度。

12-2-3　理論計算 K_{AB} 值

高能電子束撞擊薄膜 (假設其厚度爲 t)，薄膜內的元素 A 引發其特性的 X 射線 (characteristic X-ray)，強度爲 $I_A^{\,*}$，則

$$I_A^{\,*} = \frac{kC_A W_A Q_A a_A t}{A_A} \quad , \; k \text{ 爲常數} \tag{12-6}$$

其中 C_A 爲元素 A 之重量百分比，W_A 爲螢光率 (fluorescence yield)，Q_A 爲離子化橫截面 (ionization cross-section)，a_A 爲所有 K、L 或 M 射線的比率 (例如對 K_α X 射線而言，　$a_A = \dfrac{K_\alpha}{K_\alpha + K_\beta}$)，A_A 爲原子重量。在 EDS X 射線分析儀內，$I_A^{\,*}$ 的強度會因爲偵測器的鈹窗 (Be window)、偵測器表層的接觸金屬 Au，以及偵測器本身的矽晶鈍化層 (dead layer) 而減弱，因此所偵測出的強度爲 I_A，

$$I_A = I_A^{\,*}\varepsilon_A \tag{12-7}$$

其中 $\varepsilon_A = \exp\left[-\left(\dfrac{\mu}{\rho}\right)_{Be}^{A}\rho_{Be}X_{Be} - \left(\dfrac{\mu}{\rho}\right)_{Au}^{A}\rho_{Au}X_{Au} - \left(\dfrac{\mu}{\rho}\right)_{Si}^{A}\rho_{Si}X_{Si}\right]$

而 $\left(\dfrac{\mu}{\rho}\right)_{Be}^{A}$、$\left(\dfrac{\mu}{\rho}\right)_{Au}^{A}$ 及 $\left(\dfrac{\mu}{\rho}\right)_{Si}^{A}$ 分別爲元素 A 在 Be、Au 及 Si 的質量吸收係數，

ρ_{Be}、ρ_{Au} 及 ρ_{Si} 分別爲 Be、Au 及 Si 之密度，X_{Be}、X_{Au} 及 X_{Si} 分別爲 Be、Au 及矽晶鈍化層的厚度。

若元素 A 與 B 各別引發特性 X 射線，則其在 EDS 偵測之強度比爲

$$\frac{I_A}{I_B} = \frac{(I_A^* \cdot \varepsilon_A)}{(I_B^* \cdot \varepsilon_B)}$$

由公式 (12-2)

$$K_{AB} = \frac{C_A}{C_B} \cdot \frac{I_B}{I_A} \tag{12-8}$$

由公式 (12-6)、(12-7) 代入 (12-8)：

$$K_{AB} = \frac{A_A W_B Q_B a_B \cdot \varepsilon_B}{A_B W_A Q_A a_A \cdot \varepsilon_A} \tag{12-9}$$

如果公式 (12-9) 中相關的每一項其值都已知的話，K_{AB} 之值可經計算求得。

12-2-4　X 射線螢光效應

　　某元素的特性 X 射線強度，由於其它元素特性 X 射線的激發而增強，導致此元素濃度之測量值比實際值爲高，此種效應稱爲螢光效應 (fluorescence effect)。當材料含有元素 A 和元素 B 時，要產生元素 A 的 X 射線螢光之必要條件是元素 B 的原子序大於元素 A 的原子序，唯有如此，元素 B 的 X 射線能量才會大於元素 A 之激發能 (excitation energy)。例如一薄膜試片含有合金元素 Cr、Mn 和 Fe 時，Fe 的 K_α 特性 X 射線會引發 Cr 的螢光現象，而使 Cr 濃度之測量值增大 (假如 Mn 的螢光現象沒有被引發)。

　　由於材料之體積關係，薄試片的螢光效應較厚試片不顯著。對於薄膜的特性螢光 (characteristic fluorescence) 之估計，有二種模式提出，其中 Nockolds 等人提出的模式經證實爲較精確。這個模式假設主要 X 射線 (primary X-ray) 是沿著電子束射線均勻的引發 (如圖 12.5)，而螢光強度可表爲

$$\frac{I_A^F}{I_{0_A}} = C_B W_B \left[\frac{r_A^{-1}}{r_A}\right] \frac{A_A}{A_B} \left(\frac{\mu}{\rho}\right)_A^B \left[\frac{E_{C_A}}{E_{C_B}}\right] \left[\frac{\ln(\frac{E_0}{E_{C_B}})}{\ln(\frac{E_0}{E_{C_A}})}\right] \frac{\rho t}{2} \times \left\{0.923 - \ln\left[\left(\frac{\mu}{\rho}\right)_{\text{spec}}^B \rho t\right]\right\} \sec \psi$$

$$\tag{12-10}$$

　　其中 I_A^F 爲螢光強度 (fluorescence intensity)，I_{0_A} 爲主要 X 射線強度，W_B 是元素 B 之螢光率 (fluorescence yield)，r_A 是元素 A 的吸收邊緣躍遷率

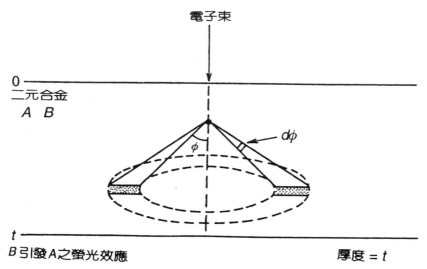

圖12.5　Nockolds 等人提出的模式，用來計算螢光 (fluorescence) 強度；假設
　　　　主要 X 射線是沿著電子束方向均勻的引發。[6]

(absorption edge jump ratio)，$(\mu/\rho)_A^B$ 和 $(\mu/\rho)_{spec}^B$ 分別為元素 B 在元素 A 和在試片的質量吸收係數 (mass absorption coefficients)，A_A 和 A_B 各為元素 A 和 B 之原子重，E_0 是電子能量，E_{C_A} 和 E_{C_B} 各為元素 A 和 B 之臨界激發能 (critical excitation energy)，ψ 為 X 光脫離角度 (take-off-angle)。

　　Nockolds 等人使用公式 (12-10) 計算 10.5 wt.% Cr–89.5 wt.% Fe 之薄膜的螢光強度，圖 12.6 為其測量的數據與修正後的數據，顯示隨著試片厚度之增加，螢光效應也愈提高，公式 (12-10) 提供了必要的數據校正。

　　對二元合金 $A-B$ 系統，當元素 B 導致元素 A 之螢光效應時，元素 A 對元素 B 之重量比應修正為

$$\frac{C_A}{C_B} = K_{AB}\frac{I_A}{I_B}\cdot\left[1+\frac{I_A^F}{I_{0_A}}\right]^{-1} \tag{12-11}$$

　　其中 $I_A = I_{0_A} + I_A^F$

如果對於吸收及螢光效應均加以考慮，則公式 (12-11) 應表為

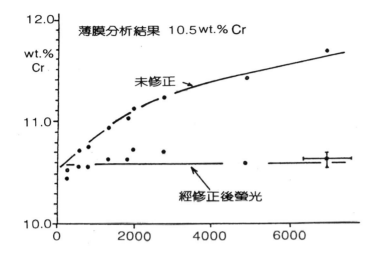

圖12.6 薄膜厚度增加，螢光強度隨之增加，實際所含 Cr 原子的濃度必須予以修正。[6]

$$\frac{C_A}{C_A} = K_{AB} \frac{I_A}{I_B} \cdot [\text{ABS} \cdot \text{CORRN}] \cdot [1 + \frac{I_A^F}{I_{0_A}}]^{-1} \tag{12-12}$$

12-2-5 電子束的擴展 (Electron Beam Broadening)

當電子束進入薄膜試片時，由於電子束與薄膜內部材料之交互作用，使得原來平行的電子束擴展為錐狀，如圖 12.7 所示。因此要測定薄膜局部微小區域的化學成份，就必須注意這種擴展效應。

Goldstein 等人假設電子束在試片內部中間處產生單一散射 (single scattering)，而估計電子束的擴展範圍：

$$b = 625 \times 10^7 (\frac{Z}{E_0})(\frac{\rho}{A})^{0.5} \cdot (t \times 10^{-7})^{1.5} \tag{12-13}$$

其中 b 為電子束擴展範圍 (nm)，t 為薄膜厚度 (nm)，E_0 為入射電子束的能量 (keV)，ρ 為薄膜密度 (g/cm^3)，Z 為原子序。公式 (12-13) 的 b 值是指 90 % 的電子軌跡範圍。

另外，Monte Carlo 計算法也是被許多研究者用來估計電子束擴展範圍的

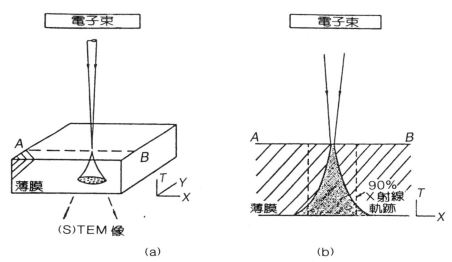

圖12.7   (a) 電子束與材料之交互作用，使得電子束擴展成為錐狀。

(b) 沿著 (a) 圖的 AB 方向作剖面圖，點線的區域裡面為 90% 的電子
軌跡範圍。

一種方法，此法考慮到電子行經路徑中涉及彈性及非彈性散射的情況。

12-2-6   薄膜厚度之量測

由前面所介紹的理論，我們知道定量的化學成份分析，有賴於精確地測量
薄膜厚度。測量薄膜厚度最早期的方法，主要是分析消散條紋 (extinction
fringe) 或滑動面的軌跡 (slip plane trace)。消散條紋僅於薄膜的邊緣非常尖銳之
情況下，才能測量得非常精確；同時偏差參數 (deviation parameter) 必須調至
零，否則會有很大的誤差。而這些利用晶體缺陷特徵之方法 (如滑動面軌跡、
疊差及晶界)，對於一般的薄膜試片也並不是都可以通用的。

近年來，穿透式電子顯微鏡漸次發展，附加掃描及 X 射線分析儀器後，
也提供了一些薄膜厚度測量之新方法，如污染點測量 (contamination spot
measurement)、收斂束繞射 (convergent beam diffaction)，以及其它如利用電子
背向散射 (electron backscattering) 或 X 射線從薄膜之激發 來測量薄膜厚度等方
法。

12-3　STEM-EDS X 射線分析儀對合金之應用

　　STEM-EDS X 射線定量化學成份分析在合金上的應用已有十幾年，其主要用途在兩相的合金元素之分佈、晶界的偏析，以及相的鑑定等方面的研究，因此其對於合金的固態相變化及物理、化學性質的深入了解具有特別的貢獻。茲將這些研究方向分述於下。

12-3-1　兩相的合金元素之分佈

　　合金中的兩個固相達成平衡時，可由固態熱力學求得其平衡相圖。然而在一般情況，合金所含的相往往處於局部平衡 (local equilibrium)、介平衡 (metastable) 或不平衡狀態。精確地測量兩相所含的合金元素之分佈，有助於對合金固態相變化的了解。而 STEM-EDS 由於其高鑑別率，可以任意選擇極微小的區域 (∼100 Å) 作化學成份定量分析，因此是一種非常有用的技術。以下是幾個典型的例子。

　　Fe-Nl 合金 (含 30.7 wt.% Ni) 在 450°C 時效 120 天之久，使 α 與 γ 相趨於平衡，圖12.8 (a) 所示爲 STEM-EDS 定量分析 Ni 元素在這兩相的濃度分佈情形，α / γ 之界面可視爲維持局部平衡。同樣的在其它溫度時效 (aging)，可以定出 Fe-Ni 合金系統的平衡相圖，如圖 12.8 (b) 所示。

　　置換型合金元素對於合金鋼的顯微結構及性質有很大的影響，STEM-EDS 對於沃斯田鐵轉變爲波來鐵時置換型合金元素 (如 Mn、Cr、Ni) 的重新分佈情形已經有相當的研究成果。Fe-13Mn-0.8C (wt.%) 合金於 600°C 恆溫熱處理 8 小時所得波來鐵／沃斯田鐵界面的 STEM 顯微組織如圖 12.9 (a) 所示；而合金元素在波來鐵與沃斯田鐵中的分佈則示於圖 12.9 (b) 的 STEM-EDS 定量分析，其有兩點主要的特徵：

1. 在波來鐵組織裡面，大部份錳元素分佈於層狀的雪明碳鐵中，少部份則分佈於肥粒鐵中。
2. 合金元素錳在沃斯田鐵中的濃度分佈均勻，而在層狀雪明碳鐵內之分佈則於沃斯田鐵／波來鐵之界面附近濃度劇增 (從 32% 增加到 38%)，這可能是爲了要同時維持雪明碳鐵／沃斯田鐵界面與雪明碳鐵／肥粒鐵界面之平衡。

　　另一個研究合金鋼碳化物的例子：Fe-10Cr-0.2C (wt.%) 合金鋼顯微組織

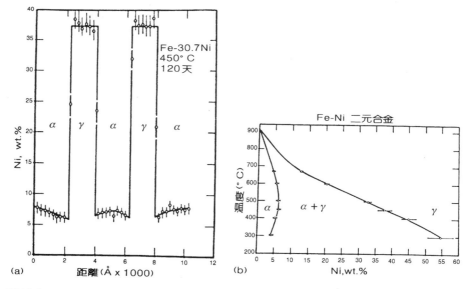

圖12.8　(a) Fe-Ni 合金在 45℃ 時效 120 天後，α 與 γ 相作 STEM / EDS 定量成
　　　　　份分析。

　　　　(b) Fe-Ni 相圖，經由 STEM-EDS 測定 α / γ 相之界面附近成份而得
　　　　　之。[18]

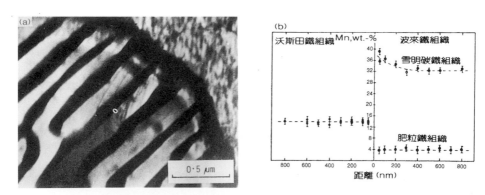

圖12.9　(a) Fe-13Mn-0.8 合金於 600℃ 恆溫熱處理 8 小時後的波來鐵／沃斯田
　　　　　鐵界面 (STEM 顯微組織)。

　　　　(b) 在沃斯田鐵／波來鐵的 Mn 濃度分佈情況 (STEM-EDS)。[19]

中，M₃C 完全被 M₂₃C₆ 所取代，因此沃斯田鐵轉變為肥粒鐵與 M₂₃C₆ 組織。圖 12.10 (a) 所示為此合金於 730°C 恆溫熱處理 15 分鐘之顯微組織，這顯微組織中含有兩種不同外形的碳化物—層狀的 (lamellar) 與球狀的 (particulate)。圖 12.10 (b) 為 STEM-EDS 定量分析，顯示球狀碳化物含鉻量比層狀碳化物為高，這可能是由於鉻擴散到球狀碳化物所需的路徑比較短所致。

再沃斯田鐵化 (reaustenitization) 是一非常重要的熱處理過程，尤其是對雙相鋼 (dual-phase steels) 而言，因為合金元素重新分佈於沃斯田鐵與肥粒鐵會影響位於二相區 ($\alpha+\gamma$) 內的沃斯田鐵之硬化能。低合金鋼 Fe-0.06C-1.5Mn (wt.%) 作雙相鋼熱處理，其最初組織為肥粒鐵和波來鐵，再沃斯田鐵化至 740°C 保溫 1 小時後，以 1.4°C/s 之冷卻速率冷至室溫，其金相組織 (如圖 12.11(a) 所示) 包含大量的肥粒鐵以及少量的波來鐵和麻田散鐵。因為在 740°C 兩相區溫度，錳元素在沃斯田鐵之擴散速率遠低於在肥粒鐵之擴散速率，即使在這溫度保溫 1 小時，仍然無法達到完全平衡狀態；而在沃斯田鐵本底內靠近沃斯田鐵／肥粒鐵界面的局部區域錳含量偏高 (如圖 12.11(b) 所示 STEM-EDS 之定量分析)，環繞沃斯田鐵本底錳含量局部偏高的現象可以說明這不尋常的沃斯田鐵相變態過程。圖 12.11(c) 表示在相變態之前，錳元素分佈於沃斯田鐵之示意圖，在此圖中的外環帶區域為高錳含量區，但是在此環帶區域中錳元素的分佈

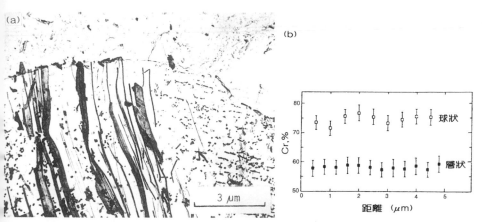

圖12.10　(a) 碳膜萃取複製薄膜 (carbon extraction replica) 顯示兩種不同外形的碳化物—層狀的 (lamellar) 與球狀的 (particulate)。
　　　　　(b) STEM/EDS 分析層狀與球狀碳化物的 Cr 含量。[19]

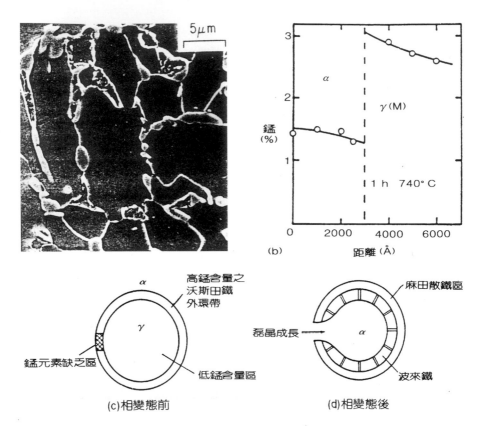

圖12.11　(a) 低合金鋼 Fe-0.06C-1.5Mn，沃斯田鐵化 (austenitizing) 至 740℃ 保
　　　　　溫 1 小時後，以 1.4℃/s 之冷卻速率冷至室溫，其金相組織含大量
　　　　　的肥粒鐵，以及少量的波來鐵和麻田散鐵。

　　　　(b) STEM-EDS 定量成份分析，發現沃斯田鐵本底靠近沃斯田鐵／肥
　　　　　粒鐵界面的局部區域含錳量偏高。

　　　　(c) 及 (d) 為錳元素在沃斯田鐵本底之分佈對相變化之影響的示意
　　　　　圖。[20]

並非完全均勻；從兩相區冷卻至室溫時，肥粒鐵則從環帶的錳元素缺乏區以磊
晶成長 (epitaxial growth) 方式長入內環核心部份，如圖 12.11 (d) 所示；接著波
來鐵相變態，最後則外環帶區域起麻田散鐵相變態。這例子說明了雙相鋼熱處
理時，沃斯田鐵本底內所含合金元素的散佈情形影響其局部區域之硬化能。

　　在多重銲道 (multirun welds) 之鋼材含有大量的再熱區 (reheated zone)，這區域也涉及了再沃斯田鐵化。被均質化的高強度合金鋼銲材 (化學成份 Fe-0.06 C-0.27Si-1.84Mn-2.48Ni-0.20Mo-0.004O-0.01Al-0.02Ti, wt.%) 之恆溫再沃斯田鐵化 (isothermal reaustenitization) 已經過研究。這熱處理過程是將上述鋼材加熱至 950℃ 保溫 10 分鐘，立即冷至 460℃ 保溫 30 分鐘，以獲得變韌鐵和沃斯田鐵 (此二者當作最初組織)，然後隨即升溫至某些特定溫度，以了解恆慍再沃斯田鐵化之相變態機構。圖 12.12 (a) 及 (b) 分別為再沃斯田鐵化於 720℃ 及 740℃ 保持恆溫 2 小時之穿透式電子顯微鏡組織，明白地顯示沃斯田鐵幾乎沿著沃斯田鐵／肥粒鐵之界面移動而成長，STEM-EDS 定量化學成份分析 (如表 12.1 所示) 包含了 680℃—760℃ 之間，某些恆溫再沃斯田鐵化過程中，沃斯田鐵與肥粒鐵所含合金元素（錳及鎳）之分佈情形。此合金完全沃斯田鐵化的溫度為 760℃，隨沃斯田鐵化溫度升高，沃斯田鐵成長機構趨於準平衡 (paraequilibrium) 或忽略分配之局部平衡 (negligible-partitioning-local equilibrium, NPLE)。這現象可由再沃斯田鐵化於 760℃，40 秒鐘 (沃斯田鐵化

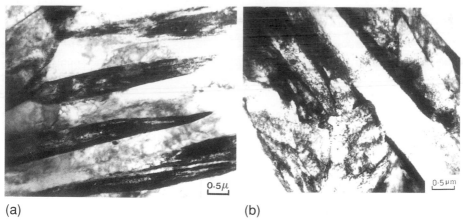

(a) 　　　　　　　　　　　　　　　　　(b)

圖12.12　(a) 最初組織為變韌鐵和沃斯田鐵，再沃斯田鐵化於 720℃ 保溫 2 小時之情形。

　　　　(b) 最初組織為變韌鐵和沃斯田鐵，再沃斯田鐵化於 740℃ 保溫 2 小時之情形。電子顯微鏡組織顯示沃斯田鐵沿著沃斯田鐵／肥粒鐵界面移動而成長，其寬度也隨著再沃斯田鐵化溫度之升高而增加。[21]

速率在此溫度非常快，約有 50% 的肥粒鐵於 40 秒內轉化為沃斯田鐵)，以及
680°C，10 分鐘 (沃斯田鐵化速率在此溫度非常慢，僅約 5% 的肥粒鐵於 10
分鐘內轉化為沃斯田鐵) 的二種情況來說明。前者之沃斯田鐵及肥粒鐵所含合
金元素 Mn 與 Ni 之重量百分比幾乎相同；而後者之沃斯田鐵所含合金元素
Mn 與 Ni 之重量百分比遠高於肥粒鐵所含的比例。這是由於溫度升高時，再
沃斯田鐵化的驅動力也隨之增加的緣故。

12-3-2　晶界的偏析

　　合金晶粒界區域的化學成份分佈非常重要，因為晶粒界的偏析會影響材料
的潛變、抗蝕性或應力腐蝕—尤其是在高溫之下使用。以下兩個例子有關
STEM-EDS X 射線定量化學成份分析在晶粒界偏析方面的研究。

　　沃斯田鐵系不銹鋼經常在冷卻或時效時產生鉻的碳化物而造成晶粒界附
近鉻元素的缺乏區，這種現象是引起晶粒界腐蝕的主要原因。圖 12.13 是 304
沃斯田鐵系不銹鋼 (Fe-18.4Cr-9.7Ni-1.8Mn-0.37Si-0.058C, by wt.%) 晶粒界的
鐵、鉻元素之 STEM-EDS 定量分析，這結果與其它研究結果相類似，同時也
指出溶質缺乏區 (從晶粒界測起) 少於 100 nm 的寬度。

　　另一個例子是使用於發電廠鍋爐之合金鋼 (Fe-1Cr-0.5Mo, wt.%) 銲件之熱
影響區方面的研究。上述材料之熱影響區於 527°C 使用達 10^8 秒後的顯微組織

表12.1　恆溫再沃斯田鐵化過程中，沃斯田鐵與肥粒鐵所含合金元素 Mn 及
　　　　Ni 之分佈情形。(STEM-EDS 分析結果 wt.%，誤差約為 ±0.20)

再沃斯田鐵化		Mn	Mn	Ni	Ni
溫度 (°C)	時間 (分鐘)	γ	α	γ	α
680	10	2.50	1.73	2.98	2.45
730	10	2.29	1.36	2.80	2.24
760	0.67	1.75	1.72	2.66	2.62
710	120	2.39	1.09	3.26	1.96
735	120	2.17	1.23	3.00	1.94
760	120	1.83	1.76	2.57	2.65

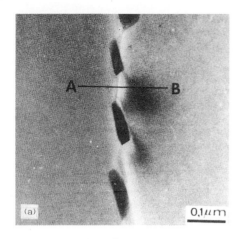
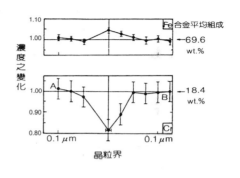

圖12.13 (a) 以穿透式電子顯微鏡觀察沃斯田鐵不銹鋼晶粒界。
(b) STEM-EDS 沿著 (a) 圖的 AB 線分析晶粒界偏析。[23]

中，沿著先前沃斯田鐵的晶粒界上，發現有許多潛變所造成的孔穴 (creep cavities)，如圖 12.14 (a) 所示。STEM-EDS X 射線定量分析 (如圖 12.14 (b)) 顯示矽及砷元素沿著晶粒界偏析，而雜質矽及砷的偏析已被確定為造成潛變孔穴的因素。

12-3-3 相的鑑定

使用穿透式電子顯微鏡作選區繞射可以鑑定晶體結構，而 STEM-EDS 作定量化學成份分析可以立即知道欲測定相之組成，因此 STEM-EDS 可視為傳統顯微鏡的一個補充技術，亦可用來作相的鑑定，以下是這個研究方向的例子。

316 沃斯田鐵不銹鋼在發電廠主要被用作超熱管用，圖 12.15 為一典型 316 沃斯田鐵系不銹鋼 (Fe-17.5Cr-1.39Mn-2.50Mo-12.0Ni-0.053C, wt.%) 於 650°C 長時間時效之顯微組織及 STEM-EDS 的定量化學成份分析。上述顯微組織裡面含有三種析出物：$M_{23}C_6$ 碳化物，σ 相和 η 相，這些析出物以及沃斯田鐵本底之定量化學成份分析歸納於圖 12.15 的附表中。這樣的分析方法極明顯的優點是可以依據化學成份來鑑別各個不同的相，例如 σ 相裡面發現含有 $M_{23}C_6$ 碳化物。因為電子束進入薄膜試片後會擴展開來，因此對析出物作化學

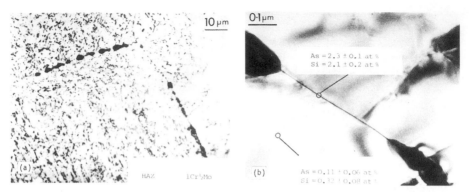

圖12.14　(a) 金相組織顯示沿著先前沃斯田鐵的晶粒界上，有許多潛變所造成
的孔穴 (creep cavities)。

(b) STEM-EDS 顯示矽 (Si) 和砷 (As) 元素沿著晶粒界偏析的現象。[26]

STEM X 射線顯微分析						
Position/Phase	Fe	Cr	Mo	Ni	Si	Mn
1.γ-matrix	67.0	16.7	1.1	12.8	0.3*	1.4
2.γ-g. b.	67.4	16.9	0.6*	12.7	0.6	0.8
3.g. b. σ-phase	55.1	34.4	4.3	5.4	0.8	0.6*
4.g. b. $M_{23}C_6$	18.3	61.0	7.7	11.0	1.4	0.7*
5.g. b. η-phase	43.6	18.2	23.0	4.6	3.2	0.4*
6.Intra. η-phase	43.2	18.7	23.5	4.2	3.5	0
7.Intra. $M_{23}C_6$	17.5	62.5	9.0	10.5	0.9	0.2*
Details of precipitate within σ-phase at P.						
8.σ phase	53.3	36.9	4.1	4.9	0.5*	0.2*
9.$M_{23}C_6$	27.1	51.2	11.6	4.2	0.6*	0.6*
*indicates poor statistical index for peak.						

圖12.15　316 沃斯田鐵不銹鋼於 650℃ 長時間時效之顯微組織及所標示號碼
上的 STEM-EDS 定量化學成份分析。[29]

成份分析時，必須確定電子束擴展的範圍不會超出析出物的大小；一般常採用
複製薄膜法 (replica)，將析出物從本底中萃取出來以避免測到本底的化學成
份。

　　在銲材裡面的夾雜物一般認為是影響銲材顯微組織的一個重要因素，亦即
夾雜物的晶體結構或化學組成對銲材之相變態可能有很重要的影響。下面另一
個例子是 STEM-EDS 對高強度合金鋼銲材之夾雜物化學組成作定量分析的研

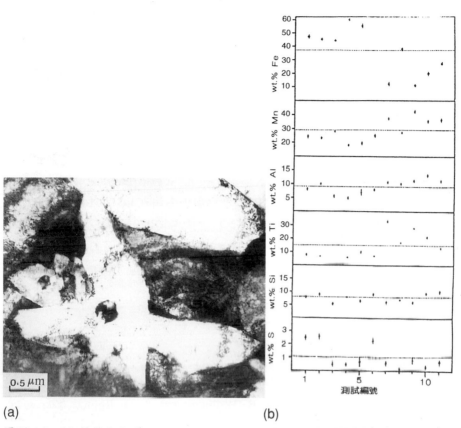

(a)　　　　　　　　　　　　　　　　　　(b)

圖12.16　(a) 針狀肥粒鐵 (acicular ferrite) 從夾雜物長出，形成星狀外形。

　　　　　(b) STEM-EDS 對不同的十一個夾雜物作定量化學成份分析。[30]

究；銲條是使用美國銲接協會規格 E10016-G，母材板厚 20 mm，銲接電流及電壓各為 180A 和 23V。圖 12.16 (a) 為銲材之穿透式電子顯微組織，顯示五個針狀肥粒鐵 (acicular ferrite) 從一個夾雜物長出，形成星狀的外形。圖 12.16(b) 為同一銲材內十一個不同夾雜物的 STEM-EDS 化學成份定量分析之數據。因為夾雜物的尺寸足夠大，因此電子束擴展範圍 (~20 nm) 的問題並不會造成分析上的困難。從圖 12.16 (b) 之數據發現當 Fe 的成份增加時，Mn、Ti 和 Al 的成份隨之減少；反之，當 Fe 的成份減少時，Mn、Ti 和 Al 的成份隨之增加。因此，本銲材內部可能含有兩種形式的氧化物：(Fe) 氧化物和 (Mn、Ti、Al) 氧化物。(Fe) 氧化物可能為 FeO 或 Fe_2O_3；而 (Mn、Ti、Al) 氧化物可能為

MnO、MnO$_2$、TiO、Ti$_2$O$_3$、TiO$_2$ 或 Al$_2$O$_3$。然而所有的夾雜物同時都含有大量的各種待分析元素，因此每個夾雜物均爲成份複雜的多相 (complex multiphases)；是故，關於夾雜物對針狀肥粒鐵孕核機構之影響這方面的研究，也就不易評估了。

　　發電廠有許多低合金鋼組件，長期的使用於 500—600°C 的環境下，因此潛變效應限制了這些組件的使用年限。大多數上述低合金鋼組件的最初組織爲肥粒鐵—變韌鐵混合組織，經過長時間的高溫使用，發現雪明碳鐵 (cementite) 的組成成份亦隨時間—溫度而變，換言之，雪明碳鐵組成成份可作爲此鋼材使用時間—溫度的記錄。近年來，英國中央電力公司 (CEGB) 一直從事這方面的研究，以 STEM-EDS 測定雪明碳鐵之組成成份，指出在雪明碳鐵內置換型合金元素 (如 Cr、Mn) 之濃度隨著回火時間之增加而提高。目前新的研究方向，則期望能由此資料來預測鋼材之潛變壽限 (creep life)，以及設計出更佳的抗潛變鋼材。

參考資料

1.　G. Cliff and G. W. Lorimer, *J. Microscopy*, **103**, 203 (1975).

2.　S. Mehta, J. I. Goldstein, D. B. Williams and A. D. Romig, *Microbeam Analysis/1979*, ed. by D. E. Newbury, San francisco Press (1979).

3.　J. I. Goldstein and D. B. Williams, *SEM/1977*, ed by O. Johari, Chicago: IIRI, **I11**, 651 (1977).

4.　G. W. Lorimer, *Quantitative Electron Microscopy*, ed. by J. N. Chapman et al., Scottish Universities Summer School in Physics, 305 (1983).

5.　J. Philibert and R. Tixier, *Physical Aspects of Electron Microscopy and Microbeam Analysis*, ed. by B. M. Siegel and D. R. Beaman, New York: J. Wiley, 333 (1975).

6.　C. Nockolds, M. J. Nasir, G. Cliff and G. W. Lorimer, *Electron Microscopy and Analysis*, ed. by T. Mulvey, London: I. O. P., 417 (1979).

7.　J. I. Goldstein, J. L. Costley, G. W. Lorimer and S. J. B. Reed, *SEM/1977*, ed. by O. Johari, Chicago: IIRI, 315 (1977).

8. D. E. Newbury and P. L. Myklebust, *Microbeam Analysis*, ed. by D. B. Wittry, San Francisco: San Francisco Press, 173 (1979).

9. D. F. Kyser, *Introduction to Analytical Electron Microscopy*, ed by J. Hren,J. I. Goldstein and D. C. Joy, New York: Plenum Press, 199 (1979).

10. P. B. Hirsch, A. Howie, R. B. Nicholson, D. W. Pashley and M. J. Whelan, *Electron Microscopy of Thin Crystals*, New York: Robert E. Krieger Publishing Company, Huntington, 415 (1977).

11. G. W. Lorimer, G. Cliff and J. N. Clark, *Developments in Electron Microscopy and Analysis 1975*, ed. by J. A. Venables, New York: Academic Press, 153 (1976).

12. P. M. Kelly, A. Jostsone, R. G. Blake and J. G. Napier, *Phys. Stat. Sol.*, **31**, 771 (1975).

13. V. D. Scott and G. Love, *Materials Science and Technology*, **3**, 600 (1987).

14. H. Niedrig, *SEM/1977*, ed. by O. Johari, Chicago: IIRI, 841 (1977).

15. W. S. Miller and V. D. Scott, *Metal Sci.*, **12**, 95 (1978).

16. G. Cliff and G. W. Lorimer, *Electron Microscopy 1980*, vol. 3, Analysis, ed. by P. Brederoo and V. E. Cosslett, 182.

17. C. Nockolds, M. J. Nasir, G. Cliff and G. W. Lorimer, *Electron Microscopy and Analysis 1979*, ed. by T. Mulvey, Bristol: Inst. Physics, UK, 417.

18. T. A. Hall and P. R. Werba, *Electron Microscopy and Analysis*, Inst. Physics, Conference Series, London, 146 (1971).

19. R. A. Ricks, *Quantitative Microanalysis with High Spatial Resolution*, London: Metals Society, 85 (1981).

20. G. R. Speich and R. L. Miller, *Solid→Solid Phase Transformations*, ed. by H. I. Aaronson et al., AIME, 843 (1982).

21. J. R. Yang and C. Y. Huang, *Materials Chemistry and Physics*, **35**, 168 (1993).

22. H. K. D. H. Bhadeshia, *Progress in Materials Science*, **29**, 321 (1985).

23. R. Tixier, B. Thomas and J. Bourgeot, *Quantitative Microanalysis with High Spatial Resolution*, London: Metal Society, 15 (1981).

24. J. Philibert and D. Penot, *Proc. 4th Int. Cong. X-Ray Optics and*

Microanalysis, Paris: Hermann, 365 (1966).

25. C. S. Pande, M. Suenaga, B. Vyas and H. S. Isaacs, *Scr. Metall.*, **11**, 681 (1977).

26. P. Doig, D. Lonsdale and P. E. J. Flewitt, *Quantitative Microanalysis with High Spatial Resolution*, Lodon: Society, 65 (1981).

27. C. L. Briant and S. K. Banerji, *Int. Met. Rev.*, **23**, 164 (1978).

28. D. Lonsdale and P. E. J. Flewitt, *Mater. Sci. and Eng.*, **41**, 127 (1979).

29. J. K. Lai, D. Chastell and P. E. J. Flewitt, *Mater. Sci. and Eng.*, **49**, 19(1981).

30. J. R. Yang, *Ph. D. Thesis*, University of Cambridge (1987).

31. R. B. Carruthers and M. J. Collins, *Quantitative Microanalysis with High Spatial Resolution*, London: Institute of Metals, 108 (1981).

32. A. Afrouz, M. J. Collins and R. Pilkington, *Metals Technology*, **10**, 461(1983).

33. H. K. D. H. Bhadeshia, *Materials Science and Technology*, **5**, 131 (1989).

習 題

12.1 STEM-EDS X 射線分析儀，對薄膜作選區式的定量化學成份分析，其在薄膜測定的區域範圍大約多少？

12.2 STEM-EDS X 射線分析儀作定量化學成份分析，那些因素會影響測定值的精確度？

12.3 假設高能量的電子束與薄膜交互作用時，X 射線的吸收及螢光現象都可以忽略。在這種條件下，薄膜所含各種元素的重量比與其對應的特性 X 射線強度之間的關係為何？

12.4 使用 STEM-EDS X 射線分析儀測定合金所含析出物之化學成份時，如何避免誤測到析出物鄰近本底的化學成份？

12.5 使用 STEM-EDS X 射線分析儀作定量的化學成份分析，有賴於精確地測量薄膜厚度；試列出測量薄膜厚度的方法。

12.6 試列出 STEM-EDS X 射線定量化學成份分析在合金方面的主要應用。

12.7 試說明 STEM-EDS X 射線定量分析也可以用來作為相鑑定的一種補充技術。

第十三章

電子顯微鏡在電子材料方面之應用

近年來電子工業突飛猛進，尤以半導體元件為最。舉凡矽、砷化鎵，其它 III－V 族和 II－VI 族半導體材料所製成之電路均朝多功能及複雜化邁進。例如矽積體電路元件就由原來的大型進入超大型 (very-large-scale integration, VLSI) 階段，元件個體越做越小，而晶片之尺寸則越做越大。凡此，就不得不仰賴更精密之設備來加以製作分析。由於元件尺寸縮小，昔日之元件分析工具可能只需要一台光學顯微鏡就可用來觀察，現在可就要利用放大倍率較大的電子顯微鏡加以分析；而傳統上僅提供表面觀察之光學顯微鏡所作的分析，現也必須藉助電子顯微鏡之長視野深度 (depth of field) 方足以滿足日趨三度空間化之電子電路結構的需求。而在晶片尺寸越做越大的情況下，為了要保有電路特性，就不得不尋找更適合的材料來取代現有物質，那更得有賴於對材料之物性作進一步深入之探討，方得提供製程參考之用；所以電子顯微鏡更因為可以同時提供微細結構、缺陷分析、成份分析、晶體結構之資料而成為一最有力的工具。以下舉例來說明電子顯微鏡在電子材料方面的應用，包括金屬化 (metalliz-ation)、介電層結構 (dielectric structure)、離子佈植 (ion implantation)、蝕刻 (etching) 和磊晶成長 (epitaxial growth)、再結晶 (recrystallization) 等，按序說明如后。

13-1 金屬化

有關金屬化處理 (metallization) 我們可以由矽晶上之金屬接觸談起。早期，大家均知道鋁 (Al) 是使用在矽元件上最普遍之材料，但隨著元件之極小化，這種情況也漸漸有了改變。比方目前超大型積體電路要求源、洩極之尺寸在 1 微米 (μm) 左右，接面深度 (junction depth) 就得縮小到 0.2 微米以下，而接面接觸深度 (contact depth) 就須小於 0.02μm，如圖 13.1 所示，這也就是所謂的淺區接面上的淺區接觸 (shallow contact)；但此時利用鋁當作接觸材料就常有短路現象發生，而藉掃描式電子顯微鏡之助，我們可以發現由磷酸蝕刻掉鋁之後的矽半導體表面有很多的孔洞 (holes)，如圖 13.2 所示[1]。如果我們再利用橫截面電子顯微鏡 (cross-sectional transmission electron microscopy) 分析，則可見上面的鋁會在底下的矽基座上形成一些尖點 (spiking)，見圖 13.2。如此幫助我們了解到鋁會和矽基座有某種程度的混合，而造成鋁穿透滲入底下矽基座；當接面深度越淺時，這些鋁極可能深入接面之界面而造成短路，所以後來人們就針對鋁在融合 (alloying) 時所具有的溫度 450°C 對矽之溶解度 1—2%，而用鋁矽合金 (Al-1%Si) 來取代鋁。但鋁矽合金亦因為熱穩定度 (thermal stability) 及界面原始氧化層 (native oxide) 之問題而無法更進一步加以應用；至於複晶矽 (poly-Si) 雖然和矽基座能相容，卻因太高的電阻 (薄片電阻, sheet resistance) 而被金屬矽化物 (metal silicides) 所取代。有關金屬矽化物之研究，利用電子顯微鏡分析者不勝枚舉，其中如相轉換 (phase transition) 就是一例，如鈷鍍在矽基座上，由低溫至高溫其相之轉換會由 Co_2Si 而 $CoSi$，以至 $CoSi_2$，如圖 13.3 所示。吾人可藉著晶體繞射 (diffraction) 的技巧來分析各相之存在，並且可利用晶體繞射來決定在 900°C 退火溫度以上是否得以形成磊晶 (epitaxy)；磊晶 $CoSi_2$ 和矽基座間之方向關係為 (111) $CoSi_2$ // (111) Si，(202) $CoSi_2$ // (20$\bar{2}$) Si，亦可以直接利用穿透式電子顯微鏡晶體繞射加以分析，如圖 13.4 所示。但因為要降低電阻，所以一般均採用多層金屬化 (multilevel metallization) 的方式，在矽化物上加一層鋁合金，但這鋁或鋁合金常常會和金屬矽化物反應，使得鋁仍可能穿越過矽化物而在矽基座形成尖點效應，這現象亦可由橫截面電子顯微鏡分析觀察之，所以常用的解決方法是在矽化物和鋁之間加一層障礙金屬 (barrier metal)，如鎢、鈦等。即使如此，適當的研究仍是需要的，就如圖 13.5 所示，鋁仍然可以因為不足的障礙結構而突穿到矽化物層，與矽化物形成鋁的化合物，也可能造成尖點效應。其次，當鋁用來作為聯接線 (inter-connection) 時亦有凸粒 (hillock) 和電子遷移 (electron migration) 之問題發生。電子遷移是藉著電子動量傳遞而靠熱激發鋁離子沿晶粒界擴散，形成凸粒和空洞的一種電子運動。有人利用夾層之矽化物 WSi_2 以減少這些凸粒之形成，如圖 13.6 所示。有關於電子遷移的問題，我們亦可利用電子顯微鏡之輔助來了解在電性方面之所以會有短路或斷路的原因。例如，我們可以由掃描式電子顯微鏡看見聯接線的表面形態，如圖 13.7 即為 $3\mu m$ 寬的鋁矽 (Al-1% Si) 之聯接線圖；除此，因為 SEM 之視野深度長，所以在高溫以高電流密度測試時，會在正極 (anode) 形成凸粒，而在負極 (cathode) 形成空洞 (void)。此亦可由 SEM 很清楚的看出，見圖 13.8。圖 13.9 表示 Al-1%Si 經過 5.5×10^6 A/ cm^2 之電流測試，在 613 K 時造成的斷線圖形，而多層結構 Al-1%Si / Ti / Al-1 %Si / Ti 則需要更高之電流密度 7×10^6 A/cm^2 方能形成明顯的空洞和凸粒，如圖 13.10；根據穿透式電子顯微鏡觀測結果，發現此為鋁和鈦形成 $TiAl_3$ 所致，如圖 13.11。其次在 Al-1%Si / W-Ti 系統，由穿透式電子顯微鏡作橫截面分析，我們可看出在 450°C 時有 $Al_{12}W$ 相形成，520°C 有 $Al_{12}W$ 和 Al_5W 形成，而在 550°C 有大量 Al_5W 形成，見圖 13.12、13.13、13.14 所示。其次在鍍以鎢之覆蓋層的鋁聯接線易形成突出現象，亦可藉 SEM 清楚地了解，如圖 13.15 所示。另外如在濺鍍時加以氩氣之氣壓有助於防止聯接線之鋸狀外形出現，此亦可藉 SEM 看出，如圖 13.16。還有蒸鍍之後的退火與否對於矽基座上之矽顆粒析出亦有重行分佈之效果，就如圖 13.17 和 13.18 中的 SEM 圖。甚至在鍍有保護氧化層之鋁矽聯接線在電子遷移測試之後亦會有破壞氧化層之現象，可見圖13.19。這可能是由鋁線斷裂或突出而造成之應力所致；如圖 13.20 所示，在跨越其它聯接線之處施以高溫時效 (aging)，較易出現斷線之狀況，而此斷線包括鋁聯接線和其上之介電保護層，因無論介電保護層移除與否，均可以 SEM 看見斷線，所以表示介電保護層亦已遭受應力破壞，這當然需有 SEM 之長視野深度方容易看得出。然而此電子遷移現象隨著線寬 (line width) 之縮小而愈趨嚴重時，卻在線寬達 VLSI 階段之處 (逼近 $1\mu m$ 的尺寸) 急遽下降，亦即平均破壞時限 (median time to failure, MTF) 增長，這與原來理論所預測的狀況 (即當線寬越窄則鋁線因電子遷移形成之空洞較易貫穿整個鋁線而形成斷路) 正好相反，但經由穿透式電子顯微鏡的分析，則明顯的在大約 $1\mu m$ 鋁線寬時，鋁的晶粒 (grains) 正好形成所謂的竹節狀結構 (bamboo structure)，如圖13.21 所示，每個晶粒正好長滿線寬範圍而如同竹節般一目目

的排成一列，如此電子遷移運動就會受到影響，因此時沿著電子流動的方向沒
有多餘的晶粒界足以提供電子遷移所用，所以 MTF 因而增長。

　　其次，我們討論化合物半導體之金屬化處理。常用之化合物半導體以砷化
鎵、磷化鎵、磷化銦、砷化銦等為主，下面以砷化鎵為例來說明，一般砷化鎵
上之歐姆接觸 (Ohmic contact) 採用 Au-Ge-Ni 系統，在 Au-Ge 共晶溫度 363
以上施以退火時，可以用電子顯微鏡觀察其界面反應機構之狀況，圖 13.22、
13.23、13.24 即分別表示鍍以 2000 Å Au / 200 Å Ni / 200 Å Ge / n-GaAs 在 440
退火 85 秒；2000 Å Au / 200 Å Ni / 200 Å Au-Ge / n-GaAs 在 440°C 退火 3
秒，和 200 Å N i / 1000 Å Au-Ge / n-GaAs 在 440°C 退火 90 秒等情況下，其橫
截面電子顯微鏡圖利用能量分散光譜 (energy dispersive spectroscopy) 分析成
份，可知圖中白色 A 部份表 Ni-Ge 含量較多之區域，而黑色 B 部份表 Au-Ga
含量較多的部份，也顯示 2000 Å Au / 200 Å Ni /200Å Ge / n-GaAs 形成最大量
的 Ni-Ge-As 相，這相有助於在隨後 330°C 時效時阻止 Au 之擴散，所以此系
統為三者最穩定者。另外在 2000 Å Au / 400 Å Cr/1400 Å Au / 100 Å Ge / n-
GaAs 之系統經由 390°C 退火 10 小時，可以由 TEM 發現如圖 13.25 之結構，
可以在合金區 (alloying zone) 發現有鍺晶粒磊晶成長，而其上有 6% Ga 在金內
形成 Au-Ga 之合金，亦含有 0.5% 至 1% 的鍺，此相也與 GaAs 基座接觸；
另外有 CrAs 相，再來為 Au-Ga 之固溶體，最上層為 Cr 氧化物。其次 Au /
GaAs 在 500°C 退火 15 分鐘亦可由 SEM 看出其表面形態，如圖 13.26 所示。
吾人亦可利用 W 或 W-N 當作擴散障礙 (diffusion barrier) 以防止如金 (Au) 在
GaAs 上因高溫退火而造成互混 (intermixing) 或反應的結果，如圖 13.27 可見
在有 W 或 W-N 之擴散障礙而得之鍍有金的 GaAs 基座退火後表面較平整。圖
13.28 則表示鍍有銀 (Ag) 的 GaAs 基座狀況。為了形成平整的歐姆接觸界面，
可以利用 Pt 鍍在 GaAs 上，而以擴散障礙防止 Ag 和 Pt 或 GaAs 反應，亦可利
用 SEM 看出此種結構的效果，如圖 13.29 所示。圖 13.30 則指出利用 500 Å
Au / 350 Å Ni / 400 Å Ge / 800 Å Au 在 n-GaAs 之歐姆接觸，其接觸電阻可達
0.03 Ω-mm，可作為調摻場效電晶體 (modulation-doped field effect transistor,
MODFET's) 金屬化之用。

13-2　介電層結構 (Dielectric Structure)

一般矽基座上所用之介電層爲二氧化矽 (SiO₂)，因其具有很高之熱穩定性且容易形成，所以矽半導體之能廣泛使用，SiO₂ 有著不可忽略的貢獻。而 SiO₂ 一般爲非晶態 (amorphous)，因此在電子繞射時，其所形成的晶體繞射圖案爲暈狀環 (diffuse ring)，故通常由明視野 (bright field) 看不出任何對比 (contrast)；然而如果矽基座上長一層熱氧化層 (thermal oxide)，我們可藉橫截面電子顯微鏡分析看出 SiO₂ 與矽基座間界面成長的狀態，如圖 13.31 即是一個金氧半電容器 (MOS capacitor)，其矽基座與二氧化矽以及二氧化矽與鋁之界面結構示意圖。另外，在 420°C 以低壓氣相 SiO₂ 蒸鍍法 (LPCVD) 蒸鍍，然後用 1000°C 快速退火 60 秒，可以見到如圖 13.32 的界面結構。當我們進行 RCA 清洗晶圓之步驟，其晶圓表面的原始氧化層 (native oxide) 亦可以藉著橫截面 TEM 看出其厚度，如圖 13.33，表示經 RCA 清洗後晶圓以 900°C 退火，界面氧化層約有 14 Å 並且均勻連續；若以 1100°C 退火則界面氧化層幾乎完全被破壞，僅剩下直徑約 55 Å 的氧化球，如圖 13.34 所示。如果以氫氟酸 (HF) 滴蝕，若不退火則可見如圖 13.35 約 8 Å 厚的不連續氧化層；倘施以 1000°C 退火則可見大部份氧化層被破壞，而形成一些直徑約 50 Å 之氧化球，如圖 13. 36。再者若在鍍上複晶矽後施以 900°C 之雜質擴散亦可以造成氧化層之破壞，所以界面之原始氧化層很薄，有些地方更不連續，如圖 13.37 所示。當然，這些高解像穿透式電子顯微鏡所形成之圖形，可以用電腦模擬 (computer simulation) 之方法加以分析驗證。

13-3 離子佈值

有關離子佈植 (ion-implantation) 的分析，應用到電子顯微鏡的地方很多。例如經由離子佈植的矽晶片，若植入的雜質爲磷 (P⁺)，砷 (As⁺)，和氟化硼 (BF₂⁺) 離子，則可以使其形成非晶態，可由電子顯微鏡 TEM 的繞射分析看出爲暈狀環；而在隨後的退火時，可以因非晶態矽在矽基座上形成再結晶，除了有固態磊晶之狀況發生外，並形成很多缺陷，這些都可由電子顯微鏡加以分析。如矽晶片 (001) 經由 BF₂⁺ 離子 110 kV 在室溫植入 $5\times10^{15}/cm^2$，其在 575 °C 退火 1 分鐘至 36 分鐘的固態磊晶成長情形，如圖 13.38。利用偏離 [110] 極 (pole) 的 (004) 弱繞射束 (電子束的偏離參數爲正且較大)，可以降低缺陷應變造成的對比，使晶態／非晶態之界面較清晰；當然，爲了保持再結晶層之厚度不變，須以 [001] 爲旋轉軸以求得 (004) 弱繞射束，如圖 13.39 所示。其次，所觀察的缺陷狀況如圖 13.40，在 550°C 退火 114 分鐘，可見對狀差排 (paired dislocation) 和微雙晶 (microtwin crystal)。而在 700°C 退火後可見不規則差排 (irregular dislocation) 擴展至距表面 1900 Å 以下，亦可見在原來非晶態／晶態界面下 1800 Å 之帶狀內有等軸環 (equiaxial loops)，另外棒狀缺陷 (rodlike defect) 亦由距表面 1900 Å 至 3900 Å 處，微雙晶亦長在表面 700 Å 厚之區域內，而對狀差排亦形成，如圖 13.41 所示。如果施以1000°C 退火，則由距表面 700 Å 到 1900 Å 之間形成八面體 (octahedral) 之氣泡 (bubble)，其密度約 $8 \times 10^{15}/cm^3$，平均大小約 120 Å，而占體積 1% 左右；也有一些大的氣泡 (如 380 Å) 形成於表面 220 Å 深度以內，如圖13.42。而當退火溫度增加到 1100°C，其氣泡密度約 $7 \times 10^{14}/cm^3$，平均大小約 210 Å，占總體積的 3%，其成長由距表面 1200 Å 到 1800 Å 處；而在表面其氣泡長到 1160 Å 大小，約占總氣泡量之 10%。如圖 13.43 所示。而以上提及之雙晶亦可以晶格像 (lattice image) 和繞射分析，如圖 13.44。至於 (111) 矽基座利用 BF_2^+ 佈植退火結果其缺陷圖形如圖 13.45，在 600°C 退火時可見平行雙晶 (parallel twin) 和傾斜雙晶 (inclined twin)，圖 13.46 爲其平面 TEM 圖形。隨著退火溫度上升，平行雙晶含量增加，而傾斜雙晶含量減小。在1000°C 退火，平均大小 380 Å，密度 $9 \times 10^{14}/cm^3$，含量 3% 的氣泡亦已形成，如圖 13.47 所示。退火溫度上升至 1100°C 時，平行雙晶含量仍如 1000°C 者，而傾斜雙晶含量劇減，如圖 13.48 所示，而密度 $7 \times 10^{13}/cm^3$，1170 Å 大小，含量 4%％ 之氣泡亦已形成，如圖 12.49 所示。其次，利用離子佈植的方法造成對矽化物形成之影響，亦可用電子顯微鏡加以分析。如圖 13.50 即是利用磷離子在 25°C佈植在鍍有鉬 1000 Å 厚的矽基座上，而不同之劑量 (dose) 造成不同相之形成。一般離子佈植之矽基座，其上成長金屬矽化物均會受到離子佈植的影響，有抑制成長和助長磊晶成長二種現象，其最特殊者即是在 BF_2^+、B 或 F^- 佈植之矽基座上，其 $NiSi_2$ 之磊晶成長可由未佈植之矽基座上成長溫度 750°C 以上降至 200°C，如圖 13.51、13.52 和 13.53 所示。再者利用硝酸銅溶液染色方法 (staining) 亦可將離子佈植之接面 (junction) 處以 SEM 看得很清楚，如圖 13.54 所示。

13-4 蝕刻

　　蝕刻 (etching) 一般包括濕性蝕刻 (wet etching) 和乾性蝕刻 (dry etching)。蝕刻之後可能會留下一些殘渣 (postetch residues)，或對材質造成損傷 (damage)，這些均可用顯微鏡加以檢定。圖 13.55 即表示 Al-1%Si 合金在利用 BCl_3 及 Cl_2 之活性離子蝕刻後，因不同蒸鍍溫度而造成的殘渣，這些殘渣乃是因其上矽含量析出 (precipitate)所致，如圖 13.56 所示。其它如 Al-4%Cu 和 Al-1%Si-0.5%Ti 亦會因為蒸鍍溫度不同而各有 $CuAl_2$ (θ 相) 和特定組織 (texture) 或空洞 (void) 之形成，亦會在蝕刻之後留下殘渣。而在利用 CF_4 / 40 % H_2 之蝕刻氣體過度蝕刻 (overetch) 22 分鐘，矽基座會受到損傷，如圖 13.57 即表示以晶格成像 (lattice image) 的方法所觀察到之蝕刻後形成的疊差 (stacking fault) 現象。而藉著晶格成像，如圖 13.58 亦可見到以 CHF_3 / O_2 (15:1) 蝕刻所形成之高分子膜 (polymer film)。利用各種不同之蝕刻氣體所蝕刻之後的表面亦可以 SEM 觀察之。例如以 CCl_4 / N_2 (3:1) 和 HCl / Ar (3:1) 所蝕刻之矽表面即可用 SEM 觀察，如圖 13.59，各有錐形殘渣和不均勻蝕刻之現象。

13-5 磊晶成長與再結晶 (Recrystallization)

　　磊晶成長 (epitaxial growth) 方法很多，包括前面提及利用離子佈植矽基座經由退火方式可以形成固態磊晶 (solid phase epitaxy, SPE)，其次利用各種不同之蒸鍍或磊晶成長法包括有機金屬氣相磊晶法 (metallorganic chemical vapor deposition, MOCVD)、分子束磊晶法 (molecular beam epitaxy, MBE)、液相磊晶法 (liquid phase epitaxy, LPE) 等均可以在矽晶上形成磊晶 (包括同質磊晶和異質磊晶)，或者亦可以成長其它 III－V 族或 II－VI 族化合物半導體之磊晶，當然金屬矽化物磊晶也可用此方法成長。在磊晶成長的過程中，影響的因素很多，可分為外插的 (extrinsic) 和本質的 (intrinsic)，前者包括界面乾淨度和磊晶層之純度等，後者則包括晶格差異 (lattice mismatch) 和界面化學能 (interface chemical energy) 等。在利用基座加熱時除了可以獲致界面乾淨度外，並有助磊晶物質之附著與排列，但可能導致磊晶物質形成島狀結構，如圖 13.60。另外在 InP 上成長 $In_{0.52}Al_{0.48}As$ 之後，其上成長 InAs 在 30 Å 厚度以下仍可長成很好的磊晶，再厚則因應變而磊晶結構品質降低，如圖 13.61 所示。如果利用多重成份緩衝層 (multistepped composition buffer layer, MCBL)，在砷化鎵基座上由 ZnTe 開始，然後演變爲 $Zn_xCd_{1-x}Te$ ($x = 0.8\cdots\cdots$, 0.2)，最後再長成 CdTe，由橫截面電子顯微鏡分析，可知此 CdTe 磊晶之品質如圖 13.62 所示。當在二氧化矽上鍍上 2000 Å 或 $1\mu m$ 厚之矽晶，施以雷射退火 (laser annealing) 時——其中 $1\mu m$ 厚之試片以 6 瓦 (Watts) 之低功率、8 瓦之中功率和 10 瓦之高功率施以退火——則造成如圖13.63 之微結構，可以圖 13.64 解說。1967 年 Kawamura 首先報導 PtSi 可以在 (111) 矽基座上形成特定方向關係 (preferred orientation)，其後在 1972 年，Buckley 發現 (111) 矽基座上可形成 Pd_2Si 磊晶；1974 年，Tu 在 (111)、(110) 和 (001) 矽基座成長 $NiSi_2$ 磊晶，$CoSi_2$ 磊晶也在 1980 年發現；接著在 1983 年以後，$FeSi_2$，$CrSi_2$，VSi_2，$MoSi_2$，WSi_2，$ZrSi_2$，$TiSi_2$，$TaSi_2$，$NbSi_2$ 和 $MnSi_{1.7}$ 之磊晶亦陸續爲人發現可在矽基座上成長。將 300 Å 之鐵 (Fe) 鍍在 (111) 矽基座上，在 1100°C 眞空中退火，如圖 13.65 所示，可形成 $FeSi_2$ 磊晶。如圖 13.66 所示，300°C —1000°C 的二段式眞空退火可以得到更規則的磊晶 $FeSi_2$，其以繞射圖形分析就如圖 13.67 所示，表示 (100) $FeSi_2$ // (100) Si，(010) $FeSi_2$ // (010) Si。而磊晶 $CrSi_2$ 在矽基座上之 TEM 圖亦如圖 13.68 和 13.69 所示。在 $ZrSi_2$ 時，因爲界面氧化層 (native oxide) 之存在，所以藉助離子束混合法 (ion beam mixing) 可以促使磊晶 $ZrSi_2$ 在矽基座上形成，如圖 13.70 所示，其晶向關係可以圖 13.71 來分析。在 $TiSi_2$ 磊晶常見之多型結構 (polytype structure) 亦可用晶格成像加以鑑定，如圖 13.72 所示。單晶 $CoSi_2$ 在矽晶上之成長亦可以 TEM 加以分析，如圖 13.73 所示。

　　以上所提出者，是利用電子顯微鏡，包括穿透式電子顯微鏡、掃描式電子顯微鏡或電子微分析系統，對各電子材料之問題加以分析。Sheng 利用橫截面穿透式電子顯微鏡分析技術研究開發 1 Mbyte DRAM 元件之材料問題。例如在鳥喙 (bird's beak) 之前端會發現因爲 SiN_xO_y 之形成，而以 H_3PO_4 移除 Si_3N_4 之後，成長閘極氧化層受阻而有氧化層薄化 (thinning) 之現象，所以需在 Si_3N_4 移除之後利用濕氧化 (wet oxidation)，再以 BOE 滴蝕 90 秒之後再長氧化層方可解決薄化現象，這亦可用橫截面 TEM 加以分析。且蝕刻之程度亦影響到開窗 (window) 處成長氧化層之形狀，當以 BOE 過度蝕刻則造成斜率越大，結果在成長氧化層時會有角隅薄化現象，這也可以橫截面 TEM 分析加以鑑定；還有，在梯階 (step) 處的氧化現象亦會發生角隅的薄化現象。總之，電子顯微鏡在日趨複雜巧妙之電子工業材料發展上已扮演一不可或缺之角色，如何善用之以研究開發新的電子材料，實為有志深研電子顯微鏡者最重要之課題。

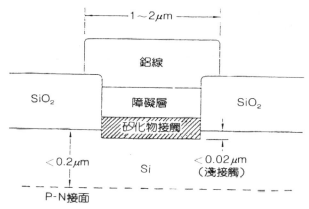

圖13.1 超大型積體電路源/洩極橫截面剖面結構。[50]

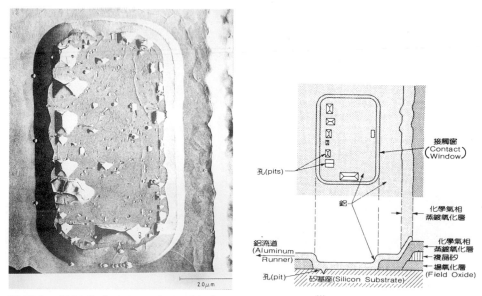

圖13.2 掃描式電子顯微鏡 (SEM) 觀測下之鋁蝕孔。[1]

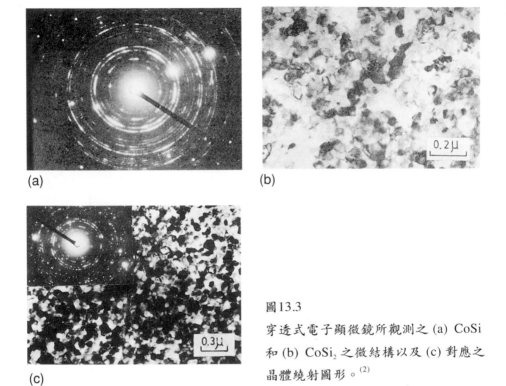

圖13.3

穿透式電子顯微鏡所觀測之 (a) CoSi

和 (b) CoSi$_2$ 之微結構以及 (c) 對應之

晶體繞射圖形。[2]

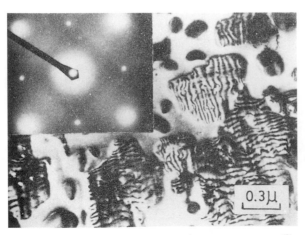

圖13.4　磊晶 CoSi$_2$ 與矽基座之晶向關係圖形。[2]

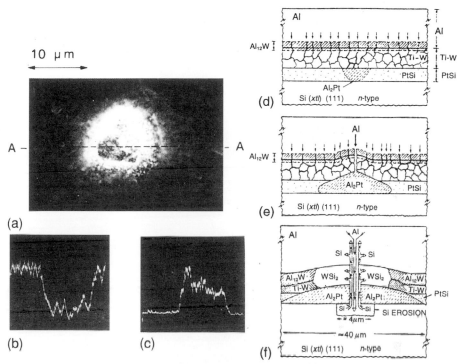

(a)

(b)

(c)

圖13.5　鋁穿透鈦鎢障礙金屬而與矽化物反應，在表面造成有矽之外擴散現象。(a)、(b)、(c) 爲電子微分析 (EPMA) 圖形，(a) 爲 SEM 圖，(b)、(c) 各爲鋁和矽之成份線掃描分析圖形，(d)、(e)、(f) 表示其形成機構。[3]

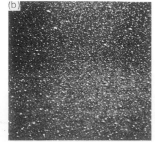

圖13.6　利用夾層 WSi_2 以減少鋁凸粒之形成，(a)、(b) 各表示沒有和有 WSi_2 夾層時鋁在二氧化矽上形成鋁凸粒之 SEM 圖。[6]

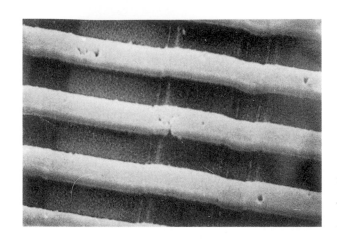

圖 13.7
鋁矽 (Al-1%Si) 之聯接
線其 SEM 圖，可以見
到空洞 (voids)。[51]

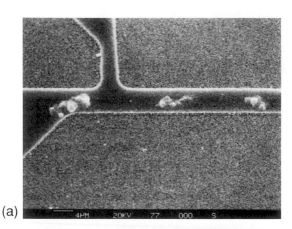

(a)

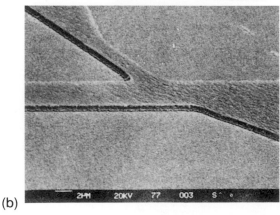

(b)

圖 13.8
在作電子遷移測試後，正
極形成凸粒，負極形成空
洞之 SEM 各圖表示於 (a)
與(b)；圖中為 Al-1%Si /
Ti / Al-1%Si / Ti……之多
層結構 (multilayered
structure)。[7]

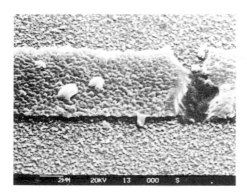

圖13.9　Al-1%Si 在 613 K，受 5.5×10^6 A/cm^2 之電流應力 (stress) 下，造成斷線之 SEM 圖形。[7]

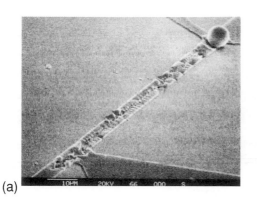

(a)

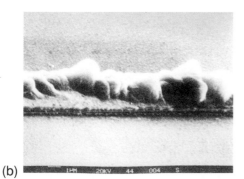

(b)

圖13.10　Al-1%Si / Ti / Al-1%Si / Ti 多層結構在 613 K，受 7×10^6 A/cm^2 之電流應力下，造成 (a) 空洞，(b) 凸粒之 SEM 圖。[7]

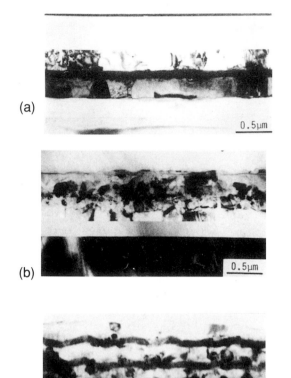

(a)

(b)

(c)

圖 13.11　多層 Al-1％Si／Ti 之結構在 613K，7×10^6 A/cm^2 之電子遷移測試
　　　　　下，形成 TiAl$_3$ 之橫截面電子顯微圖形。[7]

　　　　　(a) 剛鍍好之 Al-1％Si／Ti／Al-1％Si 的結構。

　　　　　(b) 表示 (a) 之結構經 450°C 退火 30 分鐘之情形。

　　　　　(c) Al-1％Si／Ti／Al-1％Si／Ti⋯⋯ 多層結構在 450°C 退火 30 分鐘
　　　　　　　後施以 5.5×10^6 A/cm^2，613 K 之電流測試。

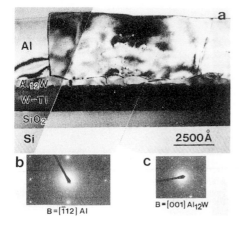

圖13.12
Al-1%Si／W-Ti 在 450°C 退火，可由
橫截面 TEM 看到 $Al_{12}W$ 相形成。[8]

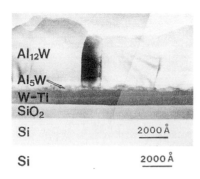

圖13.13
如圖 13.12，在 520°C 退火，可見 $Al_{12}W$ 和
Al_5W 相形成。[8]

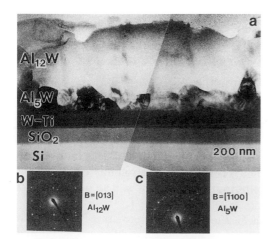

圖13.14
如圖 13.12，在 550°C 退火，有大
量 Al_5W 相形成。[8]

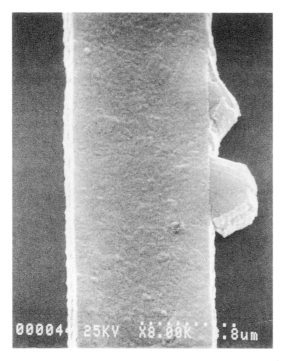

圖 13.15　覆以 900 Å 厚之鎢的鋁連接線形成突出現象的 SEM 圖。[52]

(a)

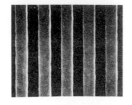

(b)

圖 13.16

Al-2%Si 在 (a) 一般環境及 (b) 高壓下蒸鍍，在蝕刻成型
(patterning) 後的形狀。[9]

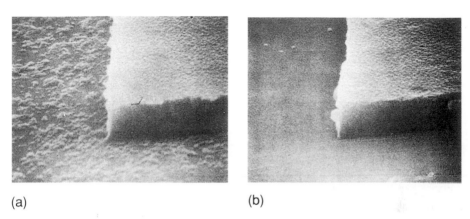

(a)   (b)

圖13.17   Al-1%Si-0.8 wt.% Cu 在 100℃ 蒸鍍後 (a) 施以及 (b) 未施以 450℃ 1
小時之退火，所見矽析出之重行分佈 SEM 圖。[10]

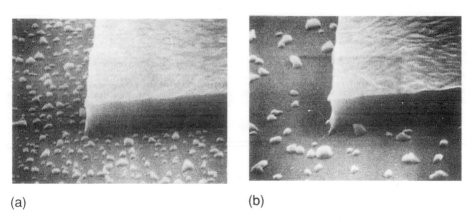

(a)   (b)

圖13.18   如圖 13.17 之情況，僅蒸鍍溫度改為 363℃。[10]

4HM 20KV 02 006 S

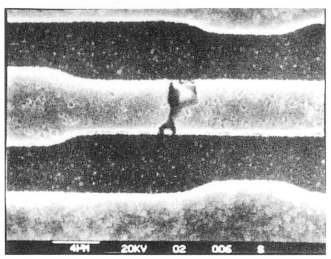

圖13.19 Al-2%Si 鍍上保護氧化層之後經 10^6 A/cm^2，150°C 之電子遷移測試後，氧化層被破壞之 SEM 圖。(11)

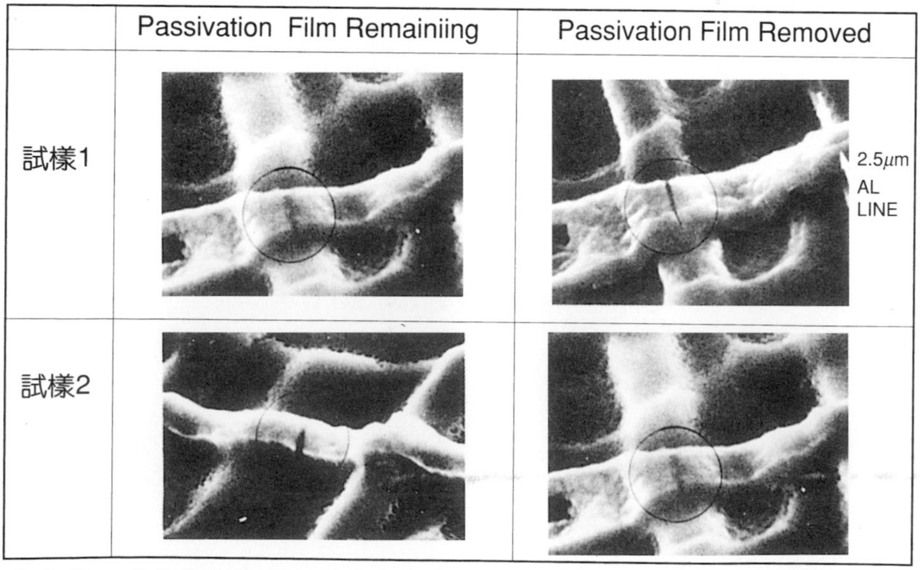

Passivation Film Remainiing
Passivation Film Removed
試樣1
試樣2
2.5μm
AL
LINE

圖13.20 跨越其它線路之聯接線處易受應力而破壞，左邊為保護氧化層未移除者，右邊則已移除。(12)

10.0 μm

圖13.21 鋁線在線寬 1.0 μm 時形成竹節狀結構的穿透式電子顯微鏡圖形；左圖爲聯接線之接頭處。[1]

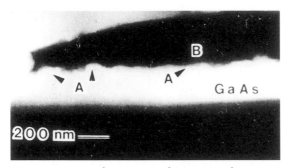

圖13.22　2000 Å Au / 200 Å Ni / 200 Å Ge / *n*-GaAs 在 440°C 退火 85 秒，其橫
　　　　截面 TEM 圖，*A* 表示 Ni-Ge 含量較多之相，*B* 表示 Au-Ga 含量較多
　　　　之相。[13]

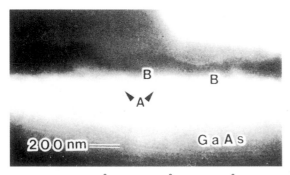

圖13.23　2000 Å Au / 200 Å Ni / 200 Å Au-Ge / *n*-GaAs 在 440°C 退火 3 秒之橫
　　　　截面TEM 圖，*A*、*B* 之意義如圖 13.22 之 *A*、*B*。[13]

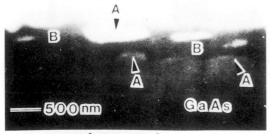

圖13.24　200 Å Ni / 1000 Å Au-Ge / *n*-GaAs 在 440°C 退火 90 秒之橫截面 TEM
　　　　圖。*A*、*B* 之意義如圖 13.22 之 *A*、*B*。[13]

圖13.25 2000 Å Au / 400 Å Cr / 1400 Å Au / 100 Å Ge / *n*-GaAs 在 390°C 退火 10 秒之橫截面 TEM 圖。[14]

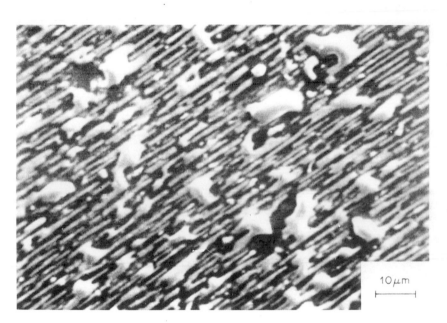

圖13.26 1500 Å Au / *n*-GaAs 在 500°C 真空中退火 15 分鐘之表面 SEM 圖。[15]

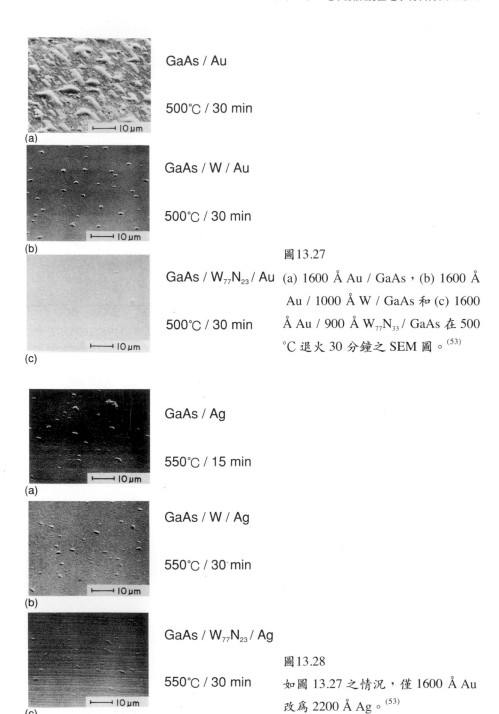

GaAs / Au

500℃ / 30 min

(a)

GaAs / W / Au

500℃ / 30 min

(b)

GaAs / $W_{77}N_{23}$ / Au

500℃ / 30 min

(c)

圖13.27

(a) 1600 Å Au / GaAs，(b) 1600 Å Au / 1000 Å W / GaAs 和 (c) 1600 Å Au / 900 Å $W_{77}N_{33}$ / GaAs 在 500 ℃ 退火 30 分鐘之 SEM 圖。[53]

GaAs / Ag

550℃ / 15 min

(a)

GaAs / W / Ag

550℃ / 30 min

(b)

GaAs / $W_{77}N_{23}$ / Ag

550℃ / 30 min

(c)

圖13.28

如圖 13.27 之情況，僅 1600 Å Au 改爲 2200 Å Ag。[53]

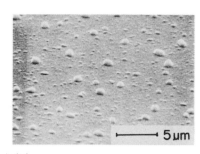

GaAs / Pt / Ag

550℃ / 15 min

(a)

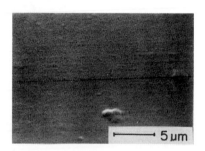

GaAs / Pt / W / Ag

550℃ / 30 min

(b)

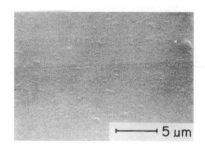

GaAs / Pt / W$_{70}$N$_{30}$ / Ag

550℃ / 30 min

(c)

圖13.29　(a) 2000 Å Ag / 500 Å Pt / *p*-GaAs，(b) 2000 Å Ag / 800 Å W / 500 Å Pt
　　　　 / *p*-GaAs，和 (c) 2000 Å Ag / 800 Å W$_{70}$N$_{30}$ / 500 Å Pt / *p*-GaAs 以 550
　　　　 ℃ 退火；(a) 退火 15 分鐘，(b)、(c) 退火 30 分鐘。[54]

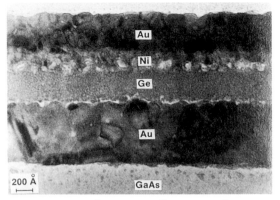

圖13.30　500 Å Au / 350 Å Ni / 400 Å Ge / 800 Å Au / *n*-GaAs 經金屬化處理所
　　　　製成之 0.03 Ω-mm 歐姆接觸之橫截面 TEM 圖。[17]

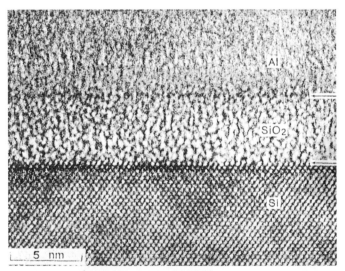

圖13.31　鋁閘極金氧半電容器之橫截面電子顯微鏡試片分析，二氧化矽厚度
　　　　約 45 Å。[18]

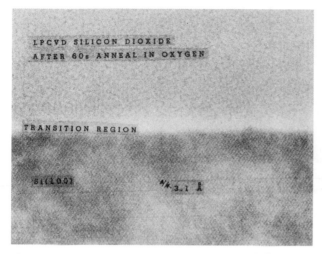

圖13.32 以低壓氣相蒸鍍成長 SiO₂，然後在 1000°C 退火 60 秒之二氧化矽其橫截面 TEM 之圖。[19]

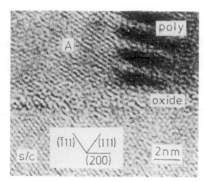

圖13.33 以 RCA 清洗步驟清洗之晶圓，經 900°C 退火，可見原始氧化層 (native oxide)。[20]

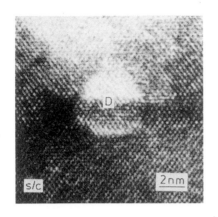

圖13.34

以 RCA 清洗步驟清洗之晶圓，經 1100°C 退火，幾乎所有氧化層已被破壞，僅剩 D 所示之氧化球。[20]

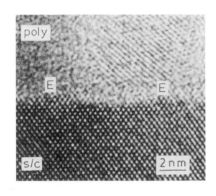

圖13.35

以氫氟酸滴蝕之晶圓，不加以退火，可見不連續的氧化層。[20]

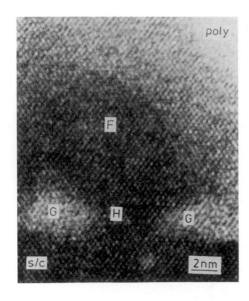

圖13.36

以氫氟酸滴蝕之晶圓，經 1000°C 退火，可見僅剩 G 之氧化球，H 之孔洞，F 之再成長複晶矽 (regrown polysilicon)。[20]

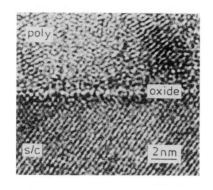

圖13.37

以氫氟酸滴蝕之晶圓，不退火，但施以 900
°C 複晶矽之雜質擴散，可見僅剩不連續而
很薄之氧化層。[20]

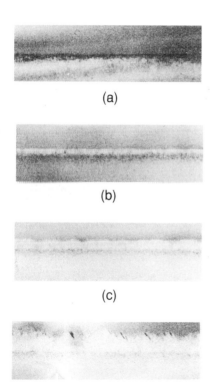

(a)

(b)

(c)

(d)

圖13.38

(001) 矽晶圓經由 BF_2^+ 離子，110 kV 在室溫
植入 $5 \times 10^5/cm^2$，其 (a)剛佈植，以及在 575
°C 退火 (b) 1 分鐘，(c) 3 分鐘，(d) 20 分
鐘，和 (e) 36 分鐘的情況。[22]

(e)

(a)

(b)

圖13.39
以 (a) 強和 (b) 弱繞射條件的明視野 (bright field) 像所觀察的晶態 / 非晶態界圖形。[22]

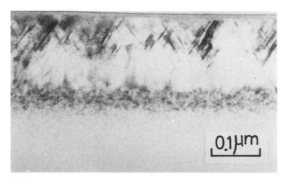

(a)

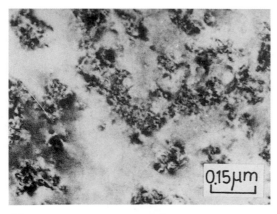

(b)

圖13.40
(001) 矽晶圓由 BF_2^+ 離子，110 kV 在室溫植入 $5 \times 10^{15}/cm^2$，其在 550°C 退火 114 分鐘之 (a) 橫截面 (b) 平面電子顯微鏡圖。[23]

(a)

(b)

圖13.41

如圖 13.40，以 700°C 退火之
(a) 橫截面弱束暗視野 (weak
beam dark field) (b) 明視野
TEM 圖。[23]

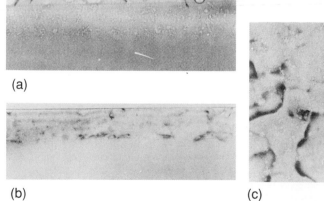

(a)

(b)

(c)

圖13.42   如圖 13.40，以 1000°C 退火之 (a) 橫截面 TEM 圖，(b) 在差排對比增
強條件下之橫截面 TEM 圖，(c) 平面 TEM 圖。[23]

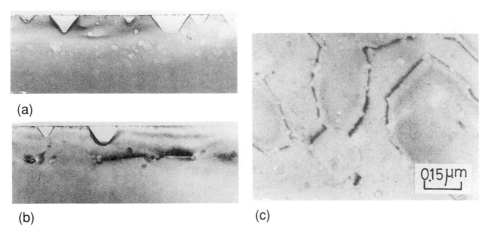

(a)

(b)

(c)

圖13.43　如圖 13.40，以 1100°C 退火之 (a) 橫截面 TEM 圖，(b) 在差排對比增
　　　　強條件下之橫截面 TEM 圖，(c) 平面 TEM 圖。[23]

(a)

(b)

圖13.44

微雙晶之晶格成像與繞射。[23]

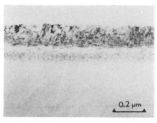

(a)

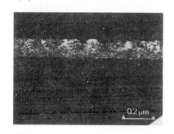

(b)

(c)

圖13.45　(111) 矽晶圓由 BF_2^+，110 kV 在室溫植入 $5 \times 10^{15}/cm^2$，其在 600℃
　　　　退火 30 分鐘之橫截面 TEM 圖。(a) 明視野；(b) 暗視野，平行雙
　　　　晶；(c) 暗視野，傾斜雙晶。[24]

(a)

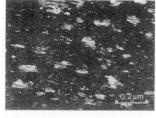

(b)

圖13.46

如圖 13.45，平面 TEM 圖之 (a) 明視野像，(b)
暗視野像。[24]

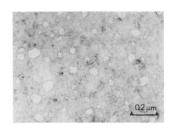

圖13.47

如圖 13.45，退火 1000°C 時所見之氣泡。[24]

(a)

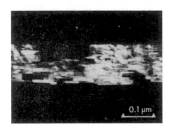

(b)

圖13.48　如圖 13.45，退火 1100°C 時所見平行雙晶之 (a) 明視野橫截面 TEM 圖，(b) 暗視野橫截面 TEM 圖。[24]

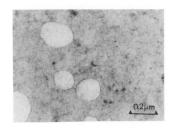

圖13.49

如圖 13.45，退火 1100°C 時所見之氣泡。[24]

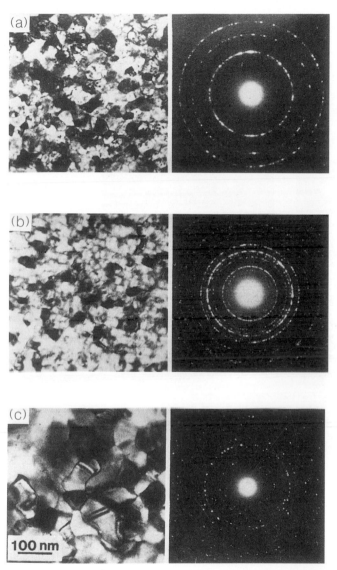

圖13.50 鍍以 1000 Å 厚鉬的矽基於 25°C 受磷離子佈植劑量為 (a) 1×10^{15}，
(b) 1×10^{16}，(c) $1 \times 10^{17}/cm^2$ 的 TEM 圖形。(a) 為鉬晶粒，(b)、(c)
則為$MoSi_2$。[25]

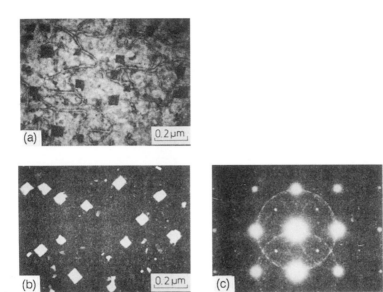

圖13.51　由 110 kV 之 BF_2^+ 以室溫佈植 $5 \times 10^{15}/cm^2$，經 1050°C 快速退火 15
　　　　秒之 (001) 矽基座，鍍以 550 Å 厚的鎳 (Ni) 之試片以 220°C 退火 2
　　　　小時，其 (a) 明視野圖，(b) 暗視野圖，(c) 繞射圖。[26]

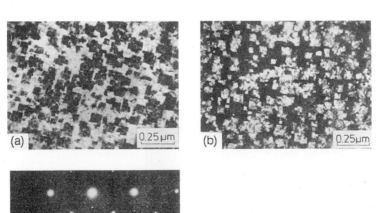

圖13.52
25 kV 之 B^+ 以室溫佈植 $5 \times 10^{15}/cm^2$ 的 (001)
矽基座，鍍以 550 Å 厚的鎳之試片以 250°C
退火 2 小時的 TEM 圖。[26]

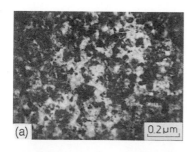 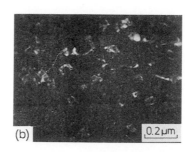

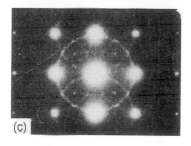

圖13.53

43 kV 之 F$^+$ 以室溫佈植 $5 \times 10^{15}/cm^2$ 的 (001) 矽基座，以 1050°C 快速退火 15 秒，鍍以 550 Å 厚的鎳 (Ni)，220°C 退火 2 小時之 TEM 圖。[26]

(a) **Phosphorus Implanted S/D**
(a) **Phosphorus Implanted S/D**

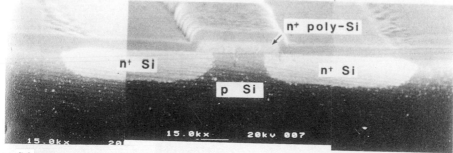

圖13.54　橫截面 SEM 圖所觀測到 (a) 磷離子，(b) 砷離子佈植之金氧半場效電晶體 (MOSFET) 的 *n* 區域。[28]

(a)

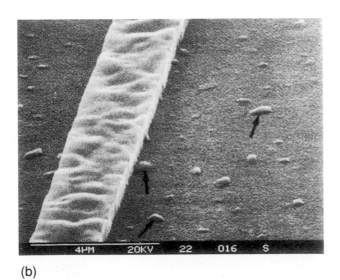

(b)

圖13.55　鍍以 7000 Å 厚之 Al-1%Si，其蒸鍍溫度各為 (a) 室溫，(b) 450°C
　　　　　時，隨後之活性離子蝕刻 (BCl₃＋Cl₂) 各留下之柱狀殘渣 (columnar
　　　　　residue) 和塊狀殘渣 (nodule residue)，以 SEM 觀察之。[29]

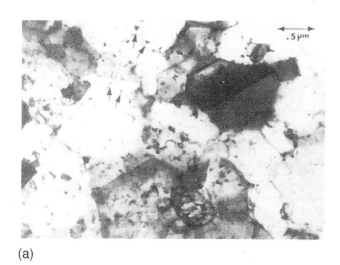

(a)

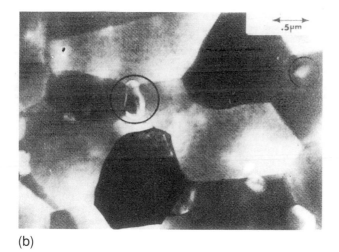

(b)

圖13.56　以 (a) 150°C，(b) 450°C 所蒸鍍之 Al-1％Si 合金，其矽析出之 TEM 圖。[29]

圖13.57
CF_4 / 40% H_2 過度蝕刻 22 分鐘之矽基座
其造成疊差之晶格成像 TEM 圖。

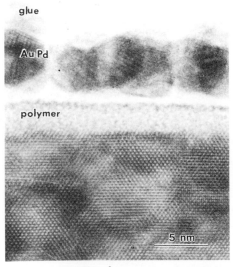

圖13.58　在數千 Å 厚度的二氧化矽被以 CHF_3 / O_2 (15:1) 蝕刻之後，矽基座表
面所形成的高分子層之晶格成像 TEM 圖。[32]

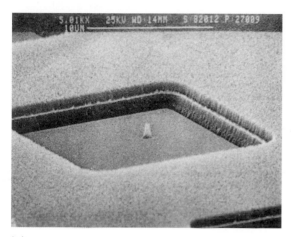

(a)

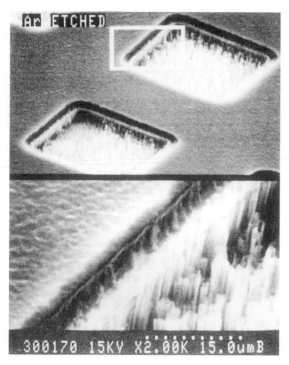

(b)

圖13.59　以 SEM 所見之 (a) CCl_4 / N_2 蝕刻後的矽殘渣及 (b) HCl / Ar 蝕刻後的
　　　　　不均勻表面圖形。[34]

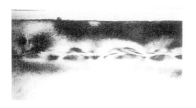

GaAs
Al$_{0.25}$ Ga$_{0.75}$ As
←In$_{0.25}$ Ga$_{0.75}$ As
GaAs

(a) T$_{ss}$ = 570℃

GaAs
Al$_{0.25}$ Ga$_{0.75}$ As
←In$_{0.25}$ Ga$_{0.75}$ As
GaAs

(b) T$_{ss}$ = 535℃

圖13.60　300 Å GaAs / 250 Å Al$_{0.25}$ Ga$_{0.75}$ As / 100 Å Si-doped Al$_{0.25}$ Ga$_{0.75}$ As / 30
　　　　Å Al$_{0.25}$ Ga$_{0.75}$ As / 30 Å In$_{0.25}$ Ga$_{0.75}$ As / 1μm GaAs 之 MODFET 橫截面
　　　　TEM 圖 (a) 以 570℃ (b) 以 535℃ 基座溫度成長。[37]

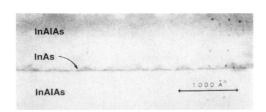

(a)

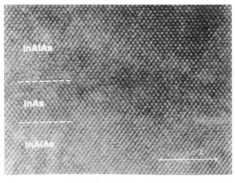

(b)

圖13.61　1000 Å In$_{0.52}$ Al$_{0.48}$ As / 30 Å InAs / 5000 Å In$_{0.52}$ Al$_{0.48}$ As / InP 之橫截面
　　　　TEM 圖，其 (a) 明視野 (b) 高解像能之成像。[38]

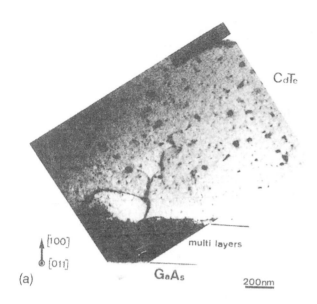

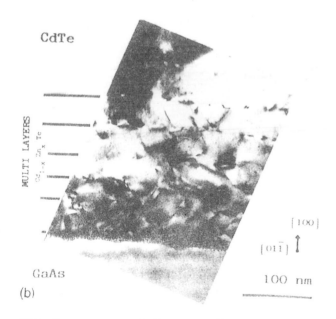

圖13.62　以 MCBL 成長 CdTe 於砷化鎵基座上，其 (a) MCBL 上之 CdTe (b)
　　　　 MCBL 之橫截面 TEM 圖。[39]

橫截面 TEM 圖

圖13.63　鍍上 1μm 矽晶之二氧化矽施以低功率、中功率和高功率雷射退火之
　　　　　TEM 圖。

Thick (1 μm) poly-Si/1 μm SiO₂/Si

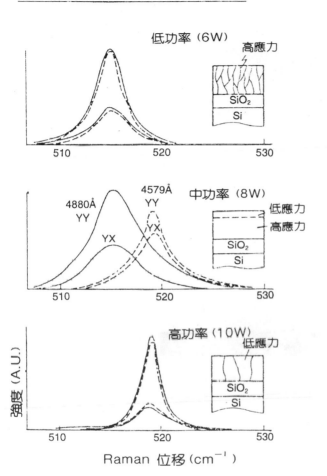

圖13.64　如圖 13.63，以拉曼光譜 (Raman spectra) 分析。

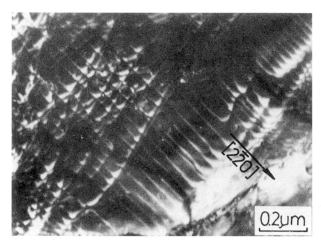

圖13.65　300 Å 厚之鐵鍍在 (111) 矽基座上，以 1100°C 眞空退火之 TEM 暗視
　　　　　野像指出界面差排。[45]

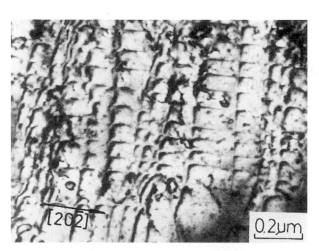

圖13.66　如圖 13.65，以 300°C—1000°C 眞空二段式退火，其 TEM 明視野
　　　　　像。[45]

(a)

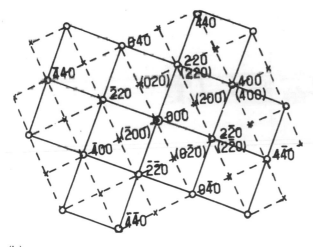

(b)

圖13.67　如圖 13.66，以繞射圖形分析 α-FeSi$_2$ 與矽基座之磊晶方向關係。[45]

圖13.68   300 Å 的鉻鍍在 (111) 矽基座上，以 300°C 基座加熱，隨後 1000°C
          真空退火，所得之 TEM 暗視野像。[46]

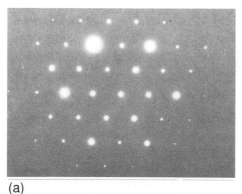

(a)

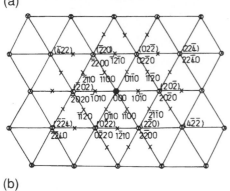

(b)

圖13.69

如圖 13.68，以 TEM 繞射分析知
[0001] CrSi$_2$ // [111] Si，(2020) CrSi$_2$//
(20$\bar{2}$) Si。[46]

圖13.70　300Å 的鋯鍍在 (111) 矽基座上，以 110 kV 的 As⁺，$1 \times 10^{16}/cm^2$ 在室溫以離子束混合，隨後經 1100°C 眞空退火之 TEM 暗視野像，其中可見界面差排。[47]

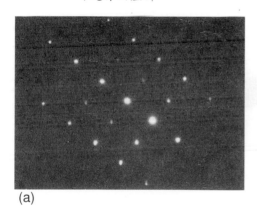

(a)

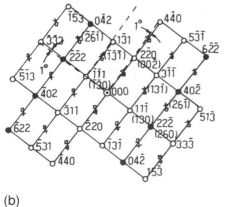

(b)

圖13.71

如圖 13.70，其磊晶 $ZrSi_2$ 與矽基座之方向關係爲 [310] $ZrSi_2$ // [112] Si，[010] $ZrSi_2$ // [001] Si。[47]

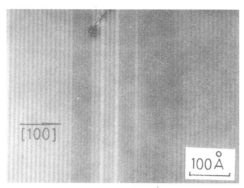

圖13.72　300 Å 的鈦鍍在 (111) 矽基座上，以 500°C —1100°C 眞空二段式退火
形成多型結構之晶格成像。[49]

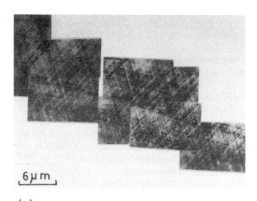

(a)

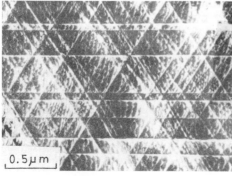

(b)

圖13.73　300 Å 的鈷鍍在 (111) 矽基座上，以 1100°C 快速退火 100 秒形成之
單晶 $CoSi_2$；(a) 爲 B 型之磊晶，(b) 爲 (a) 之局部放大圖形。[48]

參考資料

1. R. B. Marcus and T. T. Sheng, *Transmission Electron Microscopy of Silicon VLSI Circuits and Structures*, New York: John Wiley & Sons (1983).

2. T. T. Chang, "The Study of Cobalt Silicides", Master Thesis, Dept. of Materials Science & Engineering, National Tsing Hua University, Hsinchu, Taiwan (1982).

3. C. Canali, G. Celotti, F. Fantini and E. Zanoni, *Thin Solid Films*, **88**, 9 (1982).

4. M. Bartur and M. A. Nicolet, *Thin solid Films*, **91**, 89 (1982).

5. V. Q. Ho, R. P. Beerkens and I. D. Calder, *J. Vac. Sci. Technol.*, **A4**, 794 (1986).

6. K. C. Cadien and D. L. Losee, *J. Vac. Sci. Technol.*, **B2**, 82 (1984).

7. M. Finetti, I. Suni, A. Armigliato, A. Garulli and A. Scorzoni, *J. Vac. Sci. Technol.*, **A5**, 2854 (1987).

8. P. H. Chang, H. Y. Liu, J. A. Keenan, J. M. Anthony and J. G. Bohlman, *J. Appl. Phys.*, **62**, 2485 (1987).

9. K. Kamoshida, T. Makino and H. Nakamura, *J. Vac. Sci. Technol.*, **B3**, 1340 (1985).

10. C. Hong, R. L. Hance and R. E. Pyle, *J. Vac. Sci. Technol.*, **B5**, 1639 (1987).

11. C. F. Dunn, F. R. Brotzen and J. W. McPherson, *J. Electronic Materials*, **15**, 273 (1986).

12. K. Hinode, N. Owada, T. Nishida and K. Mukai, *J. Vac. Sci. Technol.*, **B5**, 518 (1987).

13. R. A. Bruce and G. R. Piercy, *Solid-State Electronics*, **30**, 729 (1987).

14. J. Willer, D. Ristow, W. Kellner and H. Oppolzer, *J. Electrochem. Soc.*, **135**, 179 (1988).

15. X. F. Zeng, D. D. L. Chung and A. Lakhani, *Solid-State Electronics*, **30**, 1259 (1987).

16. M. B. Panish, *J. Electrochem. Soc.*, **114**, 516 (1967).

17. W. C. Moshier, D. W. Tu and G. D. Davis, *J. Vac. Sci. Technol.*, **B6**, 582

(1988).

18. B. Ricco, P. Olivo, T. N. Nguyen, T. S. Kuan and G. Ferriani, *IEEE Trans. Electron Devices*, **35**, 432 (1988).

19. S. Ang and S. Wilson, *J. Electrochem. Soc.*, **134**, 1254 (1987).

20. G. R. Wolstenholme, N. Jorgensen, P. Ashburn and G. R. Booker, *J. Appl. Phys.*, **61**, 225 (1987).

21. I. Ohdomari. T. Mihara and K. Kai, *J. Appl. Phys.*, **60**, 3900 (1986).

22. C. W. Nieh and L. J. Chen, *J. Appl. Phys.*, **60**, 3546 (1986).

23. C. W. Nieh and L. J. Chen, *J. Appl. Phys.*, **60**, 3114 (1986).

24. C. W. Nieh and L. J. Chen, *J. Appl. Phys.*, **62**, 4421 (1987).

25. S. W. Chiang, T. P. Chow, R. F. Reihl and K. L. Wang, *J. Appl. Phys.*, **52**, 4207 (1981).

26. L. J. Chen, C. M. Doland, I. W. Wu, J. J. Chu and S. W. Lu, *J. Appl. Phys.*, **62**, 2789 (1987).

27. L. J. Chen, C. M. Doland, I. W. Wu, A. Chiang, C. C. Tsai, J. J. Chu, S. W. Lu and C. W. Nieh, *J. Electronics Materials*, **17**, 75 (1988).

28. W. F. Tseng and B. R. Wilkins, *J. Electrochem. Soc.*, **134**, 1258 (1987).

29. T. Abraham, *J. Electrochem. Soc.*, **134**, 2809 (1987).

30. L. M. Ephrath and E. J. Petrillo, *J. Electrochem. Soc.*, **129**, 2282 (1982).

31. J. W. Coburn and H. F. Winters, *J. Vac. Sci. Technol.*, **16**, 391 (1979).

32. K. Hirobe, K. Kawamura and K. Nojiri, *J. Vac. Sci, Technol.*, **B5**, 594 (1987).

33. Y. Ozaki and K. Ikuta, *Jpn. J. Appl. Phys.*, **23**, 1526 (1984).

34. T. P. Chow, P. A. Maciel and G. M. Fanelli, *J. Electrochem. Soc.*, **134**, 1281 (1987).

35. M. Sato and Y. Arita, *J. Electrochem. Soc.*, **134**, 2856 (1987).

36. M. Engelhardt and S. Schwarzl, *J. Electrochem. Soc.*, **134**, 1985 (1987).

37. A. F. Colbrie and J. N. Miller, *J. Vac. Sci. Technol.*, **B6**, 620 (1988).

38. J. L. de Miguel, M. H. Meynadier, M. C. Tamargo, R. E. Nahory and D. M. Hwang, *J. Vac. Sci. Technol.*, **B6**, 617 (1988).

39. A. Million, L. Di Cioccio, J. P. Gailliard and J. Piaguet, *J. Vac. Sci. Technol.*,

B6, 2813 (1988).

40. S. A. Lyon, R. J. Nemanich, N. M. Johnson and D. K. Biegelsen, *Appl. Phys. Lett.*, **40**, 316 (1982).

41. T. Kawamura, D. Shinoda and H. Muta, *Appl. Phys. Lett.*, **11**, 101 (1967).

42. W. D. Buckley and S. C. Moss, *Solid State Electronics*, **15**, 1331 (1972).

43. K. N. Tu, E. I. Alessandrini, W. K. Chu, H. Krautle and J. W. Mayer, *Jpn. J. Appl. Phys.*, 669 (1974).

44. S. Saitoh, H. Ishiwara and S. Furukawa, *Appl. Phys. Lett.*, **37**, 203 (1980).

45. H. C. Cheng, T. R. Yew and L. J. Chen, *J. Appl. Phys.*, **57**, 5246 (1985).

46. F. Y. Shiau, H. C. Cheng and L. J. Chen, *Appl. Phys. Lett.*, **45**, 524 (1984).

47. H. C. Cheng and L. J. Chen, *Appl. Phys. Lett.*, **46**, 562 (1985).

48. H. C. Cheng, I. C. Wu and L. J. Chen, *Appl. Phys. Lett.*, **50**, 174 (1987).

49. M. S. Fung, H. C. Cheng and L. J. Chen, *Appl. Phys. Lett.*, **47**, 1312 (1985).

50. K. N. Tu, *J. Vac. Sci. Tech.*, **19**, 766 (1981).

51. J. W. McPherson and C. F. Dunn, *J. Vac. Sci. Tech.*, **B5**, 1321 (1987).

52. J. M. Towner, *J. Vac. Sci. Tech.*, **B5**, 1698 (1987).

53. E. Kolawa, F. C. So, J. L. Tandon and M. A. Nicolet, *J. Electrochem. Soc. Solid-State Sci. & Tech.*, **134**, 1759 (1988).

54. Frank C. T. So, Elzbieta Kolawa, Jawahar Tandon and M. A. Nicolet, *J. Electrochem. Soc. Solid-State Sci. & Tech.*, **134**, 1755 (1988).

習 題

13.1 試說明在金屬化處理時爲何要有障礙金屬層 (barrier metal layer)；如何以電子顯微鏡之技術了解障礙層是否已具有效果？

13.2 鍍有鎳薄膜之矽基座，在隨後之退火會形成 Ni_2Si、$NiSi$ 和 $NiSi_2$，試用穿透式電子顯微鏡之繞射圖形分析繪出各相之晶體繞射圖。

13.3 如上題，若 $NiSi_2$ 形成磊晶，則在繞射圖形上有何特徵可加以證實？

13.4 電子顯微鏡在介電層結構之觀測上有何利用價值？而其在閘極氧化層或鈍態層 (passivation layer) 之觀測上又有何差異？

13.5　有關超大型積體電路之金屬化處理，常見之短路、斷路或接觸之問題，在電子顯微鏡觀測下有何現象發生？

13.6　如何利用電子顯微鏡分辨接面 (junction) 之位置？

13.7　離子佈植後之矽晶，其形成的缺陷 (defect) 隨著佈植後之退火條件而異，請詳述其情況，並解釋如何以電子顯微鏡加以分析。

13.8　請舉例說明對於一個完整之積體電路，如何以電子顯微鏡加以分析並找出問題所在。

13.9　元件之漏電流或破壞 (breakdown) 因素如何以電子顯微鏡分析探究其原因，請舉例說明。

13.10　Ⅲ－Ⅴ族化合物和Ⅱ－Ⅵ族化合物利用電子顯微鏡分析較之矽半導體有何異同，請說明之。

附錄

A-1　電子能量與波長對照表

能量 (電子伏特)	波長 (Å)	能量 (電子伏特)	波長 (Å)
1	12.26	$7 \cdot 10^4$	0.0448
10	3.878	$8 \cdot 10^4$	0.0418
100	1.226	$9 \cdot 10^4$	0.0392
500	0.5483	$1 \cdot 10^5$	0.0370
1,000	0.3876	$2 \cdot 10^5$	0.0251
2,000	0.2740	$3 \cdot 10^5$	0.0197
3,000	0.2236	$4 \cdot 10^5$	0.0164
4,000	0.1935	$5 \cdot 10^5$	0.0142
5,000	0.1730	$6 \cdot 10^5$	0.0126
6,000	0.1579	$7 \cdot 10^5$	0.0113
7,000	0.1461	$8 \cdot 10^5$	0.0103
8,000	0.1366	$9 \cdot 10^5$	0.0094
9,000	0.1287	$1 \cdot 10^6$	0.0087
10,000	0.1220	$2 \cdot 10^6$	0.0050
$2 \cdot 10^4$	0.0859	$4 \cdot 10^6$	0.0028
$3 \cdot 10^4$	0.0698	$6 \cdot 10^6$	0.0019
$4 \cdot 10^4$	0.0602	$8 \cdot 10^6$	0.0015
$5 \cdot 10^4$	0.0536	$1 \cdot 10^7$	0.0012
$6 \cdot 10^4$	0.0487		

A-2 繞射振幅公式

　　由 Huygens 原理 (Huygen's principle)，波面每一個小點均產生一個球形波，而在任一點 P 作相互加成作用產生散射波。在波前 P 點之散射波可由各 Fresnel 半週期區 (Fresnel half-period zone) 所產生之小波加成而得。第一 Fresnel 半週期區即指圖 A-2.1 中以 R_1 為半徑之圓形區域，其圓周與圓心傳播路徑差為 $\lambda/2$（即 π 相角）。因此，可由振幅—相角圖形 (amplitude-phase diagram) 求取在第一 Fresnel 半週期區內的總振幅與相角 ($=\pi/2$)。在振幅—相角圖形中，各小波由一長度與波振幅成比例而角度與零相角方向的相差相等之向量表示而作向量加成。

　　圖 A-2.2 中每一個箭頭表示由第一 Fresnel 區各同心圓對 P 點發出之波振幅，其相角為原點對 P 點之相角差，由圖可知總相角差為 $\pi/2$，而振幅為

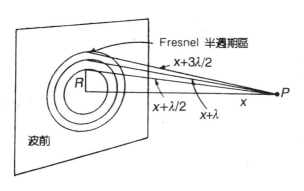

圖 A-2.1

Fresnel 半週期區之繪造。

(1)

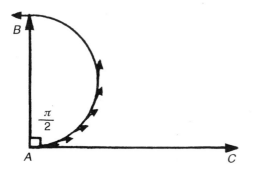

圖 A-2.2

對應第一 Fresnel 半週期區之振幅—相角圖。

AB；所以第一個 Fresnel 半週期區的總相位差為 $\phi_1 = \pi/2$，而振幅為 $|A_1|$。同理第二個 Fresnel 半週期區的總相位差為 $\phi_2 = 3\pi/2$，而振幅為 $|A_2|$，……，以此類推；所以整個波前平面的總效應為：

$$A = A_1 + A_2 + A_3 + \cdots\cdots$$

$$= |A_1|e^{i\frac{\pi}{2}} + |A_2|e^{i\frac{3\pi}{2}} + |A_3|e^{i\frac{5\pi}{2}} + \cdots\cdots$$

$$= \frac{|A_1|}{2}e^{i\frac{\pi}{2}} + i\left(\frac{|A_1|}{2} - |A_2| + \frac{|A_3|}{2}\right)$$

$$\quad + i\left(\frac{|A_3|}{2} - |A_4| + \frac{|A_5|}{2}\right) + \cdots\cdots$$

$$= \frac{|A_1|}{2}e^{i\frac{\pi}{2}}$$

由圖 A-2.3 可見總振幅為 $\dfrac{|A_1|}{2}$，而在振幅—相角圖中會形成螺紋狀圖形乃因隨著 $R_1, R_2, R_3, \cdots\cdots$ 距離之漸增而振幅絕對值漸減。

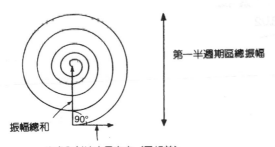

第一半週期區總振幅

振幅總和　90°

代表入射波向量方向（零相差）

圖 A-2.3　由圖 A-2.1 平面波前在 P 點造成波擾動之振幅—相角圖。[1]

　　入射波如以一平面波代表，

則 $\phi_0 = e^{2\pi i \mathbf{k} \cdot \mathbf{r}}$

而 $\phi_s = \dfrac{e^{2\pi i k r}}{r} f(\theta)\,\phi_0$ 表散射球形波 (即繞射球形波)，f 定義為原子散射振幅。

圖 A-2.4 表前進方向 (forward direction) 之繞射球形波。

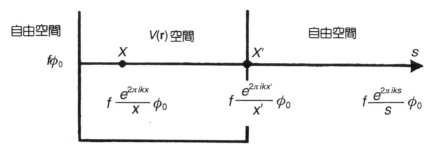

圖 A-2.4　在各空間前進方向球面波振幅。

　　前進方向繞射球形波，在單次繞射近似範圍不論在 $V(\mathbf{r})$ 空間內之任何一點生成，均可表示成 $f(\theta)\dfrac{e^{2\pi iks}}{s}\phi_0$。所以對第一個 Fresnel 半週期區內厚 dx 之 $V(\mathbf{r})$ 空間，其所生成的繞射球形波 (包括所有繞射方向) 之波動函數爲 (參考圖 A-2.5)：

$$d\phi_{s_1} = (\pi R^2 dx)\left[\, f(\theta)\frac{e^{2\pi iks}}{s}\phi_0 \,\right]\frac{2i}{\pi} \qquad\qquad (A\text{-}2\text{-}1)$$

因爲本來應爲 $f(\theta)\dfrac{e^{2\pi iks}}{s}\phi_0$ 乘上波前平面中任何一點之圓環體積因素 (volume element) 而作向量和，但在 (A-2-1) 式中乘以 $\pi R^2 dx$ 乃以純量和計算，所以造

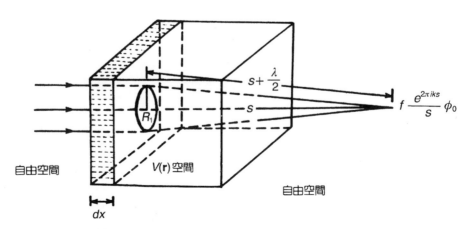

圖 A-2.5　形成散射波圖例。

成如圖 A-2.2 中波振幅爲半圓周長與直徑之不同；故要求 $d\phi_{s_1}$ 振幅，必須將 $(\pi R^2 dx)\left(f\dfrac{e^{2\pi iks}}{s}\phi_0\right)$ 再乘上 $2/\pi$。除此之外，因爲所用的 $f\dfrac{e^{2\pi iks}}{s}\phi_0$ 表示前進方向繞射球形波，所以必須再乘上 $e^{i\frac{\pi}{2}}=i$ 方可表作 $d\phi_{s_1}$，如 (A-2-1) 式。同時在考慮整個波前平面的總效應時，其相角與第一個 Fresnel 半週期區造成之繞射球形波相角相同，振幅僅爲 $d\phi_{s_1}$ 之一半，所以

$$d\phi_s = \frac{1}{2}d\phi_{s_1} = (\pi R^2 dx)\left(f\frac{e^{2\pi iks}}{s}\phi_0\right)\frac{i}{\pi} \tag{A-2-2}$$

（註：若對體積元素 $d\tau$ 積分，則不需加入這 $\dfrac{i}{\pi}$ 的因子，而以

$d\phi_{s_1} = (d\tau)\left(f\dfrac{e^{2\pi iks}}{s}\phi_0\right)$ 表之。）

由圖 A-2.5 可見

$$(s+\frac{\lambda}{2})^2 = R^2 + s^2,\ \therefore R^2 \sim s\lambda$$

（因 $\lambda \ll s$，所以 $\dfrac{\lambda^2}{4}$ 可忽略）

$$\therefore d\phi_s = i\lambda\, dx\, f(\theta)\, e^{2\pi iks}\phi_0 \tag{A-2-3}$$

$$\phi_s = \int_0^{x'} i\lambda\, dx\, f(\theta)\, e^{2\pi iks}\phi_0$$

$$= i\lambda\, x'f(\theta)\, e^{2\pi iks}\phi_0 \tag{A-2-4}$$

若在 $V(\mathbf{r})$ 空間之邊緣上看 ϕ_s，即 $s=x'$，則 $\phi_s = i\lambda\, x'f(\theta)\, e^{2\pi ikx'}\phi_0$。

A-2-4 式中 $\phi_0 = e^{2\pi i(s-x)}$，$e^{2\pi ikx}\phi_0 = e^{2\pi iks}$，所以爲一常數可移至積分外。

爲求出 f 與 $V(\mathbf{r})$ 之關係，可利用折射波由入射波加繞射波而形成之關係式。如 λ 表在自由空間中電子之波長，λ' 表示在 $V(\mathbf{r})$ 空間內電子之波長，而折射率 $n = \dfrac{\lambda}{\lambda'}$，如不考慮相對論效應

$$\lambda = \frac{h}{p} = \frac{h}{\sqrt{2meE}}$$

$$\lambda' = \frac{h}{p'} = \frac{h}{\sqrt{2me(E+V)}}$$

$$\therefore n = \frac{\lambda}{\lambda'} = \sqrt{1+\frac{V}{E}}$$

由於一般所用之電子顯微鏡 $E=10^5\,\text{kV}$，而 $V(\mathbf{r})$ 表晶體內之原子位能函數為

$10\,\text{V} \ll E$，所以 $n=\sqrt{1+\dfrac{V}{E}} \fallingdotseq 1+\dfrac{V}{2E}$

$$\therefore n = \frac{\lambda}{\lambda'} = \frac{k'}{k},\ \frac{\Delta k}{k} = \frac{k'-k}{k} = \frac{k'}{k}-1 = n-1 \fallingdotseq \frac{V}{2E}$$

$$\phi_{\text{total}} = (\phi_s + \phi_0)\,e^{2\pi i k x'}$$

(任何方向之球形繞射波加上前進方向之平面波)

$$= if\lambda x' e^{2\pi i k x'}\phi_0 + \phi_0\,e^{2\pi i k x'}$$

$$= (if\lambda x' + 1)\,\phi_0\,e^{2\pi i k x'}$$

$$\therefore \phi_0\,e^{2\pi i k' x'} \fallingdotseq \phi_0\,e^{2\pi i\left(k+\frac{\lambda f}{2\pi}\right)x'}\ (在此假設\ |\ if\lambda\,x'\ | \ll 1)$$

$$\therefore k' = k + \frac{\lambda f}{2\pi},\ k'-k = \frac{\lambda f}{2\pi} = \frac{f}{2\pi k}$$

$$\frac{\Delta k}{k} = \frac{f}{2\pi k^2} = \frac{V}{2E},\ f = \frac{\pi k^2 V}{E}$$

又 $\quad \lambda = \dfrac{1}{k} = \dfrac{h}{p} = \dfrac{h}{\sqrt{2m_0 eE}},\ k^2 = \dfrac{2m_0 eE}{h^2}$

$$\therefore f = m\frac{2m_0 eE}{h^2}\cdot\frac{\pi V}{E} = \frac{2m_0 \pi e V}{h^2} \tag{A-2-5}$$

代回表 $d\phi_s$ 式，則

$$d\phi_s = d\tau\left(f(\theta)\frac{e^{2\pi i k s}}{s}\phi_0\right)$$

$$= d\tau\left(\frac{2\pi m_0 eV}{h^2}\frac{e^{2\pi i k s}}{s}\phi_0\right)$$

$$\therefore \phi_s = \frac{2\pi m_0 e}{h^2}\int V(r)\frac{e^{2\pi i k r}}{r}\phi_0\,d\tau \tag{A-2-6}$$

參考資料

1. P. B. Hirsch, A. Howie, R. B. Nicholson, D. W. Pashley and M. J. Whelan, *Electron Microscopy of Thin Crystals*, Revised Edition, Huntington, New York: Krieger (1977).

A-3　面心及鑽石立方晶體倒晶格向量長度比一覽表

	111	200	220	311	331	420	422	511	531
111	1*								
200	1.155	1							
220	1.63*	1.41	1*						
311	1.92*	1.66	1.17*	1*					
222	2.00	1.73	1.225	1.045					
400	2.31*	2.00	1.415*	1.21*					
331	2.52*	2.18	1.54*	1.31*	1*				
420	2.58	2.235	1.58*	1.35*	1.027	1			
422	2.85*	2.45	1.73*	1.48*	1.124*	1.096	1*		
333, 511	3.00*	2.60	1.84*	1.57*	1.19*	1.16	1.06*	1*	
440	3.27*	2.83	2.00*	1.71*	1.30*	1.217	1.156*	1.09*	
531	3.42*	2.96	2.09*	1.785*	1.36*	1.32	1.21*	1.14*	1*
442	3.46	3.00	2.12	1.81	1.38	1.34	1.225	1.157	1.014
620	3.66*	3.16	2.24*	1.91*	1.45*	1.42	1.29*	1.22*	1.07*
533	3.79*	3.28	2.32*	1.98*	1.503*	1.47	1.34*	1.26*	1.11*
622	3.82	3.32	2.34	2.00	1.52	1.48	1.355	1.28	1.12
444	4.00*	3.47	2.45*	2.09*	1.59*	1.55	1.415*	1.33*	1.17*
711, 551	4.12*	3.57	2.52*	2.15*	1.64*	1.595	1.458*	1.374*	1.207*

＊代表鑽石立方晶體晶格向量之長度比

(錄自 G. Thomas and M. J. Goringe, Transmission Electron Microscopy of Materials, Appendix C, John Wiley and Sons, New York (1979).)

A-4　體心立方晶體倒晶格向量長度比一覽表

	110	200	211	310	222	321	411	420	332	510 / 431	521	530 / 433
110	1											
200	1.415	1										
211	1.73	1.225	1									
220	2.00	1.415	1.155									
310	2.235	1.58	1.29	1								
222	2.45	1.73	1.415	1.095	1							
321	2.645	1.87	1.53	1.185	1.08	1						
400	2.83	2.00	1.63	1.265	1.155	1.07						
411, 330	3.00	2.12	1.73	1.34	1.225	1.135	1					
420	3.16	2.235	1.825	1.415	1.29	1.195	1.055	1				
332	3.315	2.345	1.915	1.485	1.355	1.255	1.105	1.05	1			
422	3.465	2.45	2.00	1.55	1.415	1.31	1.155	1.095	1.045			
510, 431	3.605	2.55	2.08	1.61	1.47	1.365	1.20	1.14	1.09	1		
521	3.875	2.74	2.235	1.73	1.58	1.465	1.29	1.245	1.17	1.075	1	
440	4.00	2.83	2.31	1.79	1.63	1.51	1.335	1.265	1.21	1.11	1.035	
530, 433	4.125	2.915	2.38	1.845	1.685	1.56	1.375	1.305	1.245	1.145	1.065	1
600, 442	4.245	3.00	2.45	1.895	1.73	1.605	1.415	1.34	1.28	1.18	1.095	1.03
611, 532	4.36	3.08	2.52	1.95	1.78	1.65	1.455	1.38	1.315	1.21	1.125	1.06
620	4.47	3.16	2.58	2.00	1.825	1.69	1.49	1.415	1.35	1.24	1.155	1.085
541	4.585	3.24	2.645	2.05	1.87	1.73	1.53	1.45	1.38	1.27	1.185	1.11
622	4.69	3.315	2.71	2.10	1.915	1.77	1.565	1.485	1.415	1.30	1.21	1.135
631	4.795	3.39	2.77	2.145	1.955	1.815	1.60	1.515	1.445	1.33	1.24	1.16
444	4.90	3.465	2.83	2.19	2.00	1.85	1.635	1.55	1.48	1.36	1.265	1.185
710, 550, 543	5.00	3.535	2.89	2.235	2.04	1.89	1.665	1.58	1.51	1.385	1.29	1.21
640	5.10	3.605	2.94	2.28	2.08	1.925	1.70	1.61	1.54	1.415	1.315	1.235
721, 633, 552	5.195	3.675	3.00	2.325	2.12	1.955	1.73	1.645	1.57	1.44	1.34	1.26
642	5.29	3.74	3.055	2.365	2.16	2.00	1.765	1.675	1.595	1.47	1.365	1.285
730	5.385	3.81	3.11	2.41	2.20	2.035	1.795	1.705	1.625	1.495	1.39	1.305

(錄自 G. Thomas and M. J. Goringe, Transmission Electron Microscopy of Materials, Appendix C, John Wiley and Sons, New York (1979).)

A-5 立方晶體中 {$h_1 k_1 l_1$} 及 {$h_2 k_2 l_2$} 面間夾角一覽表

{$h_2 k_2 l_2$}	{$h_1 k_1 l_1$}						
	100	110	111	210	211	221	310
100	0 90						
110	45 90	0 60 90					
111	54.7	35.3 90	0 70.5 109.5				
210	26.6 63.4 90	18.4 50.8 71.6	39.2 75.0	0 36.9 53.1			
211	35.3 65.9	30 54.7 73.2 90	19.5 61.9 90	24.1 43.1 56.8	0 33.6 48.2		
221	48.2 70.5	19.5 45 76.4 90	15.8 54.7 78.9	26.6 41.8 53.4 8.1	17.7 35.3 47.1	0 27.3 39.0	
310	18.4 71.6 90	26.6 47.9 63.4 77.1	43.1 68.6	58.1 45	25.4 49.8 58.9	32.5 42.5 58.2	0 25.9 36.9
311	25.2 72.5	31.5 64.8 90	29.5 58.5 80.0	19.3 47.6 66.1 7.1	10.0 42.4 60.5	25.2 45.3 59.8	17.6 40.3 55.1
320	33.7 56.3 90	11.3 54.0 66.9	61.3 71.3	29.8 41.9	25.2 37.6 55.6	22.4 42.3 49.7	15.3 37.9 52.1
321	36.7 57.7 74.5	19.1 40.9 55.5	22.2 51.9 72.0 90	17.0 33.2 53.3	10.9 29.2 40.2	11.5 27.0 36.7	21.6 32.3 40.5
331	46.5	13.1	22.0				
510	11.4						
511	15.6						
711	11.3						

(錄自 B. D. Cullity, Elements of X-ray Diffraction, Appendix 9, Addison-Wesley, Reading, Massachusetts (1956).)

A-6　雙晶之繞射分析

　　雙晶因與單晶試片基材有一定方向關係，故雙晶之繞射分析有一定規則可循。

　　對面心立方及鑽石立方晶體，雙晶平面皆為 {111}，在雙晶界面兩側，原子排列互呈鏡像對稱。另外雙晶亦可由對基材雙晶面垂線作 180° 旋轉而得，因此可求得雙晶轉換矩陣。由雙晶中之晶面 (PQR) 與雙晶平面 (hkl) 之垂線夾角與對應基材中之晶面與雙晶平面 (pqr) 夾角相等，且倒晶格向量長度相等

$$Ph + Qk + Rl = ph + qk + rl$$

且 $[PQR] + [pqr] = n\,[hkl]$

$$\therefore 2\,(ph + qk + rl) = n\,(h^2 + k^2 + l^2)$$

$$n = \frac{2\,(ph + qk + rl)}{(h^2 + k^2 + l^2)}$$

$$\therefore P = nh - p = \frac{p\,(h^2 - k^2 - l^2) + q\,(2hk) + r\,(2hl)}{(h^2 + k^2 + l^2)}$$

$$Q = nk - q = \frac{p\,(2hk) + q\,(-h^2 + k^2 - l^2) + r\,(2kl)}{(h^2 + k^2 + l^2)}$$

$$R = nl - r = \frac{p\,(2hl) + q\,(2kl) + r\,(-h^2 - k^2 + l^2)}{(h^2 + k^2 + l^2)}$$

如以矩陣形式 $(PQR) = T_{hkl} \cdot (pqr)$ 表示
則

$$T_{(hkl)} = \frac{1}{(h^2 + k^2 + l^2)} \begin{pmatrix} h^2 - k^2 - l^2 & 2hk & 2hl \\ 2hk & -h^2 + k^2 - l^2 & 2kl \\ 2hl & 2hl & -h^2 - k^2 + l^2 \end{pmatrix}$$

對體心立方及鑽石立方晶體，雙晶平面為 {111}，則

$$T_{\{111\}} = \frac{1}{3} \begin{pmatrix} -1 & 2hk & 2hl \\ 2hk & -1 & 2kl \\ 2hl & 2kl & -1 \end{pmatrix}$$

在體心立方晶體中，$\{hkl\}=\{112\}$，則

$$T_{\{112\}} = \frac{1}{3} \begin{pmatrix} \dfrac{h^2-k^2-l^2}{2} & hk & hl \\ hk & \dfrac{-h^2+k^2-l^2}{2} & kl \\ hl & kl & \dfrac{-h^2-k^2+l^2}{2} \end{pmatrix}$$

上兩矩陣各項均為整數。由矩陣前 $\dfrac{1}{3}$ 項顯示所有基材第三次繞射向量與雙晶繞射向量重合。由於雙晶與基材之鏡像對稱關係，可推論所有雙晶第三次繞射向量必亦與基材繞射向量相重合。

在面心立方及鑽石立方晶體中

$$T_{hkl} = \frac{1}{3} \begin{pmatrix} 2h^2 & 2hk & 2hl \\ 2hk & 2k^2 & 2kl \\ 2hl & 2kl & 2l^2 \end{pmatrix} - \begin{pmatrix} 1 & 0 & 0 \\ 0 & 1 & 0 \\ 0 & 0 & 1 \end{pmatrix}$$

$$\therefore (PQR) = \frac{2}{3}[h(hp+kq+lr)\ k(hp+kq+lr)\ l(hp+kq+lr)] - (pqr)$$

$$= \frac{2}{3}(hp+kq+lr)(hkl) - (pqr)$$

因此雙晶繞射點或與基材繞射點重合或在距基材繞射點 $\pm 1/3$ [hkl] 處。

A-7　相位對比轉移函數 (Phase Contrast Transfer Function)

A-7-1　相位移

　　當電子束經過電磁透鏡時，其間的作用和用一般的光線與透鏡作用相似。當電子束經過透鏡時，其相位的變化主要受到兩項因素影響，一是由於透鏡的球面像差所造成的偏移，另一則是由於聚焦點 (或是焦距) 的不同所產生的成像位置差異。當入射波平行光軸入射 ($\alpha = 0$)，經過成像系統後，與光軸呈 α 角的光束與平行光的誤差為 $C_s \alpha^3 + \Delta f \alpha$。相位偏移為總波程差的積分

$$y = \int_0^\alpha (C_s \alpha'^3 + \Delta f \alpha') \, d\alpha' = \frac{C_s \alpha^4}{4} + \frac{\Delta f}{2} \alpha^2$$

因此總相位差即為

$$\chi(\alpha) = y \cdot 2\pi / \lambda = \frac{\pi}{\lambda} \left(\frac{C_s \alpha^4}{2} + \Delta f \alpha^2 \right) \qquad (A\text{-}7\text{-}1)$$

當 α 角是由 Bragg 繞射而產生時，假設產生繞射平面的倒晶格向量為 u，則由 Bragg's law $\lambda u \cong 2\alpha$，所以相位移可以倒晶格向量來表示

$$\chi(u) = \pi \lambda \left(\frac{C_s \lambda^2 u^4}{2} + \Delta f \lambda u^2 \right) \qquad (A\text{-}7\text{-}2)$$

A-7-2　相位對比轉移函數

　　經過倒晶格平面 u 的繞射光束在成像前受到透鏡的作用，可以 $\exp[i\chi(u)]$ 的複數函數來表示。這個函數即是相位對比轉移函數，通常稱為對比轉移函數 (CTF)。圖 A-7.1 到 A-7.3 分別是針對 4000 EX 的物鏡特性在不同的離焦值下計算的 CTF 虛部圖形。在高分辨的電子顯微鏡成像中主要是相位的對比，而非振幅的對比。因此 CTF 的虛部才是影響高分辨影像的主要因素。圖中粗線是加上波包函數 (參考光學繞射儀一節) 影響的綜合結果。波包函數是由 $u = 0$ 時函數值分別為 +1 或 −1 的平滑曲線。這裡所要討論的 CTF 虛部即是剩下的在高 u 值時有類似正弦函數振盪的曲線函數。在 CTF 的圖型內所有 L 點以內的空間頻率 (spatial frequency，$1/u = d$) 的資訊，都可經由此透鏡系統的轉移成

像，意即在圖 A-7.1 中週期影像的解析度至少可達 2 Å (1 /0.5)，圖 A-7.2 的條件下約為 1.7 Å (1/0.6)，圖 A-7.3 時約為 2.8 Å (1/0.35)。在圖中的 *S* 附近出現 CTF 接近於 –1，且函數值的變化趨緩，在此範圍內會有最大的對比產生。由 A-7.2 及 exp [$i\chi(u)$] 的型式可知產生最大對比的離焦值一定是負值，而且此時的 $\chi(u)$ 接近 $-\pi/2$，因此可以求出對 *u* 微分在極值點時求出

最適當離焦值 (optimum defocus) 為

$$D_s = -(C_s\lambda)^{1/2}$$

這個離焦值通常稱為 Scherzer 離焦 (Scherzer defocus)。其值的數值解為 $-(2.5/\sqrt{2\pi})(C_s\lambda)^{1/2}$。事實上 CTF 函數中類似的極值點有很多，只要 $\chi(u)$ 值是 $\frac{n\pi}{2}$，*n* 是奇數的情況下即可得到其解，因此其一般解為

$$D = D_s\sqrt{n}$$

但是受限於鑑別率，通常我們只能觀察到前幾級的極值情形，詳細情形請參考光學繞射儀一節中所討論的亮環、暗環部份。

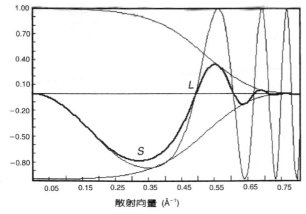

圖 A-7.1 JEOL 4000 EX，加速電壓在 400 kV 時，離焦值＝ –330 Å 就其物鏡特性所計算的對比轉移函數 (CTF) 虛部的變化情形。

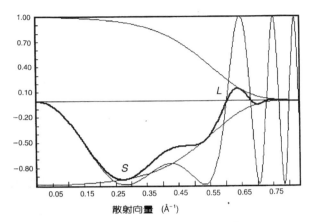

圖 A-7.2 同圖 A-7.1，唯離焦值爲 − 490 Å。

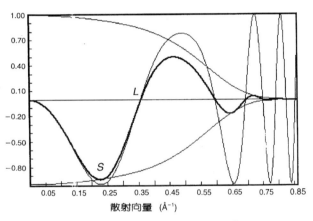

圖 A-7.3 同圖 A-7.2，唯離焦值爲 − 650 Å。

A-8 Huygens 原理與繞射

A-8-1 Huygens 原理與 Kirchhoff 公式

在光波繞射理論中的基本觀念 Huygens 原理，實際上可視爲由波動方程式導出之 Kirchhoff 公式之物理圖象解釋。電磁波的波動方程式可寫成

$$\nabla^2 U' = \frac{1}{v^2} \frac{\partial^2 U'}{\partial t^2}$$

其中 v 爲波傳遞速度，其值近於光速 c。在彈性散射的情形下，只須考慮單一頻率 ω。其波函數可寫成

$$U' = U e^{i\omega t} \qquad \text{代回波動方程式得}$$

$$\nabla^2 U = -\frac{\omega^2}{v^2} U \Rightarrow \nabla^2 U + k^2 U = 0$$

其中 $k^2 = \dfrac{\omega^2}{v^2}$

如 U' 和 V' 都是波函數

$$\nabla^2 U' = \frac{1}{v^2} \frac{\partial^2 U'}{\partial t^2} , \ \nabla^2 V' = \frac{1}{v^2} \frac{\partial^2 V'}{\partial t^2}$$

假設 U 和 V 有右例形式 $U' = U e^{i\omega t}$，$V' = V e^{i\omega t}$

則　$\nabla^2 U = -\dfrac{\omega^2}{v^2} U$

$$\nabla^2 V = -\frac{\omega^2}{v^2} V$$

$$V \nabla^2 U - U \nabla^2 V = 0$$

對任意體積積分得

$$\iiint (V \nabla^2 U - U \nabla^2 V)\, d\tau = 0$$

由發散 (divergence) 理論

$$\iiint \nabla \cdot T d\tau = \iint T_n dA$$

$T_n = T \cdot n$ 　　此 n 爲垂直積分表面的單位向量

令 $T = V \nabla U - U \nabla V$ 　　代回上式得 Green 方程式

$$\iint (V \nabla_n U - U \nabla_n V) \, dA = \iiint (V \nabla^2 U - U \nabla^2 V) \, d\tau = 0 \qquad (A\text{-}8\text{-}1)$$

設 V 爲一球面波形式　$V = V_0 \dfrac{e^{-ikr}}{r}$

則 V 在 p 點會趨近於無限大。由以下做法可以避免此問題 (圖 A-8.1)

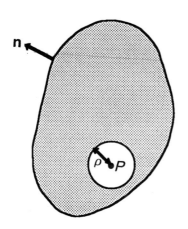

圖 A-8.1

證明 Kirchhoff 定理之積分表面。

對斜線區表面積分

$$\iint \left(\frac{e^{-ikr}}{r} \nabla_n U - U \nabla_n \frac{e^{-ikr}}{r} \right) dA - \iint \left(\frac{e^{-ikr}}{r} \frac{\partial U}{\partial r} - U \frac{\partial}{\partial r} \frac{e^{-ikr}}{r} \right)_{r=\rho} \rho^2 d\Omega = 0$$

其中第一積分式對外表面積分，Ω 爲立體角

當 $\rho \to 0$，第二積分式的第一項 $\to 0$，第二項 $\to U_p$

$$\iint U_p d\Omega = 4\pi U_p$$

$$U_p = \frac{1}{4\pi} \iint \left(\frac{e^{-ikr}}{r} \nabla_n U - U \nabla_n \frac{e^{-ikr}}{r} \right) dA \tag{A-8-2}$$

假如 U 為發自 q 點之球面波 (圖 A-8.2)

$$U = U_0 \frac{e^{-ikr_q}}{r_q}$$

$$U_p = \frac{U_0}{4\pi} \iint \left(\frac{e^{-ikr}}{r} \nabla_n \frac{e^{-ikr_q}}{r_q} - \frac{e^{-ikr_q}}{r_q} \nabla_n \frac{e^{-ikr}}{r} \right) dA$$

$$\nabla_n \frac{e^{-ikr_q}}{r_q} = \cos(n,r_q) \frac{\partial}{\partial r_q} \frac{e^{-ikr_q}}{r_q} = \cos(n,r_q) \left(\frac{-ike^{-ikr_q}}{r_q} - \frac{e^{-ikr_q}}{r_q^2} \right)$$

$$\nabla_n \frac{e^{-ikr}}{r} = \cos(n,r) \frac{\partial}{\partial r} \frac{e^{-ikr}}{r} = \cos(n,r) \left(\frac{-ike^{-ikr}}{r} - \frac{e^{-ikr}}{r^2} \right)$$

設 $1/r$ 與 $1/r_q$ 遠小於 k，即 $1/\lambda \gg 1/r$，$1/r_q$，亦即 r，$r_q \gg \lambda$

$$U_p = \frac{iU_0}{2\lambda} \iint \frac{e^{-ikr_q}}{r_q} \frac{e^{-ikr}}{r} [\cos(n,r) - \cos(n,r_q)] \, dA \tag{A-8-3}$$

此式可用 Huygens 觀念解釋。即源自 q 點之球面波在一表面上各點產生球面波，其總和造成在 P 點之擾動。

　　(A-8-3) 式中之 i 代表散射波與入射波有 $-\pi/2$ 之相角差。另外 [cos (n,r) − cos (n,r_q)] 項為傾斜因子 (oblique factor)，由此項可看出在波直進方向

　　　cos $(n,r) = -$ cos $(n,r_q) = 1$

有最大值，背向則 cos $(n,r) =$ cos $(n,r_q) = 1$ 為 0。

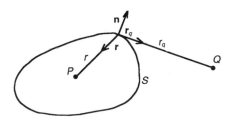

圖 A-8.2
Kirchhoff 導出由 q 點發出之光對 p
之擾動說明圖。

A-8-2 Kirchhoff 公式的應用

Kirchhoff 公式最主要的應用，並不在如第一節中導出此公式時假設電子波動在眞空中傳播的情況，而是有物體存在而以此物體表面爲積分表面的情況。

假設電子波通過之物體爲一僅在與波傳遞方向垂直平面有變化的物體，可定義穿透函數 (transmission function) $q(X,Y)$，此函數乘以入射波函數代表物體改變入射波相位與振幅的效應。

而 A-8-3 式可改寫成

$$\psi(x,y)=\frac{i}{2\lambda}\iint\frac{e^{-ikr_q}}{r_q}q(X,Y)\frac{e^{-ikr}}{r}[\cos(Z,r)+\cos(Z,r_q)]\,dXdY \qquad (A\text{-}8\text{-}4)$$

其中 Z 爲電子波傳播方向。

A-8-3 Fresnel 繞射

Fresnel 繞射一般指入射平面波照射二度空間變化物體之繞射現象。如物體平面與入射波垂直，則 $\Psi_0=1$，而 A-8-4 式中 $\cos(Z,r_q)=1$。與物體距離 R 之平面之波振幅爲

$$\psi(x,y)=\frac{i}{2\lambda}\iint q(X,Y)\frac{e^{-ikr}}{r}[1+\cos(Z,r)]\,dXdY \qquad (A\text{-}8\text{-}5)$$

其中 $r^2=(x-X)^2+(y-Y)^2+R^2$

(1) 小角度近似法 (small angle approximation)

R 是觀察平面與物體平面的距離 $\cos(Z,r)\approx 1$，$r\approx R$

故 $r=[R^2+(x-X)^2+(y-Y)^2]^{1/2}\cong R+\dfrac{(x-X)^2+(y-Y)^2}{2R}$

$$\varphi(x,y)=\frac{ie^{-ikR}}{R\lambda}\iint q(X,Y)\,\exp\left\{\frac{-ik[(x-X)^2+(y-Y)^2]}{2R}\right\}dXdY \qquad (A\text{-}8\text{-}6)$$

考慮特殊情況 $q(X)$ 只在 X 方向一度空間中有變化，故可先沿 Y 方向積分

由 $\int_{-\infty}^{\infty} e^{-\alpha x^2} dx = (\frac{\pi}{\alpha})^{1/2} \Rightarrow \int_{-\infty}^{\infty} \exp \frac{-ik(y-Y)^2}{2R} dY = (\frac{R\lambda}{i})^{1/2}$

$$\varphi(x) = (\frac{i}{R\lambda})^{1/2} \exp(-ikR) \int_{-\infty}^{\infty} q(X) \exp \frac{-ik(x-X)^2}{2R} dX \qquad (A-8-7)$$

(2) Fresnel 積分

考慮寬度爲 a 的單狹縫情形

$$q(X) = \begin{cases} 1 & |x| \le \dfrac{a}{2} \\ 0 & |x| > \dfrac{a}{2} \end{cases}$$

則積分寫成

$$\int_{-a/2}^{a/2} \exp \left[\frac{-ik(x-X)^2}{2R} \right] dX$$

此積分式可由 Fresnel 積分式表示

$$c(x) = \int_0^x \cos(\frac{1}{2}\pi u^2)\, du$$

$$s(x) = \int_0^x \sin(\frac{1}{2}\pi u^2)\, du$$

而可由積分表查其值，設 $u^2 = 2(x-X)^2 / R\lambda$

$$\int_{-a/2}^{a/2} \exp \left(\frac{-ik(x-X)^2}{2R} \right) dX = \int_A^B \cos(\frac{1}{2}\pi u^2)\, du - i\int_A^B \sin(\frac{1}{2}\pi u^2)\, du$$

其中 $A^2 = 2(x+\frac{1}{2}a)^2 / R\lambda$ $B^2 = 2(x-\frac{1}{2}a)^2 / R\lambda$

積分可寫成 $\{c(B) - c(A)\} - i\{s(B) - s(A)\}$

(3) 週期性的平面物體

$$q\,(X) = \cos\,(2\pi\,X\,/\,a)$$

$$\dot{\varphi}\,(x) = (\frac{i}{R\lambda})^{1/2} \exp\,(-ikR) \int_{-\infty}^{\infty} \left(\frac{2\pi X}{a}\right) \exp\left[\frac{-ik\,(x-X)^2}{2R}\right] dX$$

積分得

$$\varphi\,(x) = \exp\,(-ikR) \exp\,(i\pi R\lambda\,/\,a^2) \cos\,(2\pi\,x\,/\,a)$$

強度　$I(x) = \cos^2(\dfrac{2\pi\,x}{a})$

因此強度與 R 無關，且其週期 a 即為狹縫的週期，對一般的週期性物體而言

$$q\,(X) = \sum_h F_h \cos\,(2\pi hx\,/\,a) \qquad 代入上面所導出的關係式$$

$$\varphi\,(x) = \exp\,(-ikR)\sum_h F_h \exp\,(i\pi R\lambda h^2\,/\,a) \cos\,(2\pi hx\,/\,a)$$

對物殊值 $R = 2n\,a^2\,/\,\lambda$

$$q\,(X) = \sum_h F_h \cos\,(2\pi hx\,/\,a)$$

$$\varphi\,(x) = \exp\,(-ikR)\sum_h F_h \exp\,(i\pi R\lambda h^2\,/\,a) \cos\,(2\pi hx\,/\,a)$$

對特殊值 $R = n\,a^2\,/\,\lambda$　　　而 n 為奇數

$$\varphi\,(x) = \exp\,(-ikR)\sum_h F_h \exp\,(-i\pi h) \cos(2\pi hx\,/\,a)$$

$$= \exp\,(-ikR)\sum_h F_h \cos\frac{2\pi h}{a}\,(x \pm 2a)$$

由以上兩個特殊的 R 值，可以看出對平行的入射平面波，其繞射強度 $(I = \varphi\varphi^*)$ 之分佈，每隔 $R = a^2/\lambda$ 重複一次

重複前面導出之 Kirchhoff 方程式

$$\varphi = \frac{i}{2\lambda} \iint \frac{\exp\,(-ikr_q)}{r_q} q\,(X) \frac{\exp\,(-ikr)}{r} \left[\cos(Z,r) + \cos(Z,r_q)\right] dXdY$$

對距離 R_1 的點光源而言

$$r_q = [R_1^2 + X^2 + Y^2]^{1/2} \cong R_1 + \frac{X^2 + Y^2}{2R_1}$$

$$r = [R^2 + (x-X)^2 + (y-Y)^2]^{1/2} \cong R + \frac{(x-X)^2 + (y-Y)^2}{2R}$$

代入上式得

$$\varphi \approx c \int_{-\infty}^{\infty} \exp \frac{-ikX^2}{2R_1} \, q(X) \exp \frac{-ik\,(x-X)^2}{2R} \, dX$$

其中 $\quad c = \dfrac{i}{\lambda} \dfrac{\exp(-ikR_1)}{R_1} \dfrac{\exp(-ikR_1)}{R} \int_{-\infty}^{\infty} \exp\left\{-ik\left[\dfrac{Y^2}{2R_1} + \dfrac{(y-Y)^2}{2R}\right]\right\} dY$

考慮週期性的物體 $\quad q(X) = \cos 2\pi X / a$

$$\varphi = c \int_{-\infty}^{\infty} \exp \frac{-ik}{2}\left(\frac{X^2}{R_1} + \frac{(x-X)^2}{R}\right) \cos 2\pi X / a \, dX$$

$$\frac{X^2}{R_1} + \frac{(x-X)^2}{R} = \left(\frac{1}{R_1} + \frac{1}{R}\right)\left[X - \frac{x}{R\left(\dfrac{1}{R_1} + \dfrac{1}{R}\right)}\right]^2 + f(x)$$

代回積分式積分得在 $\dfrac{1}{R_1} + \dfrac{1}{R} = \dfrac{\lambda}{na^2}$ 處得 Fourier 像其大小自 1 增加至 $1 + R/R_1$

A-8-4 Fraunhofer 繞射

如物體之總尺寸比與光源及觀察點距離都小很多的情況，可視光源與觀察點皆在無窮遠處的繞射現象稱為 Fraunhofer 繞射。

在 Fraunhofer 繞射情況下，

$$\psi(x,y) = \frac{i}{\lambda} \frac{(1+\cos\phi)}{2} \iint q(X,Y)\frac{e^{-ikr}}{r} \, dXdY \quad \text{(符號參照圖 A-8.3)}$$

$$r = [R^2 + (x-X)^2 + (y-Y)^2]^{1/2}$$

$$\cong r_0 - \frac{x}{r_0} X - \frac{y}{r_0} Y$$

令 $\quad \dfrac{x}{r_0} = l = \sin\phi_x$

$\dfrac{y}{r_0} = m = \sin\phi_y \qquad$ 其中 ϕ_x, ϕ_y 為 x 與 y 方向的繞射角度

$$\psi(l,m) = c \iint q(X,Y) e^{[ik(lX+mY)]} \, dXdY \tag{A-8-6}$$

其中　$c = (1 + \cos\phi)\, i\, \dfrac{\exp(-ikr_0)}{2r_0\lambda}$

上式具 Fourier 轉換積分形式，而與由波動光學導出之散射振幅公式一致。

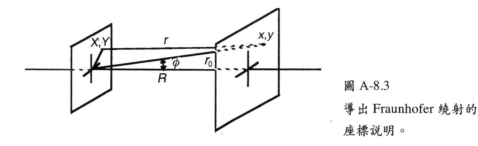

圖 A-8.3
導出 Fraunhofer 繞射的
座標說明。

參考資料

1. J. M. Cowley, *Diffractor Physics*, 2nd edition Amsterdam: North-Holland (1981).

A-9 「科儀新知」相關文獻索引 (第一卷至第十五卷)

索引

I-1 英文名詞索引

I-2 中文名詞索引

科儀叢書 3

材料電子顯微鏡學

初　　　版／中華民國七十九年七月
修 訂 再 版／中華民國八十三年十一月
再版十一刷／中華民國九十八年三月
著　　　者／陳力俊等著

發 行 人／蔡定平
發 行 所／財團法人國家實驗研究院儀器科技研究中心
　　　　　　　新竹市科學工業園區研發六路 20 號
　　　　　　　電話：03-5779911 轉 303、304
　　　　　　　傳真：03-5789343
　　　　　　　網址：http://www.itrc.org.tw
行政院新聞局出版事業登記證局版臺業字第 2661 號

定　　　價／精裝本　新台幣 500 元
　　　　　　　平裝本　新台幣 400 元
郵 撥 戶 號／00173431
　　　　　　　財團法人國家實驗研究院儀器科技研究中心

打字暨印刷／彩言商業設計社03-5256909

ISBN 978-957-004-5819 (精裝)
ISBN 978-957-004-5826 (平裝)

國家圖書館出版品預行編目資料

材料電子顯微鏡學／陳力俊等著，—— 修訂再版
．—— 新竹市：財團法人國家實驗研究院儀器
科技研究中心發行，民 83
　　　　面：　　　公分．——(科儀叢書；3)
含參考書目及索引
ISBN 957-00-4581-7 (精裝)
ISBN 957-00-4582-5 (平裝)

1, 電子顯微鏡
471.1　　　　　　　　　　　　　　　83010181